计 算 机 科 学 丛 书

原书第5版

软件项目管理

（英）Bob Hughes　Mike Cotterell 著　廖彬山 周卫华 译

Software Project Management

Fifth Edition

机械工业出版社
CHINA MACHINE PRESS

本书是经典的项目管理课程教材，采用步进式策划方法逐一分析了软件开发的各个环节。主要内容包括：项目评价、项目集管理、项目策划、选择合适的项目方法、软件工作量估计、活动策划、风险管理、资源分配、监督与控制、管理合同、人员管理、团队管理和软件质量等。书中附有大量的实例和辅助练习，并在附录中给出了练习的答案。

本书不仅适合作为计算机及相关专业的本科生和研究生教材，而且适合软件项目管理人员和软件开发人员阅读，还特别适合作为BCS/ISEB专业考试的参考书。

北京市版权局著作权合同登记　图字：01-2009-5285号。

图书在版编目（CIP）数据

软件项目管理（原书第5版）/（英）休斯（Hughes, B.），（英）考特莱尔（Cotterell, M.）著；廖彬山，周卫华译. —北京：机械工业出版社，2010.7（2023.2重印）

（计算机科学丛书）

书名原文：Software Project Management, Fifth Edition

ISBN 978-7-111-30964-2

Ⅰ. 软…　Ⅱ. ①休…　②考…　③廖…　④周…　Ⅲ. 软件开发-项目管理　Ⅳ. TP311.52

中国版本图书馆CIP数据核字（2010）第107528号

机械工业出版社（北京市西城区百万庄大街22号　邮政编码　100037）

责任编辑：姚　蕾

北京捷迅佳彩印刷有限公司印刷

2023年2月第1版第14次印刷

184mm × 260mm · 18.5印张

标准书号：ISBN 978-7-111-30964-2

定价：39.00元

客服电话：（010）88361066　68326294

译 者 序

目前，新一代的软件技术、过程和方法的发展异常迅速，但是软件产业仍然是知识和人力密集的发展模式，离工业化生产方式还相当遥远，管理人员、技术、资源以及风险的方法和技能，对软件项目的成败有着举足轻重的作用。为了管理好规模和复杂性都在不断增长的软件项目，软件产业一直在持续不断地改善软件项目管理的方法。然而，要寻找一个全面、清晰并且可行的管理方法，一直是一个棘手的问题。

本书从项目管理的角度，采用步进式策划框架逐一分析了软件开发的各个环节——包括项目评价、项目集管理、项目策划、选择合适的项目方法、软件工作量估计、活动策划、风险管理、资源分配、监督和控制、管理合同、人员管理、团队管理和软件质量等内容。书中附有大量的实例和辅助练习，并在附录中给出了练习的答案。

作为一本经典的项目管理课程教材，本书不仅适合作为计算机及相关专业的本科生和研究生教材，而且适合软件项目管理人员和软件开发人员阅读，还特别适合作为BCS／ISEB专业考试的参考书。

我们相信，本书的出版一定会对我国的软件项目管理的发展起到一定的推动及促进作用。美国软件项目管理专家Walker Royce说："从来没有软件管理的食谱，也没有良好实践的配方。"我们认为，在很大程度上，软件工程是技术科学、人文科学与实验科学的交叉应用学科，管理方案是管理人员根据经验（判断力）、事实和原理做出的决策。因此，在进行软件项目管理时，应该联系实际，勤于思考，精心策划，勇于实践，及时总结，力求概括出适合我国民族特点、文化背景和企业实际的管理原理与实施细则，以便将我国的软件项目管理技术切实地向前推进，促进我国软件产业的发展。

第5版的翻译工作由周卫华负责，廖彬山做了审校和部分翻译工作。第5版的翻译工作是在第3版（译者是周伯生、廖彬山和任爱华）和第4版（译者是廖彬山和王慧）的基础上完成的，因此从严格意义上讲，第3版和第4版的译者也是第5版的译者。

我们深深地知道，科技著作的翻译需要译者真正了解所涉及的技术内容，由于本书的内容非常广泛，在翻译过程中我们虽然做了很大努力，但是译稿可能仍然存在疏漏和错误，希望广大读者批评指正。

廖彬山　周卫华

北京国信普道科技有限公司

2010年5月

前言

译者简介

廖彬山　先后就读于南京大学数学系和北京航空航天大学计算机科学与技术系。现在是美国CMU／SEI认证CMMI主任评估师(CMU／SEI-certified SCAMPI Lead Appraiser)，北京国信普道科技有限公司CMMI首席顾问，北京航空航天大学软件学院客座教授。目前主要从事CMMI的培训、咨询和评估工作及软件工程理论与方法的研究工作。迄今为止，成功地为几十家不同类型、不同规模、不同应用领域的企业进行了基于CMM和CMMI的咨询和评估工作，积累了丰富的实践经验，有效地解决了企业实际存在的问题；成功地为国内近百家企业提供了软件估算、软件度量与量化管理、功能点、统计过程控制、高成熟度组织的过程改进、个体软件过程（PSP）、团队软件过程（TSP）、需求工程、缺陷管理、软件测试、同行评审、持续风险管理、统一软件开发过程等专题培训，有效地提高了国内企业的项目管理和工程开发能力。

周卫华　先后就读于国防科技大学、同济大学计算机科学与技术专业，具有多年软件开发以及项目管理实践经验，近年来主要从事企业质量管理体系的建立和过程改进方面的工作。

前　言

在修订本书的第5版时，我们意识到项目管理不仅仅是软件和IT开发成功的关键因素，它本身就是个引人入胜的专题。它是技术和人性的有趣混合体，有理性，也有感性。起初，我们把这个专题作为软件工程师和IT从业者的辅助行业准则。然而我们已经越来越相信这些准则应该发挥更核心的作用：如何实现系统和系统要做什么同样至关重要。

像本书持续出版这么长时间的软件著作不多。显然，项目管理的原则不像软件设计和实施原则那样易变，后者在最近几年已经经历了一些重大的变化。然而，项目管理并没有停滞不前。项目管理知识体系（比如由美国项目管理协会（PMI）制定的和由英国项目管理协会（APM）制定的）不断在更新，项目管理标准（比如PRINCE 2）也一直在发展。这些发展具体化和条理化了最佳实践，受到大家的欢迎。实际上，本书有一个附录就是关于PRINCE 2的。但是我们一直拒绝把本书写成一本“PMI”著作或者“PRINCE 2”著作。部分原因是我们认为尽管软件项目管理包含了一般项目管理的所有关键要素，但还是必须要处理一些软件相关的特定问题，包括软件相对无形、极易延伸、与它所嵌入的系统关系紧密以及高度复杂。我们还要避免本末倒置——关注专业术语和过程细节，而忽视了理解基本原理和目的。

“项目极少是孤立的”这一新观点已经被接受，它几乎总是属于一个范围更大的、要完成组织或者商业目标的项目集。敏捷方法，例如极限编程，一直在提醒我们软件开发是非常人性化的活动。与强调高产出、高互动的集中办公相反，分散或虚拟项目也发展起来，这些项目的全部或部分开发团队位于另一个国家甚至另一个洲。我们在前几版中指出了这些发展，本版会展开讨论，我们为研究项目的动态特征专门增加了一章。

想要包罗评论家们想看到的所有专题，同时又要精练避免“臃肿”，这是相互冲突的两个目标。有时有些专题和标准是大家都知道和了解的。经过更细致的检查，我们发现，由于各种不同的原因，这些参考资料不像期望的那样有用。在本版中，我们去掉了关于英国标准BS 6079的附录，因为本版希望成为通用的项目管理实践指导，所以新版重复了前一版已经包含的参考资料。一些特殊专题需要由其他比本书更专业的著作来研究（比如项目评估中的内部回报率（IRR）和民族文化特征的Hofstede分析法），本书也不再介绍。但总的来说，我们对保留哪些专题慎之又慎。

从1995年薄薄的第1版出版到现在已经很长时间了。在还是新作者的时候，我们就非常感激Dave Hatter和Martin Campbell Kelly，因为他们对本书的风格有很大的影响。Dave Hatter特别强调每章都要有一个清晰的学习目标，让读者在读完每一章后都感觉到学会了一项新技能。他还坚持应该把事情解释清楚，用简单的语言去解释看起来复杂的事情。我们知道自己还不能完全达到这个要求，其他院校的学生和老师也一直在善意地指出我们的错误。正是由于这些人的评审，才有第5版中所做的许多修订。

致　谢

从1995年开始，在前4次版本修订期间，我们得到了许多人的帮助。其中Ken I'Anson，Chris Claire, David Howe, Martin Campbell Kelly和Barbara Kitchenham提供了第5章中的项目数据集；墨尔本Charismatek软件度量公司的Paul Radford和Robyn Lawrie，David Garmus，David Herron为第10章提供了材料，此外还要感谢David Purves，David Wynne, Dick Searles, John Pyman, Jim Watson, Mary Shepherd，Sunita Chulani, David Wilson, David Farthing, Charlie Svahnberg, Henk Koppelaar, Ian McChesney。

在风险管理一章，我们使用了Abdullah AI Shehab和David I.Shepherd 提供的材料，David还提供了一些挣值分析方面的新进展。我们的同事Marian Eastwood帮我们澄清了统一系统开发方法（Unified System Development Method）的一些细节。

我们还要感谢McGraw-Hill公司的团队。Karen Mossman的职务已经由Catriona Hoyle（née Watson）和Katy Hamilton接替，除了许多有益的帮助以外，他们还灌输了及时性的必要原则。前面已经提到的Dave Hatter是我们的前任编辑，之前就职于International Thomson Press，后来在McGraw-Hill公司。我们希望他在埃塞克斯的树林和绿地中好好享受退休生活。

我们还要感谢以下评审人员在不同阶段为本书的出版所做出的贡献，他们是：

Christopher Procter, University of Salford

Darren Dalcher , Middlesex University

David Gustafos, Kansas State University

David Farthing, University of Glamorgan

Klaus Van den Berg, University of Twente

Miroslaw Staron, IT University of Goteborg

目　录

译者序
译者简介
前言

第1章　软件项目管理引言 ……1
1.1　引言 ……1
1.2　为什么软件项目管理很重要 ……1
1.3　什么是项目 ……2
1.4　软件项目和其他类型的项目 ……3
1.5　合同管理和技术项目管理 ……3
1.6　软件项目管理覆盖的活动 ……4
1.7　计划、方法和方法学 ……6
1.8　软件项目的分类方式 ……7
1.8.1　强制使用用户和自愿使用用户 ……7
1.8.2　信息系统与嵌入式系统 ……7
1.8.3　目标与产品 ……7
1.9　利益相关者 ……8
1.10　设定目标 ……8
1.10.1　子目标和目标 ……9
1.10.2　有效性度量 ……9
1.11　业务案例 ……10
1.12　项目成败 ……10
1.13　什么是管理 ……11
1.14　管理控制 ……11
1.15　小结 ……13
附件　项目策划内容列表 ……13
1.16　进一步的练习 ……14
第2章　项目评价和项目集管理 ……15
2.1　引言 ……15
2.2　业务案例 ……15
2.2.1　介绍和背景 ……16
2.2.2　提议项目 ……16
2.2.3　市场 ……16
2.2.4　组织和运营基础架构 ……16
2.2.5　效益 ……16
2.2.6　概括实施计划 ……16
2.2.7　成本 ……16
2.2.8　经济论证 ……17
2.2.9　风险 ……17
2.3　项目组合管理 ……17
2.3.1　项目组合定义 ……17
2.3.2　项目组合管理 ……18
2.3.3　项目组合优化 ……18
2.3.4　项目组合管理的问题 ……18
2.4　单个项目评估 ……18
2.4.1　技术评估 ……18
2.4.2　成本效益分析 ……18
2.4.3　现金流预测 ……19
2.5　成本效益评价技术 ……20
2.5.1　净利润 ……20
2.5.2　回收期 ……20
2.5.3　投资回报率 ……21
2.5.4　净现值 ……21
2.5.5　内部回报率 ……23
2.6　风险评价 ……23
2.6.1　风险标识和排等级 ……24
2.6.2　风险和净现值 ……24
2.6.3　成本效益分析 ……24
2.6.4　风险剖面分析 ……25
2.6.5　使用决策树 ……25
2.7　项目集管理 ……26
2.7.1　商业周期项目集 ……27
2.7.2　战略项目集 ……27
2.7.3　基础设施项目集 ……27
2.7.4　研究和开发项目集 ……27
2.7.5　创新的伙伴关系 ……27
2.8　管理项目集内的资源分配 ……27

2.9 项目集管理策略 ……28
2.10 创建项目集 ……28
2.10.1 项目集命令 ……28
2.10.2 项目集摘要 ……29
2.10.3 构想陈述 ……29
2.10.4 蓝图 ……29
2.11 辅助项目集管理 ……30
2.11.1 依赖关系图 ……30
2.11.2 交付计划 ……31
2.12 对项目集管理的保留意见 ……32
2.13 收益管理 ……32
2.14 小结 ……34
2.15 进一步的练习 ……34
第3章 项目策划概述 ……36
3.1 步进式项目策划概述 ……36
3.2 第0步：选择项目 ……38
3.3 第1步：标识项目的范围和目标 ……39
3.3.1 步骤1.1标识目标以及满足目标有效性的实用度量 ……39
3.3.2 步骤1.2确立项目的全权管理者 ……39
3.3.3 步骤1.3项目利益相关者分析——标识项目中所有的项目利益相关者以及他们的利益 ……39
3.3.4 步骤1.4根据项目利益相关者的分析修改项目目标 ……40
3.3.5 步骤1.5确定各部门之间的沟通方法 ……40
3.4 第2步：标识项目的基础设施 ……40
3.4.1 步骤2.1确立项目和战略策划之间的关系 ……40
3.4.2 步骤2.2标识安装标准和规程 ……41
3.4.3 步骤2.3标识项目组的组织结构 ……41
3.5 第3步：分析项目的特征 ……42
3.5.1 步骤3.1识别项目是目标驱动的还是产品驱动的 ……42
3.5.2 步骤3.2分析项目的其他特征（包括基于质量的特征） ……42
3.5.3 步骤3.3标识项目的高级别风险 ……42
3.5.4 步骤3.4考虑关于实现方面的用户需求 ……42
3.5.5 步骤3.5选择开发方法学和生命周期方法 ……42
3.5.6 步骤3.6评审整体资源估计 ……43
3.6 第4步：标识项目的产品和活动 ……43
3.6.1 步骤4.1标识和描述项目的产品（或可交付物） ……43
3.6.2 步骤4.2文档化共性产品流 ……45
3.6.3 步骤4.3标识产品实例 ……46
3.6.4 步骤4.4产生理想的活动网络图 ……46
3.6.5 步骤4.5根据阶段和检查点的需要修改理想的活动网络 ……46
3.7 第5步：估算每个活动的工作量 ……47
3.7.1 步骤5.1执行由底向上的估计 ……47
3.7.2 步骤5.2修改策划创建可控制的活动 ……47
3.8 第6步：标识活动的风险 ……48
3.8.1 步骤6.1标识和量化基于活动的风险 ……48
3.8.2 步骤6.2计划合适的风险缓解和应急措施 ……48
3.8.3 步骤6.3根据风险调整计划和估计 ……48
3.9 第7步：分配资源 ……49
3.9.1 步骤7.1 标识和分配资源 ……49
3.9.2 步骤7.2 根据资源约束修改计划和估计 ……49
3.10 第8步：评审/发布计划 ……50
3.10.1 步骤8.1 评审项目计划的质量 ……50
3.10.2 步骤8.2 文档化计划并取得一致意见 ……50
3.11 第9步和第10步：执行计划并进行较低层次的策划 ……50
3.12 小结 ……50
3.13 进一步的练习 ……51
第4章 选择合适的项目方法 ……52
4.1 引言 ……52
4.2 构建还是购买 ……52
4.3 选择方法学和技术 ……54
4.3.1 将项目标识为目标驱动的或产品

驱动的 ……54
4.3.2 分析其他项目特征 ……55
4.3.3 标识高级别项目风险 ……56
4.3.4 考虑与实现有关的用户需求 ……56
4.3.5 选择通用的生命周期方法 ……57
4.4 过程模型的选择 ……57
4.5 结构与交付速度 ……58
4.6 瀑布模型 ……59
4.7 螺旋模型 ……60
4.8 软件原型开发 ……60
4.9 分类原型的其他方法 ……62
4.9.1 要从原型中学到什么 ……62
4.9.2 原型要做到什么程度 ……62
4.9.3 哪些要进行原型化 ……62
4.9.4 在原型开发期间控制变更 ……63
4.10 增量式交付 ……63
4.10.1 优点 ……63
4.10.2 缺点 ……64
4.10.3 增量式交付计划 ……64
4.10.4 系统目标 ……65
4.10.5 开放的技术计划 ……65
4.10.6 增量式计划 ……65
4.10.7 增量示例 ……66
4.11 敏捷方法 ……66
4.12 Atern/动态系统开发方法 ……67
4.13 极限编程 ……68
4.13.1 策划活动 ……69
4.13.2 小规模发布软件 ……69
4.13.3 隐喻 ……69
4.13.4 简单设计 ……69
4.13.5 测试 ……69
4.13.6 重构 ……70
4.13.7 结对编程 ……70
4.13.8 集体所有 ……70
4.13.9 持续集成 ……70
4.13.10 每周40小时的工作时间 ……70
4.13.11 现场客户 ……70
4.13.12 编程标准 ……70
4.13.13 XP的局限性 ……70
4.14 管理迭代过程 ……71
4.15 选择最合适的过程模型 ……72
4.16 小结 ……72
4.17 进一步的练习 ……73
第5章 软件工作量估计 ……74
5.1 引言 ……74
5.2 在何处进行估计 ……75
5.3 估计过高和估计过低的问题 ……77
5.4 软件估计基础 ……77
5.4.1 需要历史数据 ……77
5.4.2 工作的度量 ……77
5.5 软件工作量估计技术 ……78
5.6 由底向上估计 ……78
5.7 自顶向下法和参数模型 ……80
5.8 专家判断 ……81
5.9 类比估计 ……81
5.10 Albrecht功能点分析 ……81
5.11 Mark II功能点 ……83
5.12 COSMIC全功能点 ……85
5.13 COCOMO II：参数化的生产率模型 ……86
5.14 小结 ……90
5.15 进一步的练习 ……90
第6章 活动策划 ……92
6.1 引言 ……92
6.2 活动策划的目的 ……92
6.3 何时计划 ……93
6.4 项目进度表 ……93
6.5 项目和活动 ……95
6.5.1 定义活动 ……95
6.5.2 标识活动 ……95
6.6 确定活动的次序和进度 ……98
6.7 网络策划模型 ……99
6.8 网络模型的公式化表示 ……100
6.8.1 构造优先网络 ……100
6.8.2 描绘滞后活动 ……102
6.8.3 集合活动 ……103
6.8.4 标注约定 ……103
6.9 增加时间维 ……103
6.10 正向遍历 ……104

6.11 反向遍历 ……105
6.12 标识关键路径 ……106
6.13 活动缓冲期 ……107
6.14 缩短项目周期 ……108
6.15 标识关键活动 ……108
6.16 活动–箭头网络 ……108
6.16.1 活动–箭头网络的规则和约定 ……109
6.16.2 使用虚活动 ……110
6.16.3 描绘滞后的活动 ……112
6.16.4 给活动加标签 ……112
6.16.5 网络分析 ……112
6.17 小结 ……114
6.18 进一步的练习 ……115
第7章 风险管理 ……117
7.1 引言 ……117
7.2 风险 ……117
7.3 风险分类 ……118
7.4 处理风险框架 ……120
7.5 风险识别 ……120
7.6 风险评估 ……121
7.7 风险策划 ……124
7.7.1 接受风险 ……124
7.7.2 规避风险 ……124
7.7.3 降低风险 ……124
7.7.4 转移风险 ……125
7.8 风险管理 ……125
7.8.1 应急 ……125
7.8.2 风险应对措施的决策 ……126
7.8.3 创建和维护风险记录 ……126
7.9 评价进度风险 ……126
7.10 应用PERT技术 ……127
7.10.1 使用PERT评价不确定性的影响 ……127
7.10.2 使用期望周期 ……128
7.10.3 活动标准偏差 ……129
7.10.4 满足目标的可能性 ……129
7.10.5 计算每个项目事件的标准偏差 ……130
7.10.6 计算z值 ……130
7.10.7 转换z值为概率 ……130
7.10.8 PERT 的优点 ……131
7.11 蒙特卡洛仿真 ……131
7.12 关键链概念 ……132
7.12.1 获得最可能的活动周期 ……133
7.12.2 利用活动的最晚开始时间 ……134
7.12.3 插入项目和汇入缓冲期 ……134
7.12.4 一个样例 ……135
7.12.5 项目实施 ……136
7.13 小结 ……136
7.14 进一步的练习 ……136
第8章 资源分配 ……139
8.1 引言 ……139
8.2 资源的性质 ……139
8.3 标识资源需求 ……141
8.4 资源调度 ……142
8.5 创建关键路径 ……146
8.6 计算成本 ……147
8.7 特定的细节 ……147
8.8 发布资源进度表 ……148
8.9 成本进度 ……149
8.10 调度顺序 ……150
8.11 小结 ……151
8.12 进一步的练习 ……152
第9章 监督与控制 ……154
9.1 引言 ……154
9.2 创建框架 ……154
9.2.1 责任 ……154
9.2.2 进展评估 ……156
9.2.3 设置检查点 ……156
9.2.4 取快照 ……156
9.3 收集数据 ……156
9.3.1 局部完成报告 ……157
9.3.2 红黄绿交通灯报告 ……158
9.4 进展可视化 ……158
9.4.1 甘特图 ……158
9.4.2 延迟图 ……159
9.4.3 时间线 ……160
9.5 成本监督 ……161
9.6 挣值分析 ……162
9.6.1 基线预算 ……163

9.6.2 监督挣值 ……164
9.6.3 进度偏差 ……165
9.6.4 时间偏差 ……165
9.6.5 成本偏差 ……165
9.6.6 性能比 ……165
9.7 优先级控制 ……166
9.8 使项目返回目标 ……167
9.8.1 缩短关键路径 ……167
9.8.2 重新考虑优先需求 ……168
9.8.3 维护业务案例 ……168
9.8.4 异常计划 ……168
9.9 变更控制 ……169
9.9.1 变更控制规程 ……169
9.9.2 系统范围的变更 ……170
9.9.3 配置库管理员的职责 ……170
9.10 小结 ……171
9.11 进一步的练习 ……171
第10章 管理合同 ……172
10.1 引言 ……172
10.2 合同的种类 ……173
10.2.1 固定价格合同 ……173
10.2.2 时间和材料合同 ……174
10.2.3 每单位固定价格合同 ……174
10.2.4 公开的投标过程 ……176
10.2.5 受限制的投标过程 ……176
10.2.6 谈判规程 ……176
10.3 合同部署阶段 ……177
10.3.1 需求分析 ……177
10.3.2 评估计划 ……177
10.3.3 邀请投标 ……178
10.3.4 评估提议 ……179
10.4 典型的合同条款 ……180
10.4.1 定义 ……180
10.4.2 协议的形式 ……180
10.4.3 供应的商品和服务 ……180
10.4.4 软件的所有权 ……181
10.4.5 环境 ……181
10.4.6 客户承诺 ……181
10.4.7 验收规程 ……181
10.4.8 标准 ……181
10.4.9 项目和质量管理 ……182
10.4.10 时间表 ……182
10.4.11 价格和付款方式 ……182
10.4.12 其他法律上的需求 ……182
10.5 合同的管理 ……182
10.6 验收 ……183
10.7 小结 ……183
10.8 进一步的练习 ……184
第11章 人员管理 ……185
11.1 引言 ……185
11.2 理解行为 ……185
11.3 组织行为：背景 ……187
11.4 为工作选择合适人选 ……188
11.5 用最好的方法进行教育 ……190
11.6 激励 ……190
11.6.1 Taylorist模型 ……190
11.6.2 Maslow的需求层次 ……191
11.6.3 Herzberg的双因素理论 ……191
11.6.4 工作热情的期待理论 ……192
11.7 Oldham-Hackman工作特征模型 ……192
11.8 压力 ……193
11.9 健康和安全 ……194
11.10 职业道德注意事项 ……195
11.11 小结 ……196
11.12 进一步的练习 ……196
第12章 团队管理 ……198
12.1 引言 ……198
12.2 组成团队 ……200
12.3 决策制定 ……202
12.3.1 制定正确决策的心理障碍 ……202
12.3.2 小组决策的制定 ……202
12.3.3 制定正确小组决策的障碍 ……202
12.3.4 减少小组决策制定的缺点的措施 ……203
12.3.5 团队精神 ……203
12.3.6 非自我编程 ……203
12.3.7 主程序员组 ……204
12.3.8 极限编程 ……204
12.3.9 Scrum ……204

12.4 组织结构 ……205
12.4.1 组织结构与项目 ……205
12.4.2 正式的与非正式的结构 ……205
12.4.3 层次化的方法 ……206
12.4.4 员工与开发流程 ……206
12.4.5 部门化 ……206
12.5 合作依赖关系 ……207
12.6 分散或虚拟团队 ……208
12.7 沟通风格 ……209
12.7.1 在项目早期 ……210
12.7.2 项目中期的设计阶段 ……211
12.7.3 项目的实现阶段 ……211
12.8 沟通计划 ……211
12.9 领导能力 ……212
12.10 小结 ……213
12.11 进一步的练习 ……214
第13章 软件质量 ……215
13.1 引言 ……215
13.2 软件质量在项目策划中的位置 ……215
13.3 软件质量的重要性 ……216
13.4 定义软件质量 ……217
13.5 ISO 9126 ……218
13.6 产品与过程质量管理 ……223
13.7 质量管理体系 ……225
13.7.1 BS EN ISO 9001:2000 ……225
13.7.2 BS EN ISO 9001:2000 QMS需求概述 ……225
13.8 能力过程模型 ……227
13.8.1 ISO 15504 过程评估 ……227
13.8.2 实施过程改进 ……228
13.9 有助于提高软件质量的技术 ……231
13.9.1 审查 ……231
13.9.2 Fagan方法的基本原理 ……232
13.9.3 结构化编程和净室软件开发 ……232
13.9.4 形式化方法 ……233
13.9.5 软件质量循环 ……233
13.9.6 经验教训报告 ……234
13.10 测试 ……234
13.11 质量计划 ……237
13.12 小结 ……237
13.13 进一步的练习 ……237
附录A PRINCE 2概述 ……239
附录B 练习答案 ……248
进一步阅读材料 ……277

第 1 章 软件项目管理引言

目的

学完本章后，你将能够：

- 定义软件项目管理的范围。
- 了解软件项目经理的问题和担忧。
- 定义软件项目的各个阶段。
- 解释管理作用的要素。
- 意识到需要精心策划、监督和控制。
- 识别利益相关者以及他们的目标。
- 定义项目的成功标准。

1.1 引言

本书是关于“软件项目管理”的。首要的问题是软件项目管理是否真的不同于其他类型项目的管理。为了回答这个问题，我们需要了解软件项目的策划、监督和控制的关键思想。我们将会知道，项目主要是为了达到目标。像其他项目一样，软件项目必须满足真实需要。因此，必须识别项目利益相关者以及他们的目标，并确保项目管理的目的是满足这些既定的目标。然而，如果我们不知道项目现在的状态如何，我们将无法判断项目将来是否能达到这些目标。

1.2 为什么软件项目管理很重要

本书的读者包括软件工程和计算机科学方向的学生以及从事商务信息系统学习的学生，而从事技术工作的学生在学习那些与编程无关的课程时，往往会没有耐心。那么熟悉项目管理的重要性又是什么呢？

首先是钱的问题。很多的经费都用来作为ICT项目的赌注。2002年至2003年，英国政府花费在ICT项目上的经费高于公路系统上的经费（大约是23亿英镑比14亿英镑）。其中花费最多的部门是就业和退休保障部，他们在ICT项目上的花费为8亿英镑。如果不能很好地管理ICT项目，那么能用在其他方面（例如医院）的资金就会降低。

本段信息摘自2004年11月的英国国家审计官方报告：《Improving IT Procurement》。

非常不幸的是，并不是每个项目都成功。2003年美国Standish Group通过分析13 522个项目得出结论，即只有1/3的项目是成功的；82%的项目延期，43%的项目超出预算。

虽然对于Standish调查结果的精确性存在争议，但是对于IT项目普遍失败这一点还是很明确的。

导致这些项目缺点的原因通常都与项目管理有关。例如英国的国家审计部把众多导致项目失败的原因定义为：*缺乏项目管理和风险管理的技能和有效的方法。*

1.3 什么是项目

根据《Longman Concise English Dictionary》(1982)，“项目”的字典定义包括：“一个特定的计划或设计”；“一个已计划的任务”；“一项大型任务，如公共事业方案”。

字典中在定义项目时清楚地强调项目是已计划的活动。

强调活动是已经计划的活动，就是假定在执行活动之前已经知道应该如何做。但是这个假定对于一些研究性的项目来说是很难实现的。策划在本质上就是在做某些事之前的周密考虑，即使不确定的项目也值得这么做，只要得出的计划被视为临时性的就可以了。其他如与日常维护相关的活动，可能会重复很多次，以至于每一个有关人员都准确地知道需要做些什么。在这种情况下，尽管需要编写文档化的规程，以保证工作的一致性和帮助新员工熟悉其工作，但策划似乎不是很必要。

从传统的项目管理中受益最多的是介于两种极端情况之间的活动类型(参见图1-1)。

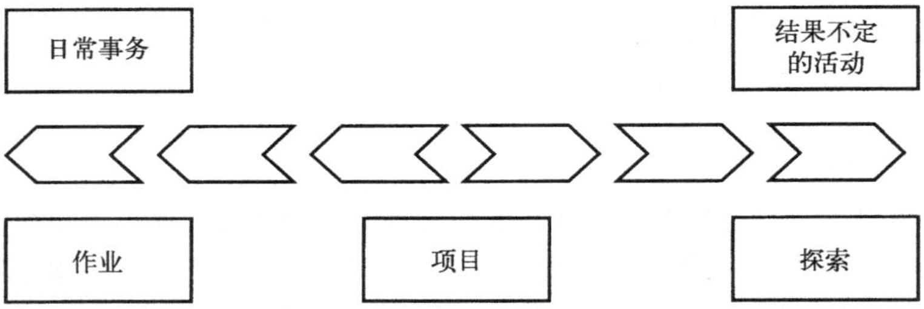

图1-1 很可能从项目管理中受益的活动

项目集管理通常用来协调当前工作的活动。

非日常事务的项目和日常事务工作之间的区别有时候并不很明确。第一次做日常事务工作就像在做一个项目，而开发一个与已有系统类似的新系统，又会有大量的日常事务工作的特征。

项目的特征如下：

- 涉及非日常的事务。
- 需要策划。
- 要满足特定的目标或要创造特定的产品。
- 项目有预先确定的时间跨度。
- 为别人工作而不是为自己工作。
- 工作涉及多学科。
- 为了执行既定任务，组建临时的工作组。
- 工作分多阶段进行。
- 可用于项目的资源是受到限制的。
- 项目庞大或者复杂。

任务包含以上各因素数目越多，那么该任务就越难。项目规模是一个特别重要的因素，管理一个拥有20个开发人员的项目可能比管理只有10个开发人员的项目棘手得多，主要是因为需要额外的沟通。本书的示例和练习通常涉及的是较小型的项目，主要是为了便于读者掌握它所涉及的技术，而其中所讨论的技术和问题同样也适用于大型项目。

练习1.1 考虑下列问题：

- 编辑一版报纸。
- 发射火星生命探测仪。
- 准备结婚。
- 改进财务计算机系统以处理欧元问题。
- 开发人机界面的研究项目。
- 对用户使用计算机系统时出现问题的原因进行调查。
- 为计算机专业的学生分配第二年的编程任务。
- 为新计算机编写操作系统。
- 在组织中安装新版本的字处理软件包。

其中有些问题看上去更符合项目的定义。按照你对项目定义的理解将以上问题进行排序，越符合“项目”的概念,越靠前。并指出每个问题与其前面问题在作为项目上的不同之处。

答案并不是唯一的，本书在结尾处提供了练习的可能答案。

一些观点认为，作为临时性次级组织的项目存在很多的问题。一组人员共同执行一项任务，这种次级组织的存在阻碍了现有组织单元在组织内部行使职权。它的好处在于各个领域的专家聚在一起专注于一项重要任务。然而，项目在某些方面可能具有破坏性，并且项目期间建立起来的专业技能可能会随着项目团队的逐步解散而丧失。

例如，Rolf A. Lundin和Andres Söderholm (1995)发表的“A theory of the temporary organization”，*Scandinavian Journal of Manage-ment*，11 (4)，437–55。

1.4 软件项目和其他类型的项目

很多通用的项目管理技术可以用于软件项目管理，但Fred Brooks识别了一些软件项目的特性，使得这种应用变得困难。

F. P. Brooks (1987)，“没有银弹：软件工程的本质和事故”。这篇文章收录在《人月神话》周年纪念版上，Addison-Wesley，1995。

不可见性　有形制品（如桥）建造过程是可以实际看到的。而对于软件，其进展是不能立即看到的。软件项目管理就是使不可见的过程可视化。

复杂性　了解软件产品的每一美元、每一英镑或每一欧元是如何花费的，要比其他工程制品更加复杂。

一致性　“传统的”工程师通常使用物理系统以及像水泥和钢铁这样的物理材料来工作。这些物理系统可能有一定的复杂性，但都服从某些一致的物理定律。软件开发者必须与客户需求保持一致。这不仅是因为从事该工作的人员可能不是同一个人，而且对于一个组织来说，还由于集体记忆会有差错、内部交流不够畅通、决策也会失误。

灵活性　软件可以被方便地改变，通常认为这是软件的长处之一。然而，这意味着软件系统一旦与一个物理的或组织的系统相连接，在有必要时，就期望改变软件来适应其他组件，而不是改变其他组件来适应软件。因而相对于其他组件来说，软件系统很可能要经常变更。

1.5 合同管理和技术项目管理

对于内部项目的开发，用户和开发人员都是为同一个组织工作，然而，越来越多的组织都采用外包的方式进行ICT产品的开发。在这种情况下，客户方往往会派一名“项目经理”来指导合同的执行。项目经理会授权承包商作出许多面向技术的决策。因此，只要整个项目能在预算内按时完成，项目经理就不会关心编写单独的软件组件的工作量估计问题。从供应商的角度考虑，需要有项目经理来关注更多的技术管理问题。本书着重讨论这些“技术型”项目经理关注的问题。

1.6 软件项目管理覆盖的活动

在关于项目分析和技术策划的第4章中，查阅某些可以代替的生命周期。

软件项目不仅仅只关心软件的实际编写的问题。事实上，当购买一个“商用产品”作为软件应用时，可能就没有这类编写软件的工作。但这仍然是一个软件项目，因为还有许多其他与软件相关的活动。

开发新系统通常有三个连续的步骤（参见图1-2）。

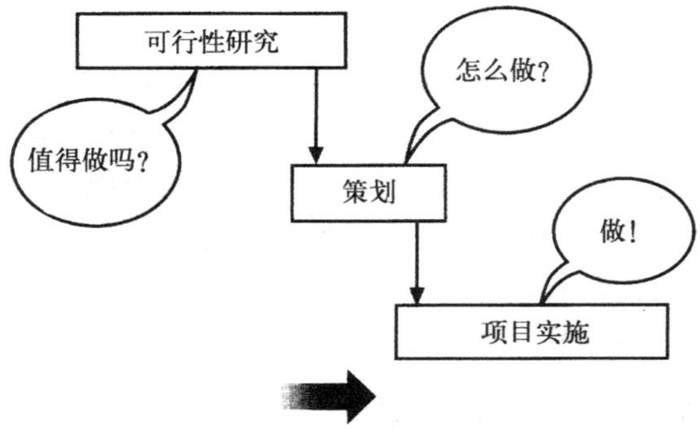

图1-2 可行性研究、策划和项目实施的周期

第3章进一步讨论了项目集管理的各个方面。

1）**可行性研究** 评估一个预期的项目是否值得开始——即存在一个有效的业务案例。在研究期间，要收集有关待开发的应用系统的需求。在最初，需求的引导是复杂和困难的。利益相关者知道预期的目标，但是还不确定如何实现目标，他们需要估算新系统的开发和运营成本及其效益。对一个大型系统而言，可行性研究本身可以作为一个项目，并且有自己的策划。可行性研究是战略策划的一部分，用于考察所有潜在的软件开发。有时组织还需要评估由一组项目组成的*项目集*（programme）。

本书附录A描述的PRINCE 2方法用迭代方法进行策划。本章的附件给出了项目策划的内容提纲。

2）**策划** 如果可行性研究的结果指出预期的项目可行，那么就可进入策划阶段。对于大型项目而言，可能无法在项目一开始就能制定全部的详细计划，但可以为整个项目制定概要计划，并为第一阶段制定详细计划。对于后续各个阶段的详细计划需要在该阶段开始时确定，因为当前一阶段结束时，我们才能够获得更详细更准确的项目信息，以便于制定出后续阶段的计划。

3）**项目实施** 现在可以实施项目了。项目实施通常包括*设计*和*实现*两个子阶段。初做项目策划的读者发现这两者之间的界限往往比较模糊。本质上，设计是确定待生产*产品*的形式。对软件来说，设计与软件外观（即用户界面）或者内部结构有关。策划则规定了为生产产品所必须执行的*活动*。由于在大多数细节的层次上，策划决策要受到设计决策的影响，因此策划和设计可能会被混淆。例如，假如一个软件产品有五个主要组件，那么很可能要由五组活动来制造它们。

图1-3表示了国际标准ISO 12207中定义的软件开发活动的典型顺序。读者可能会发现其中一些是关于系统（system）的，而另一些是关于软件（software）的。通常软件开发是整个项目其中的一部分。例如，在一个项目中需要开发软件，同时也需要建立ICT基础构架、设计用户的工作以及针对新的软件对客户进行培训。这些加起来是一个系统，而软件是其中的一部分。

图1-3建议这些阶段必须严格按顺序做。我们在第4章将看到，可以采用其他的迭代方法。不过，这里列出的实际活动仍然要做。

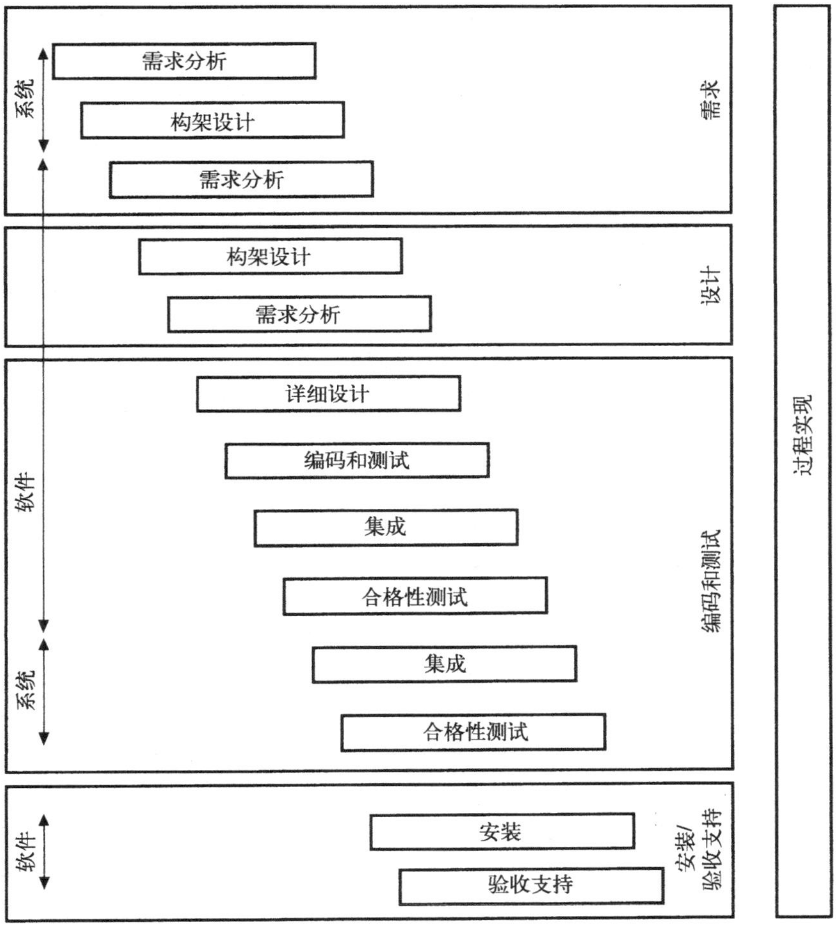

图1-3 ISO 12207软件开发生命周期

- 需求分析　以需求引导或者需求收集活动开始，目的是发掘潜在客户和他们的经理对于新系统的需求。可能有功能上的需求，即这个系统能做些什么，也可能有质量上的需求，即功能运行得如何。例如，为急救电话指定响应救护车系统，在这个例子中，交互时间会受到人员操作速度、软件和硬件执行等因素的影响。通过培训提高人员操作速度就是本项目的一个系统需求，而与之相反的就是软件需求。与应用系统开发成本相关的还有对于资源的需求。

- 构架设计　定义为了满足新系统需求所需的组件。已有的组件可能满足一些需求，对于其他尚未实现的需求需要定义新的组件。这些组件并不仅仅是指软件，也可能是硬件设备或者工作流程。虽然软件开发人员主要关注软件组件，但是不能将这孤立起来。例如，开发的时候必须考虑到与原有系统的交互。系统构架（system architecture）的设计是软件需求开发的输入，然后是构架设计的第二步，即将软件需求映射到软件构件。
- 详细设计　将每个软件组件分解成为可以单独进行编码和测试的软件单元。这些软件单元的详细设计将分别进行。
- 编码和测试　涉及软件单元的编码，并进行最初的测试以完成调试工作。
- 集成　单独的软件组件被集成在一起，然后测试集成结果是否满足整体需求。集成包括软件组件的组装，还包括软件同硬件平台、用户交互之间的组装和测试。
- 合格性测试　系统，包括软件组件，应该进行认真的测试来保证满足了所有的需求。
- 安装　这是使新系统进行工作的过程。包括建立标准数据（例如，如果这是工资系统，那么标准数据包括员工的详细信息）、设置系统参数、将软件在硬件平台上进行安装以及对用户的培训等活动。
- 验收支持　一旦系统上线使用之后，还需要继续修正系统中出现的错误，并对系统进行扩展和改进。软件维护可以看成一系列较小的软件项目。在许多时候，大多数软件开发实际上是维护。

练习1.2　Brightmouth 学院是一个高等教育研究机构，过去由当地政府管辖，现在改为自主管理。该学院的工资仍由当地政府管理，其工资单和其他支出由当地政府的计算中心给出，政府要收取这项服务的费用。学院管理方的意见是，如购买一个工资软件包商用产品，并由自己来处理工资，可能要经济一些。

由学院独立处理工资单的项目的主要步骤是什么？记住，要使用工资软件包商用产品，此时这个项目与从零开始编写软件的项目有什么不同？

1.7　计划、方法和方法学

计划必须基于工作的方法。举一个简单的例子，如果让你去测试某个软件，即使你对要测试的软件一无所知，也可以设想将需要进行以下活动：

- 分析软件需求。
- 设计和编写测试用例，以检查每个需求是否已经满足。
- 为每一个测试用例创建测试脚本和期望结果。
- 比较实际结果与期望结果，并标识它们不一致的地方。

通常一个方法与一类活动有关，一个计划是使用该方法（或其他方法）并将其转化为一组真实活动，并为每一个活动标识以下信息：

- 开始日期和结束日期。

- 负责执行者。
- 要使用什么工具和材料——包括信息。

一个方法的输出可能是另一个方法的输入。一组方法或一组技术往往称之为方法学，例如面向对象设计。

练习1.3 这个练习最好是分组来做，每组四个人。如果只有一个人的话，你可以考虑一下如何进行这个练习。你现在所处的建筑可能不止一层，对这个练习来说，建筑越大越好。

使用什么方法可以获得对你所在建筑高度的准确估计（如果你所在的建筑只有一层，那么用估计面积来代替估计高度）？为了得到这个估计，计划活动。四个人在一起进行计划，时间为20分钟。计划完成以后，对其进行实施，计算从开始实施到得出结果的过程所花费的时间。

如果不是一个组在同时做这个练习，那么在全部人结束练习之后，对练习的结果和获得结果使用的方法进行比较。

1.8 软件项目的分类方式

项目之间的区别可能是因为开发不同的技术产品导致的。因此需要识别项目的特征，这些特征会影响项目所采用的计划和管理的方式。下面讨论其他的因素。

1.8.1 强制使用用户和自愿使用用户

在工作场所中，有一些系统是员工完成工作（比如记录销售业务）必须使用的系统，然而有些系统的使用是自愿而非强制的，比如游戏软件。我们很难用一个业务系统从潜在客户那里引导出精确的需求。游戏软件的内容主要依靠开发人员丰富的创造力，以及市场调查、关注群体和原型评价等技术手段。

1.8.2 信息系统与嵌入式系统

信息系统与嵌入式系统之间存在着传统的区别。信息系统可以帮助员工完成事务处理操作，如库存管理系统。嵌入式（或过程控制）系统用于控制机器，比如建筑物的空调设备的控制系统。有些系统可能兼有二者的要素，例如上述库存管理系统也可以控制一个自动化仓库。

嵌入式系统也叫实时系统或工业系统。

练习1.4 计算机操作系统是信息系统还是嵌入式系统？

1.8.3 目标与产品

要区别项目的目标是为了生产一种产品，还是为了满足一定目标。

项目可能是生产一种其细节由客户规定并负责证实的产品。

另一方面，项目可能是为了满足一定目标，这些目标可能有多种方法来达到。比如组织存在亟待解决的问题，可以通过咨询相关专家获得推荐的解决方案。

很多软件项目有两个阶段。第一阶段是目标驱动项目，可产生项目的建议书；第二阶段是实际创建该软件产品。

这点对于技术工作外包以及初期用户需求不明确的项目是非常有用的。外部团队可以在固定单价的情况下，进行初步设计。如果设计是可以接受的，那么开发人员在基于已确定的需求提出后续工作的报价。

当组织外包功能给外部服务的供应商时，服务协议标准就变得越来越重要了。

练习1.5 在练习1.2中所描述的Brightmouth学院实现独立的工资发放系统的项目是目标驱动项目还是产品驱动项目？

1.9 利益相关者

利益相关者是指在项目中有利害关系的人。尽早标识这些人很重要，因为需要从一开始就与他们建立充分交流的渠道。

利益相关者可分为以下几类：

- 项目组内部人员　这意味着项目负责人直接管理这类利益相关者。
- 项目组外部人员但属于同一组织内部　例如需要用户的帮助来执行系统测试，此时有关人员的委托必须经过协商。
- 项目组和组织的外部人员　外部的利益相关者可能是受益于所实现系统的客户（或用户）。这些人之间的关系大多建立在具有法律效力的合同之上。

参见B. W. Boehm和R. Ross发表的“Theory W software project management: principles and examples”，收录在B. W. Boehm编辑的《Software Risk Management》，IEEE Computer Society Press, 1989。

不同类型的利益相关者可能有不同的目标，一个成功的项目负责人的工作之一，就是要看到这些不同的兴趣，并且有能力去进行协调。例如，最终用户可能关心新的应用系统是否易于使用，而项目经理可能关心项目如何节约成本。因此项目负责人应该善于沟通和谈判。Boehm和Ross提出一个关于软件项目管理的“W理论”，指出项目负责人要致力于使各个项目参与方从项目的成功中受益，从而促使参与方都关心项目的成败。此处“W”代表双赢“win-win”。

项目经理有时会遗漏重要的利益相关小组，特别是在不熟悉的业务的情况下。比如把那些提供重要信息的部门认为是理所当然的。

沟通计划的角色和格式将在第11章中做详细的描述。

协调利益相关者之间的关系要给予足够的重视。建议的实践是在项目开始时创建一个沟通计划。

练习1.6 标识Brightmouth学院工资单项目的利益相关者。

1.10 设定目标

项目拥有者是能控制项目财务并设定项目目标的利益相关者。所谓“项目目标”就是项目组必须达到的预期成果。虽然不同的利益相关者有不同的动机和期望，但是项目目标应该是他们共同的目标。

项目目标应该关注预期的产出物而不是项目的任务（任务是项目的后置条件）。非正式的项目目标可能以“如果……项目将被视为取得成功”的形式进行描述，因此目标可能描述为“客户能在线预定产品”而不是“建立电子商务网站”。一般有多种方法满足目标也可能有更多的途径更好地满足目标。

如果一个项目有多个利益相关者（包括不同业务领域的用户），他们都声称是项目的拥有者，这时，需要指明项目的全权管理者。

项目的全权管理者常常由项目指导委员会（也叫项目委员会或者是项目管理委员会）所掌握，由其全面负责设定、监督和修改目标。项目经理仍然负责项目的日常运作，但必须定期向指导委员会报告。

这个委员会通常包括用户以及开发方和管理方代表。

1.10.1 子目标和目标

为个人所设定的有效目标必须是个人可以控制的。可能假定这样的目标，即所生产的应用软件的成本必须来自于人力成本的压缩。从整个企业的目标来看，这可能是合理的，但对软件开发人员来说，这是不合理的。因为，虽然他们可以控制开发成本，但在应用程序投入运行以后，任何有关工作人员费用的降低不仅取决于开发人员，还取决于管理人员。合理的做法是为软件开发人员设定一个目标或称子目标，要求把开发费用保持在一定预算之内。

定义子目标要求设想怎样实现主要目标。

为了达到目标，首先必须达到某个子目标。实现目标的各个步骤，就像足球比赛中的进球一样，一步步地迈向胜利。非正式的项目子目标描述应该是这样，“为了实现目标……”，其中“……”部分应该具备以下特点。

使用SMART方法可以很好地描述目标：

- 具体（Specific） 有效的目标应该具体并且有良好定义。那些含糊不清的描述（例如改进客户关系）不能满足要求。无论项目成功与否，目标的定义都应该使所有的人能够一目了然。
- 可度量（Measurable） 理想情况下，应该存在关于目标的有效性度量来表明项目成功与否。例如，“降低客户抱怨的次数”这个目标定义比“改善客户关系”这个目标定义更好。在很多实例中，度量可以用是/否来进行，例如，我们是否在7月1日之前完成了所有新软件的安装？
- 可实现（Achievable） 定义的目标必须能够在个人和组织的能力范围之内实现。
- 相关（Relevant） 目标要与项目的实际要求相关联。
- 时间限制（Time constrained） 定义达到目标的截止时间。

仍然存在目标应该设定在哪个层次的问题，例如，减少50%的抱怨，为什么不是40%或者60%呢？

练习1.7 运用以上关于目标的讨论，评论下面对软件开发者的“目标”的用词是否适当：

(i) 在预算内按时实现新的应用。

(ii) 实现新的软件应用，并尽可能地只有少量可能导致故障的错误。

(iii) 设计一个用户友好的系统。

(iv) 为新系统编写充分的文档。

1.10.2 有效性度量

有效性度量是用于判断项目目标是否达标的一种实用方法。例如，“平均故障间隔时间”（mtbf）可用来度量可靠性，这是性能度量，并且只能在系统运行时获得。在系统开发时，如果项目经理想了解关于系统性能的情况，就需要预测式的度量。例如，在代码审查时发现大量错误，这表明在可靠性上可能有潜在的问题。

这些概念将在第13章中进一步讨论。

练习1.8 标识Brightmouth学院工资单项目中的目标和子目标。可以用哪种有效性度量来检查是否成功地达到该项目的目标？

1.11 业务案例

业务案例应该在项目可行性分析阶段就建立起来。第2章将对业务案例做详细的介绍。

大多数项目需要一个论证或业务案例，以说明项目所投入的工作量和成本与最终的受益相比是值得的。成本效益分析是项目可行性研究的一部分，它将详细列举和量化项目的成本和效益。效益受项目完成日期的影响，即项目完成越早，效益就能越早实现。效益量化要求用公式化的业务模型表示，以揭示新应用程序如何产生预期的效益。

举一个业务模型的简单示例——一个新的基于Web的应用，它允许世界各地的客户通过因特网订购公司产品，这就增加了销售量，从而也增加了收入和利润。

任何项目计划必须保证业务案例的完整无缺，例如：

- 开发成本不允许超越利润的价值。
- 系统特性不能降低到不能实现期望的利润。
- 交付日期不能拖延而导致不可接受的利润损失。

1.12 项目成败

关于这个问题，可参考A. J. Shenhar和O. Levy (1997)发表的"Mapping the dimensions of project success", *Project Management Journal*, 28 (2), 9－12。

通过项目的业务案例来编写项目计划可以确保项目的成功完成。然而，一般项目都存在着问题，如何评价一个项目是否真的失败呢？不同的利益相关者有着不同的目标，他们对于项目成败的理解也是不同的。

一般来说，不能混淆**项目目标**和**商业目标**。项目目标是项目团队预期实现的目标。就软件项目而言，可以总结为以下目标：

- 实现既定功能。
- 达到质量要求。
- 按时。
- 在预算内。

项目可能满足了项目目标而不是满足应用，那么交付系统将不能满足项目的业务案例。例如，一个游戏软件能够按时并在预算内完成，但是可能无法销售。一个用户在线销售的商业网站可能无法进行商品买卖，因为没有价格上的优势。

项目效益评估将在第2章中做详细的描述。

就商业方面而言，一个项目的成功是指项目的收益高于成本。在我们看来，如果项目经理很好地控制了项目的开发成本，那么项目的收益主要依赖于其他外部因素，例如客户数量。项目目标对于商业目标的最终实现有着重要的影响。但阅读到第2章的时候，我们将了解到不断增加的开发成本将降低交付产品获利的机会。项目延期完成减少了获利的时间，也就降低了项目的价值。

项目虽然成功地交付了但是在商业上可能是失败的。相反，有的项目可能延期或者超预算完成，但是交付物在一定的时期可能仍然可以获得比预期高的收益。

有一些观点认为，如果以更加广阔的视角审视项目（包括商业问题），那么将缩小项目和商业关注点之间的差距。例如，电子商务网站的开发项目可以计划开展市场调查、竞争对手分析以及关键群体、原型和典型潜在用户评价等技术手段来降低商业风险。

因为项目管理关注于当下的这个项目，可能无法意识到这个项目实际上是项目序列中的一个环节，后续项目在技术技能方面都会受益于前期的项目。技术的学习可能会增加前期项目的成本，但正是由于这个活动将使得后续项目更快、更准确、更便宜地完成。这个专业技术的学习使用一般会产生额外的软件资产（例如复用代码）。软件外包开发可能在短期之内节约了开发成本，但是对于专业技术的积累是不利的。明智的管理者应该能够知道哪些专业技能领域将有利于软件开发。

参见M. Engwall（2003）发表的“No project is an island：linking projects to history and context”，*Research Policy*，32，789－808。文中对于连续的项目之间的关系进行了广泛的讨论。

在多个项目之间也可以建立起来*客户关系*。如果一个客户和供应商因为过去成功的合作经验而建立信任，那么他们很可能再次选择和这个供应商合作开发；特别是当新的需求建立在原有系统的基础上时，这样可能比建立新的合作关系成本更低。

1.13 什么是管理

我们已经了解了软件的一些特性，现在我们来了解软件项目管理在管理方面的特性。一般建议管理包括以下活动：

- 策划：决定要做什么。
- 组织：进行安排。
- 人员：选择合适的人员来完成任务等。
- 指导：作出指示。
- 监督：检查进展。
- 控制：采取行动以清除项目的障碍。
- 革新：提出新的解决方案。
- 代表：与客户、用户、开发人员、供应商以及其他利益相关者进行沟通。

练习1.9 Paul Duggan是软件开发部经理。星期二上午10:00，他和下属部门领导与集团经理开会，讨论明年的人员需求。Paul已经起草了一份题目为“邀请”的人事文件，这是根据他的部门明年的工作计划而作出的。这份文件在会议上进行了讨论。下午2:00 Paul和他的高级职员开会，讨论他的部门正在进行的一个重要项目。该项目有一名程序员出了车祸，将住院一段时间。为保证项目的进度，决定将另一组（任务不紧迫的）一名组员调到这个项目，以临时替代做些不很紧要的工作，但这需要一周的时间来安排。Paul一方面必须打电话给人事部门，告诉他们关于人员替补的问题，同时必须打电话给用户，解释项目可能延期的原因并且说明谁在做这件不很紧要的工作。

指出在这一天中Paul在不同时段所作出的响应，属于上面八项管理职责中的哪些职责。

1.14 管理控制

管理通常包括为系统设定目标并监督该系统的绩效。在图1-4中，“现实世界”用无固定形状的图来表示。尤其对于大型企业，有很多关于“应该注意什么”的管理方式的讨论。

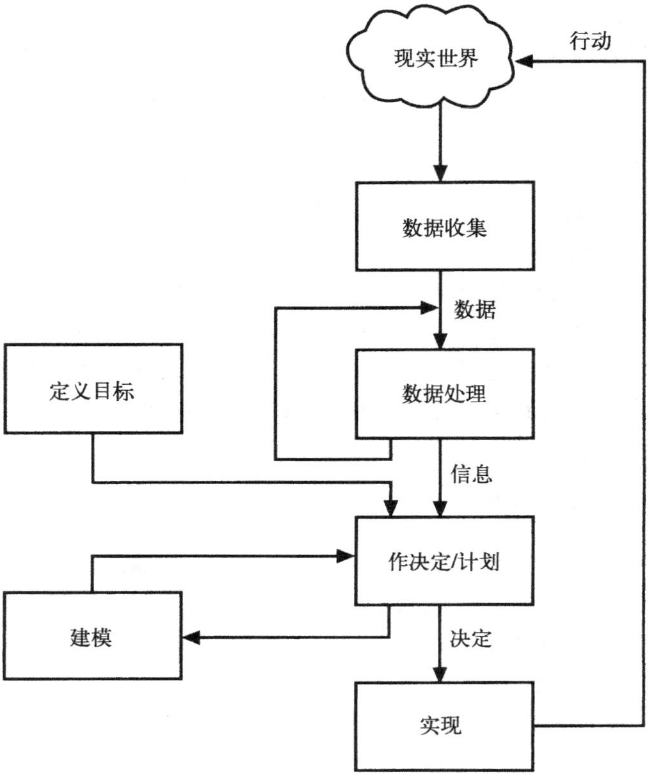

图1-4 项目控制周期

练习1.10 一个ICT项目意在取消分散存放的纸张文件，代之以集中组织的数据库。许多地理位置分散的办公室人员需要培训，然后使用新的ICT系统把人工记录设置在数据库上。直到最后一条记录转移到系统后，该系统才能正常运行。只有当新的事务处理能在一定时间周期内处理时，才能说新系统是成功的。

标识你所收集的保证项目执行期间事务将按计划进行的数据。

数据收集涉及当地管理人员。具体来说，例如“X地点已处理了2000份文件”，这对高层管理不会很有用，需要数据处理把这些原始数据转变为有用的信息，这可能采取如“记录处理的百分比”、“平均每人每天处理的文件数”以及“估计的完成日期”等形式。

在本例中，项目管理部门可能要检查每个部门完成数据转移的“估计的完成日期”。这可依据该项目这个阶段的整个目标完成日期来检查。实际上，他们正在把整个项目的某个目标与实际性能进行比较。例如可能会发现，有1～2个分支机构不能及时完成所有细节的转移，在这种情况下他们需要考虑该怎么办（图1-4中“作决定/计划”框中描绘了这一点）。一种可能是临时调动一个分支机构的人员到另一个分支机构工作。如果这么做，就会有这样的风险，即若要把一个分支机构的完成日期拉回到整个目标日期之前，那么就要求被调走人员的那个分支机构的完成日期更加提前。项目经理需要仔细计算从某一个部门调人有什么影响，这是对潜在解决方案后果的建模。用这种方法对几种不同建议进行模拟，从中选出一种进行实现。

实现了这种决定之后，需要通过收集和处理进一步的进展细节，并进行评审以保持这种情况。例如，在下一次报告进展时，接收新增人员的分支机构可能仍然对要转移的细节一无所知，其原因可能是因为人工记录不完全，同时也因为另一个要提供补充信息的机构没有把这项工作放在紧要位置。此时若调动额外人员去进行数据输入将不会加快数据转移工作。

由此可以看出，项目计划是动态的，并且需要在项目的执行期间进行不断调整。项目管理方面的课程和书籍常常关注于项目计划，但是基本上所有的项目都花了很多时间在项目的完成上，而不是计划上。好的计划是项目成功的基础，但是如果没有很好的执行，那么再好的计划也毫无意义。项目的初始计划不是一成不变的，需要根据项目环境的变化进行修改和更新。

1.15 小结

本章通过定义不同术语（如“软件项目”和“管理”）为本书其余各章奠定了基础。其中比较重要的几点如下：

- 非日常事务的项目比常规的项目更加不确定。
- 软件项目类似于其他项目，但有一些属性特别难于表达，例如，很多产品的相对不可见性。
- 项目成功的关键因素是要有明确的目标。然而，不同的利益相关者可能有不同的目标。这表明需要一个普遍认可的全权管理者。
- 为了让目标有效，必须有测试目标是否已经满足的实用方法。
- 当项目涉及很多不同的人时，必须建立有效的信息渠道。对成功进行客观地度量，有助于在项目的各部门之间进行无歧义的沟通。

附件 项目策划内容列表

这部分的细节将在后面的章节中解释。如第7章涉及到风险，第13章介绍质量管理。

- 引言。
- 背景：包括所参照的业务案例。
- 项目目标。
- 约束：可能包含在项目目标中。
- 方法。
- 项目产品：客户将收到的可交付产品以及中间产品。
- 要执行的活动。
- 使用的资源。
- 项目风险。
- 项目管理，包含：
  — 组织职责。
  — 质量管理。
  — 配置管理。

1.16 进一步的练习

1. 列出你最近在执行与ICT有关的任务时所经历的问题。试把这些问题按大小排序。对每一个问题，考虑是否可以通过某一种方法（例如，对其进行更好的组织和策划）将该问题变小。
2. 标识信息系统部门雇员的主要类型。对典型的信息系统开发项目的每一阶段，列出哪些类型的雇员可能参与。
3. 一个公共图书馆正在考虑实现一个基于计算机的系统来帮助管理图书外借业务。找出这个项目中的利益相关者。这个项目的目标是什么？如何用实际的方法对项目的成功进行度量？
4. 一个软件机构为客户开发了一个定制的订购处理系统。你是该软件机构的一员，并被派去为系统的最终用户组织一门培训课程。目前，用户手册已经完成，但没有特定的培训材料。现在需要为这个项目制定一个交付培训课程的计划。可以假定，在开设首期培训课程时，该项目已经完成。需要考虑的事项如下：
   - 需要设计和创建的培训材料。
   - 需要起草时间表并取得一致意见。
   - 安排课程日期。
   - 需要确定和通知接受该课程培训的人员。
   - 提供课程培训所需要的房间和计算机设备。

   （a）标识该项目的利益相关者。
   （b）列出该项目的目标。
   （c）对于该项目的每个目标，标识其有效性度量。
   （d）对于该项目的每个目标，写出其子目标和目标，并且标识为达到该目标，利益相关者的责任是什么。
5. 某经理负责一个大型项目的子项目。该子项目要求把纸质文件输入到基于计算机的文件检索系统并给出索引，从而可以通过关键字进行访问。可利用光字符阅读机（OCR）进行初始转换，但其文本需要人工进行检查和纠正。项目现在计划由固定员工在12个月内完成。当这些雇员放假、生病或临时调动至更加紧要的任务时，有少量预算可用于雇用临时工作人员。讨论需要控制这个子项目的控制系统。
6. 学生可以通过内部网获得关于职位的详细信息，当出现一个他们想要的求职机会时，他们可以通过电子方式进行申请，即将一份放在网上的CV副本发送给潜在的雇主。

   详细的面试和雇用通知都通过电子邮件发送。当有人员需要参与的时候，对整个过程尽量提供自动化。

   a）根据以上的说明做一个业务案例，通过对比开发、运行成本和系统可获得的效益来证明这个系统的潜在开发可能。
   b）列出这个项目的主要效益和成本。不需要详细说明实际的数据，只列出可能出现的标题即可。

第2章 项目评价和项目集管理

目的

学完本章后，你将能够：

- 描述典型的业务计划的内容。
- 解释项目组合管理。
- 依照战略准则、技术准则和经济准则来进行项目的评价和选择。
- 使用多种成本效益评价技术在候选项目建议书中进行选择。
- 评价一个项目所涉及的业务风险。
- 解释如何将独立的项目组织成项目集。
- 解释如何对项目和项目集的实现进行管理从而达到预期的效益。

2.1 引言

对于ICT项目，许多开发人员是在被分配到一个项目组时才知道它的。然而新项目不是凭空产生的，需要有一个过程确认这个项目值得去做。这个过程由于所在不同组织中的成熟度不同而多样化。

如我们在第1章所见，项目经理有时以收益是否能超过实施和运营新应用的成本来决定是否承接一个项目。还有些情况，项目经理不会根据项目本身来批准它，而是要看它和其他项目组合在一起时，是否能实现战略目标。因而在一个组织中，一个建立ICT基础架构的项目可能不会产生直接的经济效益，但可以为后继产生效益的项目提供平台。

项目的效益有可能无法以经济效益来衡量。假如你创造了一个系统能更精确地记录患者的医疗数据，这可以减轻患者的病痛，或者可以延长生命，但是却很难用金钱来评估这个系统的价值。

上一章强调一个ICT或者软件项目需要一个业务案例。本章我们将说明这个业务案例文档中要包含哪些内容。多个潜在的项目都可以作业务案例，但是其中只有部分项目能涉及钱和人。经理需要选择项目的方法，这是**项目组合管理**的一部分。本章会讨论评价和比较项目以进入项目组合的方法。本章最后讨论了用**项目集**的方式管理一组有共同商业目标的项目的方法。

2.2 业务案例

我们这里提到的业务案例在有些组织中可能有不同的名称，比如**可行性研究**或者**项目论证**。它的目的是通过表明项目产生的效益会超过项目开发、实施和运营（或者生产）的成本，从而为一个项目的实施提供一个理由。

> 本节借鉴了B. Hughes（2008）发表的“Exploiting IT for business benefit”，*British Computer Society*。

典型的业务案例文档可能包含：

- 提案介绍和背景。
- 被提议的项目。
- 市场。

- 组织和运营基础架构。
- 效益。
- 概括实施计划。
- 成本。
- 经济论证。
- 风险。
- 管理计划。

下面详细介绍这些部分。

2.2.1 介绍和背景

描述被提议的项目所处的环境，标识要解决的问题或者要利用的机会。

2.2.2 提议项目

简要概括被提议的项目。

2.2.3 市场

在2.3节中我们将进一步探讨新产品开发项目和改进项目的区别。

当项目是为了创造一个新产品或新服务功能时需要这部分。这部分包括预计产品和服务的需求量，以及可能的竞争对手。

2.2.4 组织和运营基础架构

这部分说明项目实施如何影响组织架构。这与要实施和改变信息系统的更广泛的业务变更项目最相关。如果一个新产品被设计出来，定制产品或分布式系统要求组建起来，那么也会与此部分有关。

2.2.5 效益

可能的话，被实施项目的效益应包括经济价值。对于商业组织，这可能与增加收入或降低成本以提高利润率相关。对于非营利组织，我们也要尽量量化效益，即使我们不能给出精确的经济价值。例如在前面提到的用IT系统改进疾病诊断的例子中，效益可以是诊断成功率的提高。

2.2.6 概括实施计划

除了项目的ICT方面，还要考虑其他活动，比如营销、推广以及运营和维护基础架构。要考虑哪些项目活动要外购，哪些最好自制。

这样可以细化实施管理。概括实施计划中提出的任务要被赋予不同职责，要确定关键决策点或者里程碑——在这些点要检查实施的健康状态。我们将会看到，一个大的实施计划可能需要几个项目，这些项目可以按照项目集来管理。

2.2.7 成本

概括了建立提案要求的经营方式所需的步骤之后，就可以描述与规划步骤相关的预计成本清单了。

很明显，部分成本有不确定性，特别是在还不清楚这些需求的细节时。

2.2.8 经济论证

本书中有许多分析收入和成本的方法，这是本章后面评价技术章节考虑的问题。

2.2.9 风险

在后面的章节中，我们会再次讨论风险的更多细节。在这里，我们注意到许多成本的估计，尤其是项目效益，在本阶段也是推测出来的（2.6节会考虑这点）。在上一章，我们区分了项目目标和商业目标。类似地，我们可以区分项目风险（威胁项目的成功执行）和商业风险（威胁已交付项目的收益）。在业务案例中，主要关注商业风险。

2.3 项目组合管理

项目组合管理概述了一个组织正在实施或正在考虑的所有项目。它为分配给项目的资源的优先级排序，决策应该批准哪些新项目，应该放弃哪些现存项目。

参见B. De Reyck等人(2005)发表的“The impact of project portfolio management on information technology projects”，*International Journal of Project Management*, 23, 524—37。文中对项目组合概念进行了介绍。

项目组合管理的关注点包括：

- 识别哪些项目提议值得实施。
- 评估一个潜在项目的失败风险。
- 决定项目间如何共享有限的资源，包括人员时间和资金。在项目中存在这样一个问题，在资源可以得到的情况下启动了太多的项目，导致有些项目不可避免地要延期完成。
- 认识到项目间的相互依赖性，特别是在一个组织要完成几个项目才能取得收益时。
- 确保项目不做重复工作。
- 确保必要的开发不会被无意识地遗漏。

项目组合管理的三个要点是*项目组合定义*、*项目组合管理*和*项目组合优化*。一个组织应该先执行项目组合定义，然后是采取项目组合管理，接着开始优化。

2.3.1 项目组合定义

一个组织应该在一个专门的知识库中记录全部现有项目的细节。需要决策是否要包括所有类型的项目。考虑是应该只包含ICT项目，还是要包含其他项目，例如建造一个新仓库。项目可以被划分为*新产品开发*（NPD）和*改进项目*。前者的可交付成果是要卖给客户的产品，如网络游戏，后者是改进组织运营方式（例如信息系统项目）。二者并不总是能清楚地划分。例如，一个新信息系统可以用来提供客户服务，比如记录人们购买新保险产品的详情。

参见Warren McFarlan(1981)的“Portfolio approach to information systems”，*Harvard Business Review*, 59(5), 142—50。文中介绍了信息系统中项目组合的概念。

通常，NPD在连续开发新产品和服务的组织中更加常见。改进项目可能不太常见，由于开发此类项目的经验较少，自然风险也会大一些。NPD更容易找到资金，因为项目和收入之间的关系非常清晰。在两种类型的项目都需要相同的资源（包括资金）的项目组合中，争论往往很激烈。

2.3.2 项目组合管理

一旦建立了项目组合，各个项目更详细的支出就可以被记录下来。经理们期望的每个项目将会产生的价值也可以被记录下来。这样，实际项目绩效也可以根据这些绩效指示记录来跟踪。这些信息可以成为更严格审查新项目的基础。

2.3.3 项目组合优化

项目组合的绩效可以由高层经理定期跟踪，项目间可以达到更好的平衡。有些项目可能有很高的利润，但也可能是高风险的。例如，因为已有的竞争者降价，一个电子商务站点的销售额可能不如期望的那样高。有些项目可能利润不高，但是风险也小，比如通过过程自动化降低成本。项目组合应该在两种类型的项目间小心周密地平衡。

2.3.4 项目组合管理的问题

参见B. S. Blichfeldt和P. Eskerod (2008)发表的“Project portfolio management-there's more to it than management enacts”，*International Journal of Project Management*，26，357－65。文中对项目组合遇到的实际问题给出了有趣的见解。

项目组合管理的一个重要作用是项目间共享资源。当表面上全职人员被分配给项目，但实际上因为有日常工作要做只是部分时间投入项目，此时就会出现问题。在用户或开发人员不时地从项目中离开，被叫去处理支持任务时，问题尤其严重。

如果有些项目被排除在外，正式的项目组合可能无法精确地反映组织活动。只有对成本超过一定基准的项目所做的正式决定才能被记录到项目集中，低于这个基准的项目有可能实际上消耗了可观的人力，并从正式项目中抽取了资源。可以说，所有的项目都应该包含在正式的项目组合中。

然而，允许这些任务也有好处，它允许执行一些小的特定任务，例如快速调整一个系统去处理外部强加的变更。这样，高层管理人员就不必处理大量的小工作需求，从而降低工作量。开发人员也可以发现这些小任务的好处，即处理这些小任务容易让用户满意。这样，在给项目分配资源的时候要留出一些余量，使得一线经理在遇到非计划工作时有决策的余地。

2.4 单个项目评估

我们下面具体介绍一个项目的可行性如何评估。

2.4.1 技术评估

被提议的系统的技术评估包括，评价所需的功能是否可以借由当前可提供的技术获得。旨在提供一致的硬件/软件基础设施的组织策略，很可能限制了要考虑的解决方案。在成本效益分析中应该考虑所采用技术的成本。

2.4.2 成本效益分析

任何要求投资的项目都至少应该比将投资存到银行（比如）提供更大的收益。

即使预计收入超过预计成本时，也需要考虑被提议的项目是否是多个待选项目中最佳的选择。任何时候任何情况下都不会承接所有的项目，其目的是给最有价值的项目分配最多的资源。

评价项目经济效益的标准方法是进行成本效益分析，它包含两个步骤：

1）标识和估计所有执行该项目和运行所交付应用的成本和效益。这包括系统的开发成本、运行成本和预计从新系统的实施中获得的效益。在被提议的系统用于取代现有系统的情况下，这些估计应该反映因新系统而产生的成本和效益的变化。例如，新的销售订单处理系统不需要按总的销售价值来衡量为组织带来的效益，只需要按因新系统的使用所带来的新增部分来衡量。

2）*按公共的单位表示这些成本和效益*。我们需要从钱的角度来表示每项预计的成本和效益，以及*净效益*，即以上两者之差。

多数直接成本便于用钱来量化，主要可分为以下几类：

- *开发成本* 包括参与开发项目的员工的工资。
- *安装成本* 包括使该系统投入使用需要的成本。这主要由任何新的硬件的成本所组成，但也包括文件转换、招聘和员工培训的成本。
- *运行成本* 由系统安装好后运行该系统的成本组成。

在2.13节中将详细讨论不同类型的收益。

练习2.1 Brightmouth学院正考虑用第三方操作的基于计算机的定制商用系统来取代现有的工资服务。在下面给出的标题下列出他们可能考虑的一些成本：

- 开发成本
- 安装成本
- 运行成本

给下面的标题列出一些效益：

- 可计算的、有价值的效益
- 可计算的、没有价值的效益
- 可识别的、不易判定价值的效益

对于每项成本和效益，从原理上解释该如何用钱来度量。

2.4.3 现金流预测

与估计项目总的成本和效益一样重要的是预测将发生的现金流及其时机。现金流预测将指出何时要支出费用、何时有收益（见图2-1）。

通常情况下，产品在开发期间会产生负的现金流，而在随后的运行生命期间，则会产生正的现金流。在产品生命的末期可能会有退役成本。

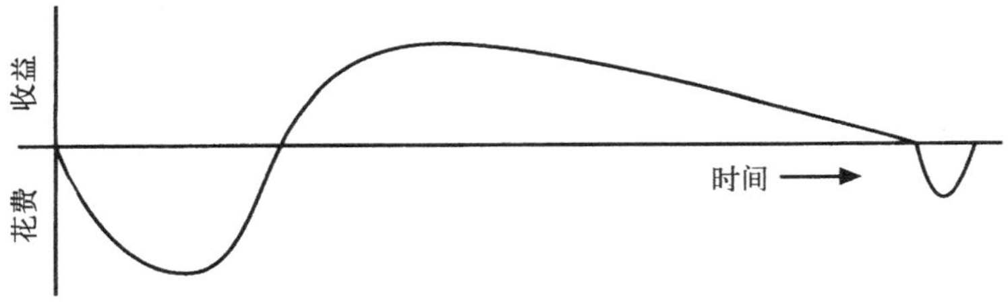

图2-1 典型的产品生命周期现金流

在项目开发阶段需要花钱，如支付员工工资。这样的费用不能拖欠到取得收益：要么从使用软件中取得收益（如果是为内部使用而开发的），要么从销售软件中取得收益。需要知道的是，我们可以从公司自有的资源或通过银行借款来支付开发费用。要对何时支出费用（如支付工资和银行利息）及期望何时取得收益进行预测。

现金流预测的难度和重要性得到了许多破产公司的证明，因为尽管这些公司开发了可获得利润的产品或服务，但它们无法忍受未计划到的负现金流。

准确的现金流预测并不容易，因为一般是在项目生命周期的早期进行预测（至少在提交重要的费用之前），而要估计的很多项（特别是使用软件的收益成本）可能是在未来的几年中发生。

当估计未来的现金流时，通常会忽略通货膨胀的影响。试图预测通货膨胀的影响会增加预测的不确定性。进一步讲，如果费用因通货膨胀而增加，很可能收益将成比例地增加。

2.5 成本效益评价技术

以下各小节将简要说明基于现金流预测来比较项目的常见方法。

表2-1描绘了四个项目的现金流预测。在每种情况下，假定现金流发生在每年年终。对于短期的项目或有重要的季节性现金流模式的情况下，按季度甚至按月产生现金流预测是可取的。

表2-1 四个项目的现金流预测——数字是年终汇总 （单位：英镑）

年	项目1	项目2	项目3	项目4
0	−100 000	−1 000 000	−100 000	−120 000
1	10 000	200 000	30 000	30 000
2	10 000	200 000	30 000	30 000
3	10 000	200 000	30 000	30 000
4	20 000	200 000	30 000	30 000
5	100 000	300 000	30 000	75 000
净利润	50 000	100 000	50 000	75 000

练习2.2 考虑表2-1 给出的IOE 四个项目的现金流估计。负值表示花费，正值表示效益。

按财务期望的次序排列这四个项目，并说明理由。

2.5.1 净利润

项目的*净利润*（net profit）是在项目的整个生命周期中总成本和总收入之差。表2-1表明，项目2有最大的净利润，但这是以最大投入为代价的。确实，如果投入100 万英镑，我们可以承担所有其他三个项目并获得更大的净利润。还要注意的是，所有项目都包含一个风险元素，而且我们没有冒100万英镑风险的准备。在本章后面将考虑风险和投入的影响。

现金流发生在每年年终。第0年的数字表示项目开始时所进行的初始投资。

此外，简单的净利润不考虑现金流的时限。项目1 和项目3 都有5 万英镑的净利润，因此根据这个选择标准，它们有等价的优先权。但是，项目1的主要效益出现在生命周期的后期，而项目3 在整个生命周期期间都会获得平稳的效益。不得不等待回报的缺点是必须更长久地进行投入。要强调的是，事实上在其他情况相同时，对更遥远的未来进行估计要比短期估计更不可靠，所以这两个项目并没有等价的优先权。

2.5.2 回收期

回收期（payback period）是达到收支平衡或偿还初始投入所花的时间。如果组织希望最小化项目“负债”的时间，那么通常会选择具备最短回收期的项目。

练习2.3 考虑表2-1中四个项目的现金流，计算每个项目的回收期。

回收期的优点是计算简单，而且不会因小的预测误差而受影响。它的缺点是作为一种选择技术，它忽略了项目总的可能收益；事实上，它完全忽略了任何收益（或费用），只要项目取得收支平衡就可以。这样，就忽略了项目2 和项目4 在总体上比项目3 有更大的营利能力的事实。

2.5.3 投资回报率

投资回报率（Return On Investment, ROI）也称作*会计回报率*（Accounting Rate of Return, ARR），提供了一种方法来比较净收益率与需要的投入。有一些用于计算投资回报率的公式，但最简单的常见的形式是：

$$ROI = (\text{平均年利润}/\text{总投资}) \times 100$$

练习2.4 *计算项目1 的ROI，净利润是5 万英镑，而总投资是10 万英镑。因而，投资回报率是：*

$$\begin{aligned} ROI &= (\text{平均年利润}/\text{总投资}) \times 100 \\ &= ((50\,000/5)/100\,000) \times 100 = 10\% \end{aligned}$$

计算表2-1中每个其他项目的ROI，并基于这个准则确定哪个项目最值得做。

投资回报率提供了简单的方法来计算资金回收率，然而，它有两个严重缺点。类似于净收益率，它不考虑现金流的时限；更重要的是，回报率与由银行提供或掌管的当前利率（或任何其他形式的利率）没有什么关系，因为它不考虑现金流或以复利计算利息的时限。因此，它很可能是潜在的误导。

2.5.4 净现值

计算*净现值*（Net Present Value, NPV）是一种项目评价技术，它考虑了项目的收益率和要产生的现金流的时限。这是基于这样的观点，即今天收到100英镑，要比来年才得到100英镑要好。例如，我们今天存到银行100 英镑，经过一年时间就会得到100英镑加利息，意思是100英镑经过一年时间等价于现在的91 英镑。

> 净现值（NPV）和内部回报率（IRR）统称贴现现金流（DCF）技术。

> 注意这个例子使用了近似的数字。

现在的91英镑等价于一年后的100英镑，意味着我们要扣除未来收益的10%左右。扣除未来收入的年利率称作*贴现率*（在上面的例子中是10%）。

> 10%可能是不现实的，这里给出的这个数字仅是为了便于计算。

类似地，在两年时间收到100英镑的现值大约是83英镑，换句话说，以年利率10%投资83 英镑，两年后将大约产生100英镑。

任何未来现金流的现值可以用下面的公式来获得：

$$\text{现值} = \text{第}t\text{年的值} / (1 + r)^t$$

这里的r是贴现率，用十进制小数值表示。t是现金流在未来出现的年数。

另一种更容易的方案是：可以通过将现金流乘以合适的贴现因子来计算现金流的现值。表2-2给出了贴现因子。

项目的NPV通过贴现每笔现金流（负的和正的）并汇总贴现值来获得。通常假定任何初始的投资是立即发生的（即第0年），而且没有贴现。后面的现金流一般假定发生在每年的年终并按合适的量来贴现。

更为广泛和详细的表格可以用各种r（贴现率）和t（从现在起的年数）值按下面公式构造：贴现因子 = $1/(1+r)^t$。

表2-2 NPV贴现因子表

年	贴现率（%）					
	5	6	8	10	12	15
1	0.9524	0.9434	0.9259	0.9091	0.8929	0.8696
2	0.9070	0.8900	0.8573	0.8264	0.7972	0.7561
3	0.8638	0.8396	0.7938	0.7513	0.7118	0.6575
4	0.8227	0.7921	0.7350	0.6830	0.6355	0.5718
5	0.7835	0.7473	0.6806	0.6209	0.5674	0.4972
6	0.7462	0.7050	0.6302	0.5645	0.5066	0.4323
7	0.7107	0.6651	0.5835	0.5132	0.4523	0.3759
8	0.6768	0.6274	0.5403	0.4665	0.4039	0.3269
9	0.6446	0.5919	0.5002	0.4241	0.3606	0.2843
10	0.6139	0.5584	0.4632	0.3855	0.3220	0.2472
15	0.4810	0.4173	0.3152	0.2394	0.1827	0.1229
20	0.3769	0.3118	0.2145	0.1486	0.1037	0.0611
25	0.2953	0.2330	0.1460	0.0923	0.0588	0.0304

练习2.5 假定贴现率为10%，项目1（见表2-1）的NPV按表2-3来计算。因此，项目1使用10%贴现率的净现值是618英镑。使用10%的贴现率来计算项目2、3和4的净现值，并以此为基础确定哪个项目效益最大。

表2-3 应用贴现因子到项目1

年	项目1现金流（英镑）	贴现因子@10%	已贴现的现金流（英镑）
0	−100 000	1.0000	−100 000
1	10 000	0.9091	9 091
2	10 000	0.8264	8 264
3	10 000	0.7513	7 513
4	20 000	0.6830	13 660
5	100 000	0.6209	62 090
净利润	50 000	NPV:618	

有趣的是，项目1 和项目3 的净现值是完全不同的，尽管它们产生相同的净利润，并有相同的投资回报率。NPV 的不同反映了这样的事实，即对于项目1，我们必须等更长的时间来获得大量的收入。

用NPV 在项目间作出决定的主要困难是选择合适的贴现率。一些组织有标准利率，但并不是这种情况，因而应该选择贴现率来反映可获得的利率(项目从贷款中得到资助的情况下的借款成本)，同时要考虑一些额外费用来反映软件项目固有的比借钱给银行更大的风险。确切的贴现率并不重要，重要的是确保相同的贴现率用于所有正要进行比较的项目。不过，检查项目的等级排定不受贴现率小的变更的影响是重要的。看看下面的练习。

练习2.6 使用贴现率8%、10%和12%计算表2-4 所示的每个项目的NPV。对于每个贴现率确定哪个是最佳项目。从结果中你可以得出什么结论?

另外，贴现率可以看成是目标回报率。例如，如果设置15%的目标回报率，那么我们会拒绝做任何使用15%贴现率而不产生正的NPV的项目。任何NPV 为正值的项目都将作为候选。也许在候选项目争夺资源的情况下，可以通过使用一组附加的准则来确定项目。

表2-4 三个被评估项目的现金流（英镑）

年	项目A	项目B	项目C
0	−8 000	−8 000	−10 000
1	4 000	1 000	2 000
2	4 000	2 000	2 000
3	2 000	4 000	6 000
4	1 000	3 000	2 000
5	500	9 000	2 000
6	500	−6 000	2 000
净利润	4 000	5 000	6 000

2.5.5 内部回报率

NPV 作为利润度量的一个缺点是：尽管它可以用于比较项目，但不可能与从其他投资中得到的收益或借贷资本的成本进行直接比较。这样的成本通常作为百分比利率来引用。*内部回报率*（Internal Rate of Return，IRR）作为可直接与利率比较的百分比回报，试图提供一种利润度量。因而，如果借贷的资本少于10%，或者如果资本不投入到回报大于10%的其他地方，则具有10%的估计IRR 的项目是值得做的。

IRR按产生零NPV 的百分比贴现率计算。使用电子表格或其他提供计算IRR功能的计算机程序来计算IRR最容易。例如Microsoft Excel，该功能以一个初始推测值或种子值（可以为零）来搜索和返回一个IRR。

IRR的一个缺点是它无法指出回报的绝对大小。NPV为100 000英镑、IRR为15%的项目比NPV为10 000英镑、IRR为18%的项目更有吸引力——虽然资本的回报较低，但净利润更大。

常见的对内部回报率提出异议的是，在确定的条件下，可能找到多个产生零IRR的比率。尽管如此，如果有多个解决方案，采用最低值而忽略其他值总是恰当的。

不过，NPV 和IRR 并不是经济的项目评价的完整答案：

- 总的评价还应该考虑提供现金流资金的问题。例如，我们能否偿还任何已借钱款的利息并在合适的时间支付开发人员的工资。
- 尽管项目IRR 可能指出项目是有利润的，但从项目获得未来收入的可靠性远低于从投资到银行中获得的收益。我们可能像本章后面各节所描述的那样采取更详细的风险分析。
- 还应该从整体上考虑任何在组织的财务和经济框架内的项目。如果我们资助该项目，是否也能够资助其他值得做的项目呢？

2.6 风险评价

每个项目都存在风险。我们已经注意到了*项目*风险，它会危害到项目的成功。*商业*风险不同于项目风险，它是指交付的产品不能盈利。我们将在第7章中介绍项目风险的相关内容，这里我们关注商业风险。

2.6.1 风险标识和排等级

在任何项目评价中，应该尽量标识风险并量化风险的影响。风险分析的一个常见方法是利用可能风险的检查单来构造项目风险矩阵，并按相关的重要性和可能性划分每个风险的等级。重要性和可能性需要单独评估，我们可能很少关注尽管严重但不太可能发生的事情，而更关注不太严重但几乎必然发生的事情。表2-5 描绘了一个基本的项目风险矩阵，列出了一个项目应该考虑的一些风险。这些风险的重要性和可能性按高（H）、中（M）、低（L）或极不可能（-）划分等级。因为要比较项目，风险列表对每个要评估的项目应该是一样的。实际上，可能要比表2-5给出的稍长一些，并要更精确地定义。

项目风险矩阵可以用作评价项目的方法（那些高风险的项目不太受欢迎）或作为标识特定项目风险和排风险等级的方法。

表2-5 电子商务应用项目的基本的项目/商业风险矩阵片断

风 险	重要性	可能性
客户拒绝体验网站	H	—
竞争对手降价竞争	H	M
仓库无法处理日益增长的需求	M	L
在线支付存在安全问题	M	M
维护成本高于估计值	L	L
响应时间妨碍顾客购买	M	M

2.6.2 风险和净现值

在项目相对有风险的情况下，常见的做法是使用更高的贴现率来计算NPV。例如，这种增加费用或风险附加费可能取合理安全项目额外的2%或非常冒险项目的5%。项目可以使用评分方法按高、中、低风险来分类，并为每个风险类别指定风险附加费。附加费即便是随意的，也提供了一致的方法来考虑风险。

2.6.3 成本效益分析

相对来讲，评价风险更复杂的方法是考虑每种可能的结果，并估计该结果出现的概率及该结果相应的值。这种方法优于项目的单个现金流预测的理由是，我们将有一组现金流预测，每个预测有相应的发生概率。项目的价值是按相应的概率加权并通过汇总每种可能结果的成本或效益来获得的。练习2.7描绘了如何使用这种方法。

练习2.7 BuyRight软件公司正在考虑开发在学院内使用的工资应用程序，当前正处在成本效益分析。市场研究已经表明，如果有效地将其作为目标，并且不会有竞争产品出现，则将获得达到800 000英镑销售额的高水平的年收入。他们估计这种情况发生的概率是10%。不过，如果在他们自己的产品投放市场之前，竞争者将有竞争性的应用程序投放市场，则每年可能只产生100 000英镑的销售额。他们估计这种情况出现的概率是30%。他们相信，最可能的结果是介于这两种极端结果之间：在任何竞争性产品投放市场之前，他们获得市场领先，并取得650 000英镑的年收入。因此，BuyRight已经像表2-6那样计算了他们预计的销售收入。

总的开发成本估计是750 000英镑，期望至少3 年会保持相当稳定的销售额水平。不考虑获得的市场份额，每年的市场费和产品维护成本估计是200 000英镑。你赞成他们继续这个项目吗？

表2-6 BuyRight收入预测

销售额	每年销售收入（英镑）i	概率 p	期望值（英镑）$i \times p$
高	800 000	0.1	80 000
中	650 000	0.6	390 000
低	100 000	0.3	30 000
期望的收入			500 000

这个方法常常用于大型项目的评价，如建造新的汽车高速公路。在这样的项目中，易变因素（如未来的交通流量）及由此而产生的较短旅行时间的总收益是不确定的。当然，该技术仅依赖于我们能指定每种场景出现的概率，而不进行广泛的研究，这是相当困难的。

当成本效益方法用于评价单个项目时，考虑不同场景的平均影响，但不考虑最坏的情况。由于这个原因，在主要关心总收益率的情况下，通常要考虑更合适的项目组合的评价方法。成功的组合可以抵销不良项目造成的影响。

2.6.4 风险剖面分析

成本效益均衡法的确存在某些缺陷，其中一种克服缺陷的方法是使用灵敏度分析来构造风险剖面。

通过改变每个影响项目的成本或效益的参数，来确定每种因素对项目可能的收益有多大的灵敏度。例如，我们可以加或减5%来改变初始估计值之一，并重新计算项目的预计成本和收益。通过依次对每个估计重复这个过程，可以评价项目对每个因素的灵敏度。

研究灵敏度分析的结果，可以标识那些影响项目成功的最重要因素。然后需要确定是否能对这些因素施加更大的控制，或缓解它们的影响。如果两者都不是，则我们必定与风险共存或放弃该项目。

2.6.5 使用决策树

前面讨论的风险分析方法假定我们是被动的旁观者，允许用常规的办法按照本身的程序来处理风险，其最佳做法是放弃过于冒险的项目或者选择具备最佳风险剖面的项目。不过在许多情况下，我们可以首先评价风险是否重要——如果是重要的，就要指出一个合适的行动过程。

许多这类决策将限制或影响未来的选择，而且无论如何，重要的是能够看到未来，以评估一项决策如何影响该项目未来的可能的收益。

例如，一家成功的公司正在考虑何时替换现有的销售订单处理系统。决策主要依赖于他们的业务的扩展率——如果他们的市场份额急剧增长（如果竞争者即将破产的传闻变成现实，他们相信这样的情形会出现），那么现有的系统需要在两年内更换。不及时更换系统可能会带来巨大的损失，因为如果不能处理销售量的增长，就可能使收入总额减少。不过，立即更换系统是昂贵的，因为它意味着要推迟其他已经计划好的项目。

他们已经计算出扩展现有系统将有75 000英镑的NPV，但是如果市场急剧扩充，将因减少收入总额而变成−100 000英镑的NPV的损失。如果市场确实在扩充，则现在更换系统将因为能处理增加的销售额的效益和其他诸如改进管理信息等的效益而产生250 000英镑的NPV。不过，如果销售额没有增长，则效益将剧烈减少，项目将遭受−50 000英镑NPV的损失。

公司估计市场急剧增长的概率是20%，因此，收益不增长的概率是80%。这个场景可用图2-2的决策树表示。

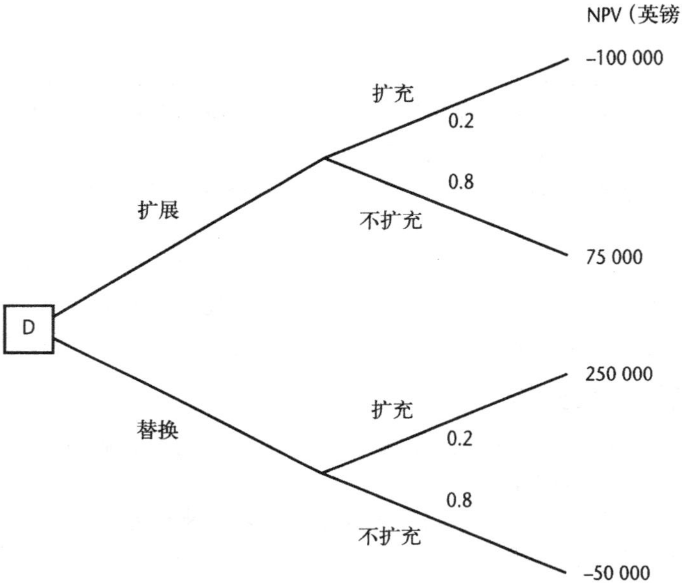

图2-2 决策树

决策树分析由评价从决策点（图2-2中用D表示）开始的每条路径的预计收益组成。每条路径的预计值是每个可能结果乘以出现概率的值之和。因此，扩展系统的预计值是40 000英镑（75 000×0.8−100 000×0.2），替换系统的预计值是10 000英镑（250 000×0.2−50 000×0.8）。因此，IOE 应该选择扩展现有的系统。

2.7 项目集管理

Ferns的文章刊登在*International Jounnal of Project Management*，1991年8月。

我们知道任何单个项目都存在一些风险。即便有些项目能获得商业利益，但是到底能获得多少利益在项目初期也是不确定的。组织对所有项目进行广泛的评价是重要的，这样可以确保当某些项目不盈利时，组织的开发活动总体上还是能够获得实际的利益。我们在2.3节中介绍了项目组合（project portfolio），本章节我们介绍一下为了保证获得商业利益应该如何管理项目集。D.C. Ferns将项目集定义为：为了获得利益，用协同方式管理的一组项目，而这些项目不能进行独立的管理。

项目集将以下面几种形式存在。

2.7.1 商业周期项目集

组织在一个策划周期内所从事项目的集合已经在"项目组合"中进行了讨论。许多组织对于ICT开发都有固定的预算，需要对单个财务周期内实现的一组项目组合作出决策，通常是与财年一致。

2.7.2 战略项目集

几个项目组合在一起可以共同实现某个战略。例如，两个组织将要合并，可能需要多个项目，每个项目负责一个特定的应用领域。许多活动都可以作为独立的项目来对待，但它们作为一个项目集需要相互协调。

2.7.3 基础设施项目集

组织可能包含不同的部门，这些部门拥有截然不同的、相对独立的系统。在当地的权威机构中，一个部门可能负责高速公路的维护，另一个部门负责垃圾收集，另一个负责教育。这些完全不同的活动可能要求完全不同的数据库和信息系统。这种情况下，中央ICT功能就负有建立并维护ICT基础设施的职责。ICT基础设施包括这些应用程序要在其上运行的网络、工作站和服务器。在这些情况下，基础设施项目集指的是标识一个公共的ICT基础设施及其实现和维护的活动。

2.7.4 研究和开发项目集

真正具有创新性的公司，尤其是那些试图为市场开发新产品的公司，很清楚项目有不同的故障风险，而且最终获得的回报也大不相同。有些开发项目相对来讲安全一些，能够产生最终计划中的产品，但产生的产品可能和市场上的现有产品不会有很大的不同。其他项目可能极具风险，但如果成功了，最终的结果会是一项革命性的技术突破。除了先前不满意的需要外，这样的突破会遇到一些压力。

参见Alan Webb的文章"When project management doesn't work," *Project Management Today*，2001年5月。

成功的项目组合需要组合一些相对低回报的"安全项目"和一些更具风险性的可能失败的项目。一旦这些具有风险的项目成功了，则会得到很可观的利润能够抵消其他项目的失败。

2.7.5 创新的伙伴关系

许多公司经常在"竞争前"的阶段在新技术方面一起协同工作。在不同的组织中，独立的项目需要相互协作，而这就可以用项目集的方式来实现。

2.8 管理项目集内的资源分配

下面更详细地讨论在并发的项目之间共享资源的项目集。通常ICT部门有一个特殊类型的专业技术组，比如软件开发人员、数据库设计者和网络支持人员，而且可以调用这些人员来参与许多同时进行的项目。

在这些情况下，项目集经理就需要考虑最好的专业员工的使用。我们把这些问题同项目经理所考虑的问题在表2-7中进行了对比。

该比较基于G. Reiss的《Programme Management Demystified》，Chapman & Hall, 1996。

表2-7 项目集经理与项目经理

项目集经理	项目经理
同时许多项目	每次一个项目
与技术资源的个人关系	与资源类型的非个人关系
需要最大化利用资源	需要最小化资源需求
项目趋于相似	项目趋于不同

据说项目经理和不同的资源类型有着"非个人关系"，主要因为他们需要一个有能力的系统分析员，而且谁来担任这个职务并没有关系。而项目集经理的控制下有多个独立的系统分析员，对这些分析员的部署必须进行计划。

可以发现，当在分配资源的阶段对项目进行计划的时候，需要涉及项目集管理。项目中的有些活动必须推迟到它所要求的技术员工完成其他项目的工作后才能进行。当雇用昂贵的全职技术员工时，要避免他们短期进行高强度的密集活动，而长期却无所事事，因为在他们空闲时，仍然要付给他们工资。最经济的办法是把需要做的工作平均分布在每个月中。

正如我们从第9章关于监督和控制中学到的那样，当执行项目的时候，活动可能花费比计划中更长（也许更短）的时间。这种延迟意味着专业员工在继而从事下一个项目的时候会受到阻碍。因此，可以认为项目集管理需要持续地监督项目进展。

2.9 项目集管理策略

一种稍微不同的项目集管理形式是一组业务相关的项目，这些项目都是为了共同的目标，例如一个为客户提供支持的项目。客户在组织方面的经验可能五花八门并且存在不一致。记录客户需求的雇员和实际执行工作的人不同，而且执行工作的人和处理账目的办事员也是不同的。客户不得不常常同一个公司职员讨论一些已经和另一个职员讨论过的问题。一个商业目标可能是提供一个统一和协调的面向客户的前台。这个目标可能会造成对许多不同系统的变更，直到最后达到一定程度上的独立。识别每个独立领域的工作都可以看成是独立的项目，从更高层次进行协调就变成了一个项目集。

OGC（英国政府商务办公室）是原来的CCTA（Central Computing and Telecommunications Agency）。

拥有大而复杂的组织级结构的大型组织经常用到这些类型的项目集。政府部门是一个很典型的例子，对于OGC（英国负责推广PRINCE 2项目管理标准的政府机构）把重点转向有效的项目集管理指南就毫不奇怪了。这里介绍的方法就是基于OGC指南的。

2.10 创建项目集

2.10.1 项目集命令

OGC假设项目集策划是由协商好的项目集命令（programme mandate）来触发的，在理想情况下，这个项目集命令应该是一个正式的文档，其描述如下：

- 项目集应该交付什么样的新服务或功能。
- 如何通过使用新服务或功能使组织得到改进。

• 项目集如何适应公司的目标和任何其他的创意。

这时应该任命*项目集主任*（programme director）来领导项目集。要想成功的话，需要选出一个在组织内处于显赫位置的出类拔萃的人物，以显示该组织对项目集的重视程度。

2.10.2 项目集摘要

现在需要生成*项目集摘要*（programme brief），以概述该项目集的业务案例。这个摘要应该包含以下几个部分：

• 初步的*构想陈述*（vision statement），描述组织正在寻找的新能力——之所以称之为“初步的”，是因为随后会对其进行细化。
• 项目集应该带来的*收益*（benefit）——包括什么时候能够产生这些收益以及如何进行度量。
• 风险和问题（issue）。
• 估计的成本、时间表和工作量。

2.10.3 构想陈述

项目集摘要必须给赞助商提供足够的信息，以便他们决定是否要求对项目集作更详细的定义。这个阶段需要论证是否要建立小型组。这时要任命合适的*项目集经理*（programme manager）来负责项目集的日常工作。

现在，这个小组可以接受项目摘要中概括的构想陈述，然后对其进行细化和扩充。其中应该详细描述项目集将给组织带来的新能力，如果不能给出成本、性能和服务等级的估计，至少要有如何对这些因素进行度量的指示。例如，要能指出重复的业务将有所增加，即使不能给出增长率的准确值。

2.10.4 蓝图

只有当组织的结构和操作已经得到改变时，才会产生构想陈述中所描述的改进的能力所带来的成果。这些在*蓝图*（blueprint）中做了详细描述。

蓝图应该包括：

• 概要描述需要的新过程的业务模型。
• 组织级结构——包括新系统中需要的员工数及他们应具备的技能。
• 需要的信息系统、设备和其他非人力资源。
• 数据和信息需求。
• 成本、性能和服务等级需求。

回顾为客户提供一个通用接口的组织的例子，这种想法可能在构想陈述中进行描述，而实现这个构想的方法必须在蓝图中陈述。这可能意味着（比如）：

• 任命一个在客户与公司之间进行商业交易时能够作为联系人的“业务经理”。
• 一个通用的计算机接口，该接口允许业务经理访问与某个特定客户或工作有关的所有信息，而不考虑这个接口所在的计算机系统。

蓝图需要用到*收益剖面图*（benefit profile），此图估计在实现了增强的能力后，哪一个项目的预期收益开始得到实现。项目集管理的一个基本原则是——项目集应该产生切实的收益。因为虽然一个组织被赋予做某些事的能力，但并不能保证该能力可用来获得最初设想中的收益。例如，作为项目集的一部分，可能给旅游公司的市场部提供一个销售和人口统计信息的数据库，这个数据库使他们能更准确地确定潜在的客户，进而可以更有效地进行销售和宣传，同时改进销售收入和广告成本的比率。不过，有了这么一个数据库并不意味着市场人员能有效地利用，还需要收集商业利益切实得到实现的证据，但是需要仔细考虑收益的时机。例如，旅游公司的业务很大程度上受季节的影响，而且市场活动需要花些时间进行策划和组织，因此销售额增长和/或广告成本的降低所带来的收益需要几个月的时间才能体现出来。

驱动这个项目集前进所需要的管理结构必须进行策划和组织。

项目集用来实现其目标的初始项目列表称为*项目集组合*（programme portfolio），包括要提交给赞助商的概要进度表，其中含有初步估计的时间表。

由于存在一个主要风险，即那些工作可能受到项目集影响或需要进行协作的人不能有效地融入到项目集中。因此需要起草一个*利益相关者映射表*（stakeholder map），该表用来标识与项目及项目的成果有利益关系的一组人。这可以通过编写一个*沟通策略和计划*（communication strategy and plan）来说明利益相关者之间如何适当地交流信息。

在第12章中将详细介绍沟通计划。

第1章中提到过，传统的项目策划常常无法在开始时就对项目的所有阶段进行计划，这是因为许多产生详细计划所需要的信息只有在项目的晚些时候才能获得，在项目集中更可能发生这样的问题。不过，在初始项目集策划阶段，可以产生包括以下内容的初步计划：

- 项目组合。
- 每个项目的成本估计。
- 预期的收益（包括合适的收益剖面图）。
- 已标识的风险。
- 管理、支持和监控项目集需要的资源。

这些信息还方便了*财务计划*（financial plan）的生成，这样高层管理人员在需要花费的时候可以安排适当的预算从而满足预期的成本。项目集需要标识评审点，以便高层管理人员对项目集进展进行评审并批准下一步的开支。

2.11 辅助项目集管理

2.11.1 依赖关系图

项目之间经常有物理和技术的依赖关系。例如，一个把员工从一幢楼搬迁到另一幢楼的项目，只有在建造一幢新楼的项目结束以后才能开始进行。依赖关系图非常类似于项目级的活动网络，可用于说明这些依赖关系。在项目集中的项目并行运转而且彼此相互传递产品的情况下，依赖关系图可能会变得相当复杂。

图2-3给出了两个组织合并的项目集的依赖关系图，下面解释该图的各个组成部分。

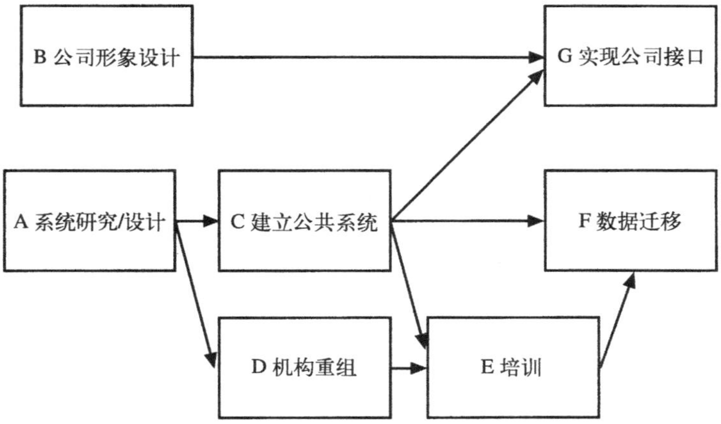

图2-3 依赖关系图示例

A 系统研究/设计 执行一个项目来检查两个旧的组织中现存的各种IT 应用程序，分析这些程序的功能，并给出如何组合这些程序的建议。

B 公司形象设计 独立于项目A，这个项目是给新的组织设计公司形象，包括设计要在公司文档中使用的新标志（logo）。

需要管理C和D之间的内部依赖关系。

C 建立公共系统 一旦项目A 完成了，就可以开始构造新的公共ICT 应用程序了。

D 机构重组 这个项目真正对两个以前组织中的员工进行物理调配。在这个场景中，必须在项目A 完成之后才能开始，因为项目A 调查了先前两个组织的两组不同的应用程序如何结合在一起，而这反映在新合并组织的部门级结构中。

E 培训 一旦把员工结合在一起（或许会有部分员工冗余），就可以开始新系统的使用培训。

F 数据迁移 当开发了新的联合应用程序，而且员工接受了这些程序的使用培训后，数据就可以从现有的数据库中转移到新的统一的数据库中。

G 实现公司接口 在新的应用程序开始工作之前，接口（包括外部客户生成的文档）必须进行修改，以便符合新的公司形象。

2.11.2 交付计划

交付依赖关系图的创建通常导出项目分支的定义。分支是一起发布产品作为项目集中一个步骤的一组项目。把项目划分为分支的主要标准是，每个项目的可交付物结合起来能为客户提供连贯的新能力或效益集。一个紧迫需要考虑的问题是避免稀缺资源的争夺。

图2-4给出了项目集的项目组合是如何组织成分支的。每个分支都为用户带来了切实的效益。

这时，就可以开始考虑单个项目的策划了。这是从编写项目概要（project brief）开始的，项目概要定义了每个项目的范围和目标。

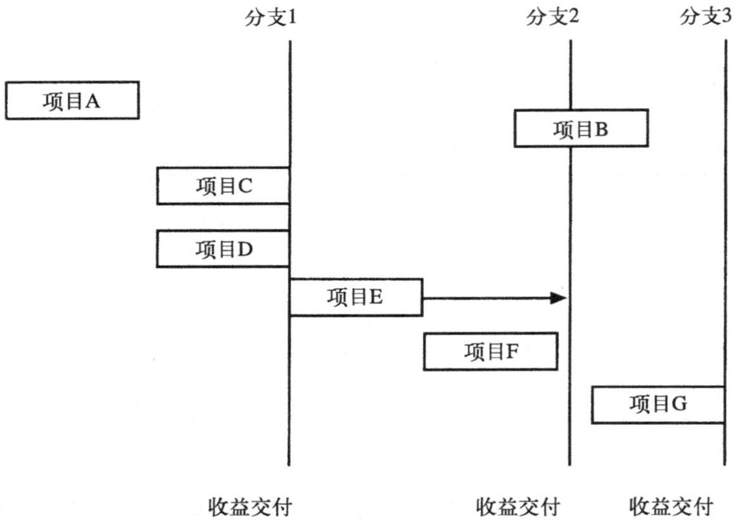

图2-4 可交付物的交付分支

2.12 对项目集管理的保留意见

一些项目管理方面的专家对于项目集管理的思想持保留意见，他们认为我们介绍的那些方法过度关注于*结构*（例如报告关系）而忽视了*过程*（例如决策的基础）。

关注的重点是项目集被视作某种超级项目。这导致两个问题的产生。首先，可能对于那些次要项目进行了过度的管理而给项目集管理带来重重障碍。其次，项目集应该被视作通过项目活动实现商业目标的一种方法。由于商业环境是不断变化的，导致项目集在执行过程中需要不断变化。如果“超级项目”的观点占主导地位加之不愿意变更项目范围，会使得项目集缺少灵活性。

正如之前讲到的公司合并项目集那样，其中的项目彼此之间差异很大。对于有些项目集而言工程集成很重要，这需要十分紧密的合作，但是有的项目集提供了更加灵活的体制。

这里获得的主要经验教训是：

- 项目集管理并不是简单地扩展了项目管理。
- 项目集管理的不同形式可能适合各种不同类型的项目。

2.13 收益管理

> 参见Thomas K. Landauer的《The Trouble with Computers:Usefulness、Usability and Productivity》，MIT Press，1995。书中研究了IT中“生产率悖论”问题。

前文曾经指出，提供给组织的能力并不保证该能力将用来获得最初设想的收益。企业已经意识到，在许多情况下缺乏证据证明在ICT中投资能够提高组织的生产率，即使是*业务过程再工程*（Business Process Reengineering, BPR），即在效益和效率上提供改进的剧烈的业务重组，仍有许多已报告的案例表明没有实现预期收益。

收益管理是对此进行补救的方法，它通过对业务变更所带来的预期收益的标识、优化和跟踪，以确保实现了收益。

如果要这么做，必须做到以下几点：

- 明确从项目集中能够获得的预期收益。
- 分析成本和收益之间的平衡关系。
- 计划如何实现和度量收益。
- 为成功实现收益分配职责。
- 监督收益的实现。

收益的类型包括：

- *强制性服从*（mandatory compliance） 政府或欧洲的立法机构可能把某些变更设定为强制性的。
- *服务质量*（quality of service） 例如，一个保险公司会想尽办法尽快解决客户的索赔要求。
- *生产率*（productivity） 能在更短的时间内用更少的成本完成同样的或更多的工作。
- *更积极的劳动力*（more motivated workforce） 这可能是因为改进了奖励制度或工作扩大化或工作丰富化。
- *内部管理收益*（internal management benefits） （比如更好地决策）以保险为例，对索赔要求进行更好的分析，以有利于查明最具风险的业务类型，并允许保险公司调整保险费来体现这样的风险。
- *风险缓解*（risk reduction） 保险的例子在这里也适用，但防止组织的网络和数据库受非法入侵和外部的恶意攻击，采取保护措施要更相关一些。
- *经济*（economy） 降低成本，除了那些与员工有关的成本外——可以采取适当的采购策略，鼓励统一购买，以便利用批量购买获得折扣。
- *收入提高/加速*（revenue enhancement/acceleration） 账单到达客户处越早，客户就越早支付费用。
- *战略准备*（strategic fit） 一次变更可能不会直接使组织内的某个特定小组受益，但是必须要做，目的是总体上获取某种战略优势。

关于扩大和充实工作内容的问题在第1章中讨论。

一次变更可能包含这些收益类型中的几种。其实收益之间是相互联系的，其中的一个例子是保险公司。保险公司在解决用户财产赔偿的要求时，引入一种能够直接安排承包商执行补救工作的机制。服务质量提高之后，省去了寻找有信誉的承包商的麻烦，减少了保险公司需要花费的成本，因为他们可以利用大量购买服务并通过保险公司一线员工和客户之间的密切关系来提高员工士气。

量化收益

收益可以分为以下几种：

- 量化和估价：即实现了直接的财务收益。
- 量化但不能估价：例如，顾客的抱怨减少了。
- 标识但不容易量化：例如，公众都承认组织所处的地位。

一个特定的活动可能有*收益损失*（disbenefit）。例如，销售量增加可能意味着需要花更多的钱来支付昂贵的加班费。

对于业务变更是否能产生要求的特定收益仍然存在许多争论，例如，可能需要一个新的公司标志来提高员工士气。一些关键测试可用来试探假定的收益是否真实，例如：

- 你能简要解释这个收益为什么因这项业务变更而产生的吗？
- 你能找到办法使我们明白这个收益的重要性吗？
- 如果所要求的结果确实出现了，它们能否直接归结于该项变更或者是否有解释它们的其他因素？
- 有没有办法来度量收益？

本章的前面曾提到起草*收益剖面图*的需要。收益剖面图说明了收益何时以及如何获得。需要分配特定的员工来负责确保计划的收益确实变成现实，这些人通常称为*业务变更经理*。

收益一般不是在纯项目环境下被监控，因为在收益开始浮现之前，项目几乎总是被正式地终止。

我们认为，收益管理强调的观点是开发人员和用户要*共同*为确保项目交付的收益负责。

2.14 小结

本章的一些关键点如下：

- 项目应该从战略、技术和经济的角度去评价。
- 有很多这样的项目——作为独立的项目来讲是不合理的，但是它们是实现组织战略程序的一个组成部分。
- 并非所有的收益都能用货币值来准确量化。
- 经济评价包括标识系统整个生命周期的所有成本和收益，包括系统的开发，并检查总效益值是否超过总开支。
- 未来得到的钱的价值不如手头上现在拥有的同样的钱的价值，因为它可以用来投资并获得利息。
- 未来回报近似估计的不确定性降低了现在度量的实际价值。
- 可以使用贴现现金流技术来评价考虑了利率和不确定性后的未来现金流的现值。
- 成本效益分析技术和决策树为评价期望的结果和在可供选择的策略中作出选择提供了工具。

2.15 进一步的练习

1. 标识影响Brightmouth 学院工资单项目取得成功的主要风险，并按重要性对这些风险进行排序。
2. 解释与净利润或投资回报率相比，为什么贴现现金流技术提供了更好的项目选择准则。
3. 保险公司对房屋保险索赔的处理方法进行了研究，他们决定引入新的计算机保险索赔处理系统。保险理赔员可通过这个系统直接获得所需信息，而不需要通过别的部门，从而减少了部分的工作量。另外，作为一个新的流程，维修工作由保险公司安排给授权的建筑工人、油漆工以及水管工，而不需由申请人安排评估等事情。

   (a) 阐述这个系统的应用可能带来的收益和收益损失，注意收益可以从以下方面去考虑：

- 强制性服从
- 服务质量
- 生产率
- 更积极的劳动力
- 内部管理收益
- 风险缓解
- 经济
- 收入的提高/加速
- 策略准备

如何评价每个案例中实际的收益？

(b) 在使用该应用系统时，一些保险理赔员抱怨现在不得不面对客户对于维修进度和质量的不满，这些压力之前没有。此外，在有些地方由于合格的维修人员不足导致工作的延误。

- 这些开发影响了哪些预期的收益？
- 如何处理这些问题？
- 评价你在处理这些问题中的成功之处。

第 3 章
项目策划概述

目的

学完本章后，你将能够：

- 以步进的方式进行项目策划。
- 看看在其他章的哪些地方描述了适合整体策划方法的技术。
- 当要执行策划时，重复策划过程，制定更加详细的项目活动集。

3.1 步进式项目策划概述

本章叙述了项目策划基本步骤的框架，它是后续各章的基础。有很多不同的技术可以用于项目策划，本章对这些技术进行了概述。第4章将说明不同的项目可能要用不同的方法，但是这个整体框架总是适用于策划过程。

本章所描述的框架叫步进式（Step Wise）方法，以区别于其他方法（如PRINCE 2）。PRINCE 2是一套项目管理标准集，起初是由英国政府商务办公室（OGC）资助编制用于英国政府的ICT项目。在英国，这个标准也广泛地应用于非政府项目。步进式方法与PRINCE 2方法是兼容的。值得注意的是，步进式方法只用在项目的策划阶段，不用于项目的监督和控制阶段。

CCTA现重命名为英国政府商务办公室（OGC）。

附录A中有关于PRINCE 2方法的进一步介绍。

为了说明步进式方法以及怎样使它适用于不同的环境，这里同时采用了两个例子。假设有两个计算和信息系统专业毕业的学生，他们在各自的领域都已有多年的软件开发经验。

案例研究实例A　Brightmouth学院工资单

Brigette在当地政府的管理服务部门工作，她看到了Brightmouth学院招聘信息系统开发部门主管的广告。她为能在一个较小的组织里工作、帮助他们从头建立一个合适的信息系统并为自己能当上领导所吸引。她申请了这个工作，并被录用。她面临的第一个任务就是实现独立的工资单处理（这个场景已经在第1章中用作其他实例的基础）。

案例研究实例B　国际办公设备年度维护合同

Amanda在国际办公设备公司（IOE）工作，该公司制造、供应、安装各种高技术办公设备并提供相应的服务。对ICT设备进行维护是他们新开拓的业务领域。对于非IOE供应的设备，他们现在也开始承担维护工作。公司内部的ICT部门已经开发了一个应用系统，通过该系统销售人员可以为已完成的工作生成发票。一个大型机构可能在一个月之内会向IOE提出多次设备维护请求，每个月系统运行一次批处理，生成客户每月的结算单，并按客户每月进行费用支付。IOE的管理层希望对于按年支付的客户提供制定设备的免费服务和解决方案。Amanda第一次担当了项目管理的角色，其任务是实现对该账单系统的扩展。

扩展的系统需要确定年度维护合同中设备的详细信息的记录方式。年度费用依赖于合同中的每种类型设备的数量。合同范围内的工作是不收费的，只是为了记录并分析每个客户和每种设备的成本和收益，这将帮助IOE确定今后的合同价格，以实现最佳盈利水平。目前的系统，需要在完成工作之后填写工作的详细信息，以便能生成发票。而新系统将由协调员给工程师分配工作，对于紧急工作系统将通过移动电话通知工程师。

表3-1 步进式策划活动的主要步骤

步 骤	活 动
0	选择项目
1	标识项目的范围和目标
	1.1标识目标以及满足其目标的有效性度量
	1.2确立项目的全权管理者
	1.3标识利益相关者
	1.4根据项目利益相关者的分析修改项目目标
	1.5确定各部门之间的沟通方法
2	标识项目的基础设施
	2.1确立项目和战略策划之间的关系
	2.2标识安装标准和规程
	2.3标识项目组的组织结构
3	分析项目的特征
	3.1识别项目是目标驱动的还是产品驱动的
	3.2分析项目的其他特征
	3.3标识项目的高级别风险
	3.4考虑关于实现方面的用户需求
	3.5选择开发方法学和生命周期方法
	3.6评审整体资源估计
4	标识项目的产品和活动
	4.1标识和描述项目的产品（或可交付物）
	4.2文档化共性产品流
	4.3标识产品实例
	4.4产生理想的活动网络图
	4.5根据阶段和检查点的需要修改理想的活动网络
5	估计每个活动的工作量
	5.1执行由底向上的估计
	5.2修改策划创建可控制的活动
6	标识活动的风险
	6.1标识和量化基于活动的风险
	6.2计划合适的风险缓解和应急措施
	6.3根据风险调整计划和估计
7	分配资源
	7.1标识和分配资源
	7.2根据资源约束修改计划和估计
8	评审/发布计划
	8.1评审项目计划的质量
	8.2文档化计划并取得一致意见
9/10	执行计划并进行较低层次的策划 可能要求重复进行较低层次的策划过程

表3-1列出了策划这些项目的通用方法，图3-1给出了主要策划活动的框架图。在某些情况下，第1步和第2步“标识项目的范围和目标”以及“标识项目的基础设施”可以并行执行。项目中的每个活动都需要执行第5步和第6步。

项目策划的主要原则是先做概要策划，然后在要执行活动时细化。因此，当要更详细地考虑与一个项目的某个特定阶段有关的任务时，要对第4步所产生的产品和活动列表进行评审。下面的第5步到第8步是对该特定阶段的更加详细的重复。

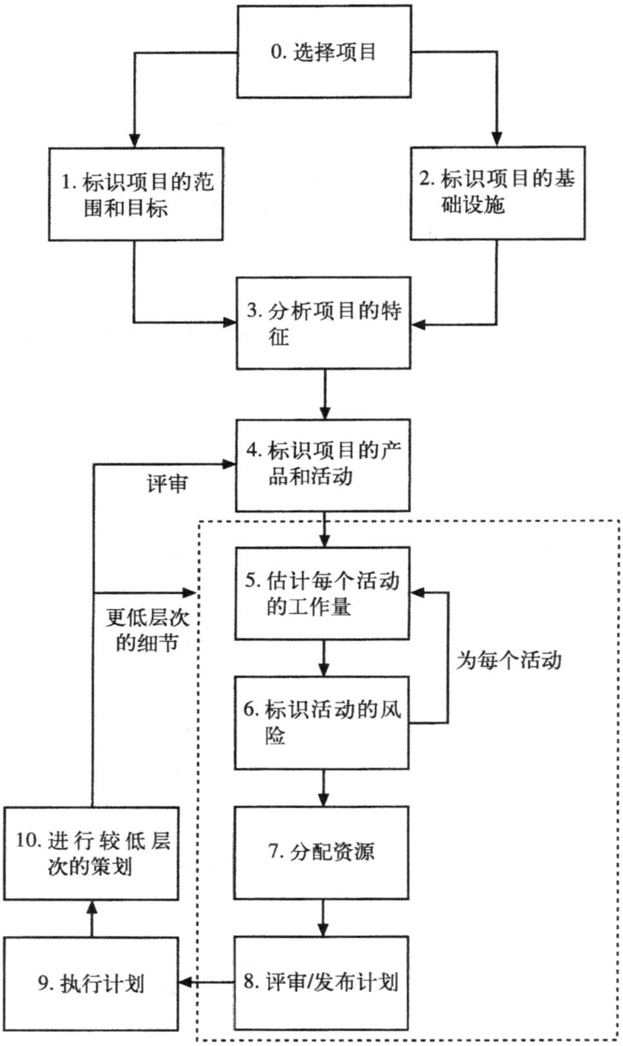

图3-1 步进式策划活动框架图

3.2 第0步：选择项目

之所以叫第0步，是因为它在主要的项目策划过程之外。项目都不是凭空产生的，有些过程必须决定启动这个项目而不是其他项目。当可行性研究表明这个项目存在业务案例，还需要确定是否有高于其他项目的优先级别。这种对项目价值的评价可能作为项目组合管理的一部分进行。

在第2章中已经详细讨论了这些问题。

3.3 第1步：标识项目的范围和目标

这一步中的各个活动是确保项目各部门的目标一致，并使各部门都承诺为项目的成功而努力。在第1章中我们已经了解到正确识别项目目标的重要性。

3.3.1 步骤1.1标识目标以及满足目标有效性的实用度量

案例研究实例：项目目标

在练习1.8中已经讨论了Brightmouth学院工资单项目目标。

在经过IOE管理方同意的可行性研究报告的建议中，明确地规定了Amanda的目标。主要目标如下：

- 记录年度维护合同的详细信息。
- 记录合同所涵盖的维护工作的详细信息。
- 分析维护成本以便确定最佳盈利水平的维护合同费用。
- 记录工作请求并且将工作通过移动电话通知到工程师。

还要确定如期望的时间表和可能使用到的资源等其他目标。

3.3.2 步骤1.2确立项目的全权管理者

第1章已经提到，需要确立一个项目全权管理者，以便统一目标。

3.3.3 步骤1.3项目利益相关者分析——标识项目中所有的项目利益相关者以及他们的利益

这是第1章讨论的基本问题。本质上，需要标识出在该项目中有利害关系的所有单位。在第1章中，列出了Brightmouth学院工资单项目的项目利益相关者作为例子。

练习3.1 *在IOE的年度维护合同系统中，IOE组织外部的项目利益相关者可能考虑的重要问题是什么？*

案例研究实例：项目的全权管理者

Amanda发现她的经理和主要用户的管理部门已经建立了项目委员会，以负责项目的整体方向。她有点担心的是设备维护人员分布在不同部门处理不同类型的设备。这意味着可能由几个不同部门来共同完成某个客户的工作。项目委员会并不代表所有部门，Amanda同时还意识到一些部门之间的意见并不相同。这些差异留给委员会中的用户代表去解决，并为系统开发人员提出一个众所接受的方针。

PRINCE 2中描述的有特定含义的词，例如Project Board，在本书中都用首字母大写来表示。

Brigette发现实际上有两类不同的工资单系统的客户：财务部门和人事部门。为帮助他们解决冲突，两个部门的经理都应该和副校长参加每月一次的会议，会议由Brigette负责安排以指导整个项目。

3.3.4 步骤1.4根据项目利益相关者的分析修改项目目标

与第1章中提到的Boehm和Ross的“W理论”进行比较。

为了使所有关心的事项进行全面合作，可能要修改项目目标。为了促使某些项目利益相关者作出承诺，就可能需要通过系统增加新的特征以保证他们能从中获益。这种做法可能会给项目带来规模增大以及模糊原有目标潜在的危险，因此建议这个过程应该在受控的方式下有意识地进行。

案例研究实例：修改项目的目标

当完成工作之后，IOE的维护人员需要访问系统输入有关数据，这对他们而言是额外的工作。按照年度维护合同，以上访问系统的操作并不产生客户费用，所以维护人员觉得填写完成这些成本详细信息的工作是没有必要的，所以会草草处理。为了给予他们某些利益，为该系统扩展了当需要时能自动认购备件的功能，也能从之前人工填写的工作时间表中获取详细信息。

在Brightmouth学院，人事部门要为财务部门准备有关工资单的各项细节，这要做很多工作。因此同意给人事部门从工资单细节生成一些管理信息报告并放在计算机上。

3.3.5 步骤1.5确定各部门之间的沟通方法

对于内部员工来说，这应该是相当简单的。但是，作为实现工资单系统的项目负责人，还需要找到与银行自动票据结算模式（Bankers Automated Clearing Scheme，BACS）的联系点，这将导致起草沟通计划（见第12章）。

3.4 第2步：标识项目的基础设施

参见B. Iyer和R. Gottlieb(2004)发表的“The Four-Domain Architecture：an approach to support enterprise architecture design”，*IBM Systems Journal*，43 (3)，587－97。文中很好地介绍了有关企业架构的概念。

项目很少从零开始，通常都会有一定的适合该项目的基础设施。如果项目经理是新到这个组织的，那么他们应该了解这些基础设施的精确属性。例如，项目经理为客户在一个外部组织中工作。

3.4.1 步骤2.1确立项目和战略策划之间的关系

在第2章中，我们已经了解到项目组合管理是如何支持组织进行项目选择的，还了解到项目集管理是如何确保一组项目实现共同的组织战略。还需要确定满足新系统的技术框架。例如，需要硬件和软件标准，这样不同的系统才可以相互通信。这些技术战略性决议需要文档化，作为企业架构过程的一部分。遵照企业架构就保证了后续的ICT项目开发的软件和组件，与之前项目开发的软件和组件以及现有的软硬件平台相互之间是兼容的。

企业资源策划系统（ERP）是对现成产品包进行客户定制的应用软件。它集成了大部分业务共有的相关营销和财务方面的标准应用。

案例研究实例：战略计划的作用

Amanda发现IOE有定义良好的滚动的战略计划，在该计划中，已经把年度维护合同系统作为重点开发的项目。因为它是已存在的系统的扩展，即应用程序赖以运行的硬件和软件平台是指定好的。

在Brightmouth学院，Brigette发现有全面的学院的战略计划，计划描述了将要开设的新课程等，而且说明需要通过“合适的管理规程”来确定实施。独立会计事务所的咨询报告建议在负责处理所有学院财务流程的ERP系统中开发独立的工资单处理流程。尽管该学院有很多ICT设备用于教学，但不能用于工资单处理，因此在获取软件的同时，还需要获取运行工资单处理的硬件。

3.4.2 步骤2.2标识安装标准和规程

任何软件开发组织都应该定义他们的开发规程，至少应该将要执行的软件生命周期的几个常见阶段，以及在每一阶段要创建的产品文档化。

关于ISO/IEC 12207标准将在第1章进行讨论。

应该有变更控制和配置管理标准，确保安全和有序地执行需求变更。

许多规程标准可能规定要在项目生命周期的每个点上进行质量检查，或者在独立的质量标准和规程手册记录了这些质量检查规定。

作为监督和控制方针的一部分，组织应该有度量流程（measurement programme），它规定了在项目各阶段必须收集的统计数据。

最后，项目经理应该了解所有项目策划和控制标准，以明确如何控制项目。例如，项目组成员如何将每个任务实际的工时记在工作时间表中。

监督与控制参见第9章。

案例研究实例：标识标准

Amanda发现IOE有一个非常重要的开发标准，除了其他一些规定之外，特别指定使用结构化系统分析和设计的方法。她还发现IOE制定了一个独立的质量规程，详细规定了什么时候对工作进行评审，并描述了怎样进行评审的详细规程。Amanda还发现IOE的项目管理指南集是仔细地模仿PRINCE 2开发出来的。

Brigette发现Brightmouth学院没有IOE那种性质的文档，但已有一些不同课程在不同时期发给学生的讲义，这些讲义看起来是互相矛盾的。

作为一个权宜之计，Brigette编写了一个简单的文档，说明项目应有的主要阶段（在这种语境中，或许用“为用户做的工作”这个词更确切）。这与第1章给出的列表很相似。她写道：

- 如果开始没有详细的规格说明，就不可能改进系统或实现新系统。
- 在执行工作之前，用户必须书面同意每一条规格说明。

她还编写了一个用于记录所有用户需求变化的简单规程。

当然，Brigette没有组织级的质量规程，但她口头说明，她们组中的每一个人（包括她自己）在完成一项主要任务之后，都会找其他人来检查其工作，并且在新的或修订版软件交付用户之前，必须由另外的人（非原来的开发人员）进行测试。她建立了一个简单的系统来记录在系统测试和修复中的错误。她还构建了一个日志文件来记录用户在运行系统时报告的有关问题。

Brigette对时间表并不关心，但她在每星期一上午与她的同事进行非正式会议讨论工作，而且每月安排一次与副校长（即她的领导）以及财务部门和人事部门的负责人见面，评审项目的进展情况。

3.4.3 步骤2.3标识项目组的组织结构

项目（尤其是大型项目）的负责人，需要对项目组的结构进行控制。然而，项目组的结构常常要取决于所在组织的结构。例如，高层管理决定程序员和系统分析员分别属于不同的组，或B2C（Business-to-Consumer）Web应用开发与传统的数据库应用开发由相互独立的组分别完成。

其中一些问题将在第12章中讨论。

如果项目负责人要控制项目组的结构，那么最好安排在较后的阶段进行（参见第7步：分配资源）。

案例研究实例：项目组的组织结构

在IOE，系统分析员组织成若干个团队，分别处理各个用户部门的工作。因此，用户总是知道当系统出现问题时，他们应该找信息系统部门中的谁进行联系。然而，程序员在一块工作，并根据需要分配到特定的项目工作。

在Brightmouth学院，已经从支持学院计算课程的技术员中，安排了一个程序员做Brigette的助理。她还允许再找一个新的分析员/程序员，但她并不很关注所需要的组织结构。

3.5 第3步：分析项目的特征

第4章详细讨论分析项目特征的过程。

策划操作总的目的是确保项目使用合适的方法。

3.5.1 步骤3.1识别项目是目标驱动的还是产品驱动的

这在第1章中已经讨论过了。随着系统开发的进行，尽管目标总是存在并且必须考虑，但更多采用的是产品驱动的。

3.5.2 步骤3.2分析项目的其他特征（包括基于质量的特征）

例如，要开发的是信息系统还是过程控制系统或者兼有其二者特征的系统？系统的安全是关键因素吗？系统的故障会威胁到人的安全吗？

3.5.3 步骤3.3标识项目的高级别风险

必须考虑对项目的成功构成威胁的风险。一般说来，大多数风险来自运行环境或开发环境以及项目的技术特性或所创建的产品类型。

案例研究实例：高级别风险

我们知道Amanda已经注意到，工程师可能不愿意仔细填写因履行合同而产生的工作成本的详细信息。此外，用于生成成本分析报表的软件功能也存在风险。由于该报表用于指导今后年度合同的定价，如果这一分析结果不正确，那么将导致IOE蒙受经济损失。因此，Amanda决定使用迭代方法分析该功能，IOE的市场分析师将评审各种版本的分析报告，并针对计算方法和表现形式提出改进建议。

在Brightmouth学院，Brigette认为其应用领域是定义良好的。然而，有一个风险，即此刻市场上可能没有合适的程序包。因此Brigette决定，项目的前期工作是搜集有关可用的工资单程序包主要特征的信息。

3.5.4 步骤3.4考虑关于实现方面的用户需求

客户有时会有自己的规程需求。例如，某个组织要求必须使用某种特定的开发方法。

3.5.5 步骤3.5选择开发方法学和生命周期方法

该项目所使用的开发方法学和项目生命周期可能要受到前面所提到的问题的影响。方法学的概念是指用在项目中的一组方法，这在第1章中已经讨论过了。对很多软件开发人员来说，方法的选择似乎是很显然的：他们将使用他们过去使用过的方法。在第4章中我们将提醒大家，在假设当前项目与以前项目确实相似时要注意的事项。

另外在方法的使用上，有一些通用的方法来结构化项目，例如使用（将在第4章中提到）瀑布模型生命周期。如果设定目标涉及标识将要解决的问题，这部分策划就是要寻找解决问题的方式。对于策划者过去没有接触过的项目，研究这个问题域中要用到的典型方法是值得的。例如，有时可以当作项目的一部分，进行一次问卷调查。在策划阶段最好能阅读一两本有关调查技术方面的书籍，这样有利于此项工作更好地开展。

第4章将更加详细地讨论生命周期。

3.5.6 步骤3.6评审整体资源估计

当标识主要的风险和确定了主要的项目方法后，需要重新估计实现该系统所需要的工作量以及其他资源需求。如有足够的可用信息，那么使用基于功能点的估计更加合适。

第5章将更加详细地讨论这一点。功能点不是试图使用代码行数来度量系统规模的方法。

3.6 第4步：标识项目的产品和活动

现在要更加详细地策划各个单独的活动。长期计划越是宽泛和概括，需要详细策划的中间任务就越多。

3.6.1 步骤4.1标识和描述项目的产品（或可交付物）

通常任何一个项目的产品都是由活动创建的。只要可能，我们也应该确保其相反的一面，即没有哪一个活动不产生有形的产品。标识项目要创建的所有事项，有助于我们保证已经考虑到需要执行的所有活动。项目中的有些产品在项目完成时将移交给用户，这些就是*可交付物*。其他产品可能不会用在最终配置中，但在创建可交付物的过程中，它们需要作为*中间产品*。

这些产品包括培训材料和操作指令等在内的大量*技术*产品，也包括与项目的*管理*和*质量*有关的产品，例如策划文档就是管理产品。

这些产品形成一个层次结构。主要产品是由一组产品组件而构成的，而产品组件又是由一组子产品组件而构成的，等等，它们之间的关系可以用产品分解结构（Product Breakdown Structure, PBS）表示，参见图3-2。在这个例子中，与整个系统相关的产品被分为一组；与独立的模块相关的产品被分为一组；第三组只有一个产品名为“管理产品”，它包括进展报告。进展报告上标注的星号表示在整个项目过程中，会不断地产生进展报告的实例。

PRINCE 2方法建议将PBS表达成层次图。在实践中，产生结构化列表可能更加方便。

需要注意的是，在图3-2中，在层次结构底部的方框代表明确的工作产品，并且这个工作产品是不可进一步分解的。因此，在图中仅有六种工作产品类型，而较高层的方框（例如模块产品）表示一组工作产品所在的组。

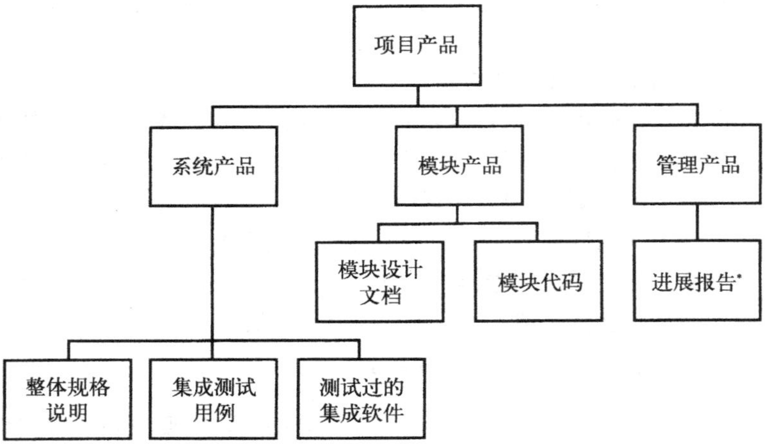

图3-2 系统开发产品结构分解片断

（注：*表示在整个项目过程中，将追加更多的进展报告。）

有些产品是从零开始创建的，例如新的软件构件。一个产品很容易成为一个文档，比如软件设计文档。一个产品也可能是已经存在产品的一个修订版，例如修订过的代码段。一个产品甚至可以是一个人，例如一个“培训过的用户”，此时把他/她看成培训过程的产品。我们始终要记住：产品是活动的结果。一个常见的错误是把真正的活动（如“培训”、“设计”和“测试”）标识为产品。还应该避免把“文档编制”当作产品，因为这个术语太模糊。

这一部分的策划过程着重讨论了在PRINCE 2中描述的各种标准。这些标准规定，在PBS底部的产品应该用*产品描述*文档化，内容包括：

- 产品的名字/标识。
- 产品的目的。
- 产品的来源（即源于哪些产品）。
- 产品的组成。
- 产品的形式。
- 相关的标准。
- 应该采用的质量准则。

练习3.2 在Brightmouth学院，Brigette决定让学院财务部门进行新的工资单系统的用户验收测试，以确保用户通过使用新系统能够正确地完成其实际的工作流程。由于财务部门的同事无法确定如何编写测试用例文档，Brigette起草了测试用例的工作产品描述。请写出描述的内容。

案例研究实例：产品分解结构

在IOE，Amanda发现有一个PBS标准，可以用来作为项目的检查单。

在Brightmouth学院，尽管Brigette可以在很多书上找到标准检查单，但她没有设置PBS 标准。她决定PBS的每一部分应该包含一种可以为工资单应用选择合适的硬件和软件的产品（见图3-3）。

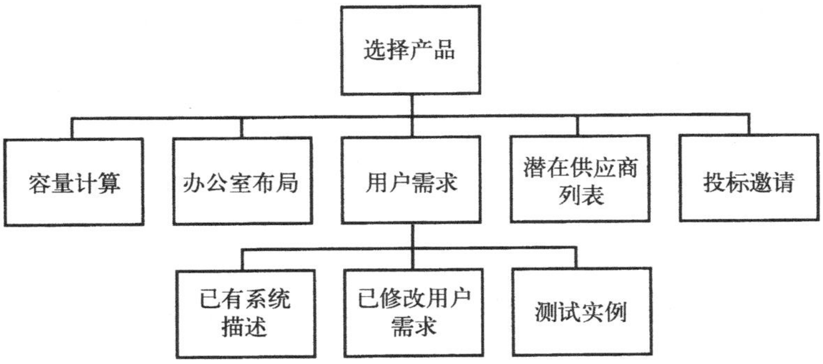

图3-3 需要生产投标邀请（ITT）产品的产品分解结构（PBS）

3.6.2 步骤4.2文档化共性产品流

在创建某些产品时，需要先有其他一种或多种产品。例如，程序设计必须在程序编码前创建，而程序规格说明必须在程序设计开始前存在。这些关系可以用**产品流程图**（Product Flow Diagram, PFD）来描绘。图3-4给出了一个例子。注意图中假定“流程”为自顶向下、从左到右。在图3-4的例子中，“用户需求”是一个椭圆，项目使用它，但并不是它创建的。可以很方便地在图的下方标识出一个完整的产品，比如说“集成/测试过的软件”，所有其他产品都输入其中。

PFD有效地将项目所采用的方法学（参见第1章）在总体上文档化了。

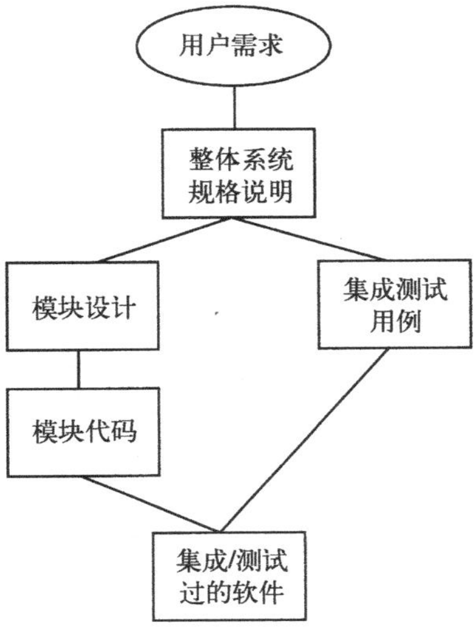

图3-4 软件开发任务PFD片断

两个产品之间如果有循环，那么就不需要画连接线了。显然这不是因为循环没有被识别出来，相反，PFD可以在任何点返回执行。例如图3-4的PFD，假设在集成测试阶段，发现整体系统设计中遗漏了一个用户需求，如果我们返回整体系统规格说明并且进行修改，那么根据PFD描述可以看到其后的所有的工作都将返工。需要设计和开发新的模块，需要编写新的测试用例来测试需求是否实现，集成测试也需要重新进行。

PFD采取的形式依赖于如何开展项目的假设和决定，这些决定有时候不能很清晰地在PFD中展现出来，所以需要一些文字描述来辅助解释。

案例研究实例：IOE有标准的PFD

在IOE，Amanda有一个软件开发项目的PFD标准设置。这是因为采用了一个公认的软件开发方法，该方法要求产生一系列文档。这一系列产品可以很容易地用PFD文档化。

练习3.3 基于图3-3中的产品分解结构（PBS），画一个可能的产品流程图（PFD），来表示Brightmouth学院工资系统项目的一些产品，尤其是当把搜集的信息提供给潜在的硬件供应商时所形成的产品，并做为ITT的一部分。这里容量的数字是指他们必须维护的记录（例如雇员等）数字。

3.6.3 步骤4.3标识产品实例

在项目中，这可能会推迟到已知更多信息的时候。

当相同的共性PFD片断与某个特殊类型产品的多个实例有关时，应该试图标识其中的每一个实例。在如图3-2所示的例子中，即将开发的软件实际上有两个软件模块构件。

3.6.4 步骤4.4产生理想的活动网络图

从其他产品产生另一个产品时，需要一个或多个活动来执行转换。标识这些活动，就可创建一个活动网络图，表示必须执行的任务以及执行的次序。

案例研究实例：IOE账户维护活动网络

从图3-4软件开发任务开发出来的最初的活动网络图如图3-5所示。

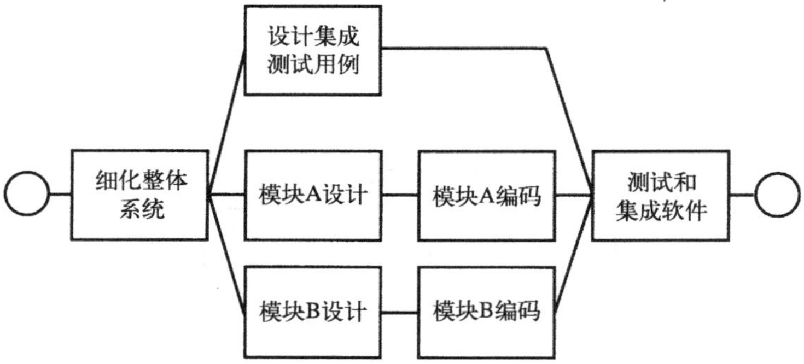

图3-5 一个活动网络图的例子

练习3.4 将你在练习3.3中创建的产品流程图（或者是答案中所给出的PFD）画成活动网络图。

该活动网络图是理想的，它假设所有的账户都没有资源限制。例如，在图3-5的例子中，假设将要并行开发的所有四个软件模块的资源都是充足的。规则就是活动网络图不会根据资源的限制进行修正。

3.6.5 步骤4.5根据阶段和检查点的需要修改理想的活动网络

上面描述的活动排序方法可以鼓励人们改进计划的形成，以使该项目在最短的时间内完成（耗费的时间最短）。在此假定，一个活动当它所依赖的前趋活动完成时就能立即开始。

然而，可能需要通过将项目划分成阶段并引入检查点活动来修改这个活动网络。这些活动是把所有前趋活动的产品集中起来以检查它们是否协调。这可能导致将某些工作推后，我们必须在效率和质量之间进行权衡。

项目经理的上级主管可以决定授权项目经理对活动进行监督。然而，有一些关键活动（或称*里程碑*）标志着项目重要阶段的完成，应该特别加以注意。检查点的活动通常是有用的里程碑。

严格来讲，里程碑是一个没有周期的虚拟活动，它标识了一组活动的开始或者结束。所以里程碑应该设置在检查点活动之后。

练习3.5 在图3-5所示的例子中，在将模块A和B的设计提交给员工进行编程之前，要对照集成测试用例对其设计的一致性进行检查。根据以上描述，重新绘制一张活动网络图。

3.7 第5步：估算每个活动的工作量

3.7.1 步骤5.1执行由底向上的估计

有关工作量、成本和工期的整体估算已经完成了（参见步骤3.6）。

此时，需要对每个活动所需要的员工工作量、可能的耗费时间以及所需要的非人力资源进行估算，其估计方法依赖于活动的类型。

第5章中更加详细地讨论软件工作量估计这个话题。

应该注意*耗费时间*和*工作量*之间的区别。工作量是指需要做的工作的总量。如果一项任务需要三个员工工作两天，工作量就是六天。耗费时间是指从任务开始到任务结束需要的时间。在上例中，如果三个人同时开始并同时结束，那么耗费时间就是两天。

单独活动的工作量估算应该综合成一个整体的由底向上的估算，其值可与前面讨论的自顶向下的估算相协调。

活动网络图中的活动可以标注上它们的耗费时间，这样就可以计算出该项目的整个工期。

3.7.2 步骤5.2修改策划创建可控制的活动

对单独活动进行估算可能发现有些活动需要很长时间。工期长的活动使项目很难控制。如果一个活动包括系统测试在内需要12周，那么在第6 周时很难判断工作是否完成了50%。最好把这个任务划分为一系列更小的子任务。

案例研究实例：IOE的年度维护合同系统——进行自底向上的估算

在IOE，Amanda需要为每个软件模块估计代码行。她根据以前IOE的同类型的相似项目来估计新模块的规模。然后她参照IOE信息系统开发部门产生的转换表，把估计的代码行转变为工作量。她还可以利用其他的表把估计的工作量分配给项目的不同阶段。

尽管Brigette意识到可能需要编写一些附加程序来处理局部需求，但主要的软件是购买的商用软件，因此这种基于代码行的估计显然是不合适的。因而她查看每一个任务并分配一定的时间。她认识到，在很多情况下，这样表达“目标”时，这些任务究竟要花费多长时间是不确定的（参见第6步）。

可能有很多重要的活动，却花费很少的时间。对一门培训课程，可能需要预订房间和设备，通知参加培训的人，在培训系统上注册学生，订餐，复制培训材料等。在这种情况下，比较容易的做法是把所有这些活动都放进“进行培训课程安排”的事务包中，并可能需要补充一张检查单。

通常试图将活动的时间跨度取成与用于监督和控制项目的报告周期相同。例如，如果每两周有一个关于项目进展的会议，那么将活动的平均周期定为两周比较方便，这样每次召开项目进展会议时，都将在每个任务刚刚完成之后进行。

3.8 第6步：标识活动的风险

3.8.1 步骤6.1标识和量化基于活动的风险

有关风险的问题将在第7章中更加详细地讨论。

在第3步已经考虑了由项目的一般属性所确定的固有风险。我们现在一一查看每一项活动并估计它们要获得成功的风险。任何计划都是建立在一定的假设之上的，比如说，一个构件的设计需要五天，这是建立在客户的需求明确且无歧义的基础之上的。明确的需求才是需要的，如果需求不明确，就需要用额外的工作量来明确需求。一个计划所依赖的假设可能是错误的，这就构成了风险。在这个例子中，一种表达不确定性的方式就是用一个值域来表示工作量估算值的可能范围。

在第7章，将介绍一种处理不确定问题的简单方法。首先，在假设不存在问题（例如用户的变更需求）的情况下，给出一个最可能的估算值，再给出一个含安全富余量的估算值，这样可以保证目标的实现有95%的置信度。

一个项目计划可能建立在很多假设的基础之上，此时需要从中挑出最重要的风险。估计每个风险造成的破坏和发生的可能性，以使我们集中精力关注最大的风险。如果出现问题，通常导致工期延长或成本增加。

3.8.2 步骤6.2计划合适的风险缓解和应急措施

我们可以避免或者至少减少一些所标识的风险。如果出现风险，应急计划规定将要采取的行动。例如，一旦在关键时刻项目组内有人生了严重的疾病，应急计划规定可以招聘合同工来临时工作。

3.8.3 步骤6.3根据风险调整计划和估计

我们可能会改变计划，增加一些新的活动来减少风险。例如，新的程序设计语言可能意味着要为程序员安排培训课程和时间，并在一些非主要的工作上练习新的程序设计技能。

案例研究实例：标识风险

当将要开始编写新的软件模块时，Amanda 已经标识了需要对已有的几个模块进行修改。模块修改的难易程度取决于它们原来编写的方式，因此，修改有风险的模块所花费的时间要比预期的时间多。Amanda 没有采取这种风险缓解措施，但是注意到了附加活动会使耗费时间延长。

在调查用户需求时，Brigette标识了当活动跨越假期时，可能会有关键员工缺席的风险。为了减少这类风险，她增加了一个在项目开始前“对用户进行访谈”的新活动。这将有助于她事先发觉这一类可能的问题。

3.9 第7步：分配资源

3.9.1 步骤7.1标识和分配资源

在此步骤中要记录每个活动所需要的员工类型，标识该项目可用的员工，并临时分配给他们这些任务。

这个问题将在第8章中详细讨论。

3.9.2 步骤7.2根据资源约束修改计划和估计

有些员工可能要同时承担几个任务，此时要对这些任务建立一个优先级。在项目的整个过程中，当一些任务延迟并等待可用的员工时，这些有关优先级的决定就可能起作用。保证可用的人员在前趋活动完成后立即开始工作，可能意味着在工作开始之前他们都是空闲的，因此对他们的使用率不高。

步骤7.1和步骤7.2将产生一个典型的甘特图（见图3-6）。甘特图清晰地给出了活动实际发生的时间并且突出了在同一时间，哪个活动正在执行。在这方面，活动网络图可能给出误导。

甘特图是用Henry Gantt的姓Gantt来命名的，所以不能全部字母大写，好像要表达什么特别的意思一样。

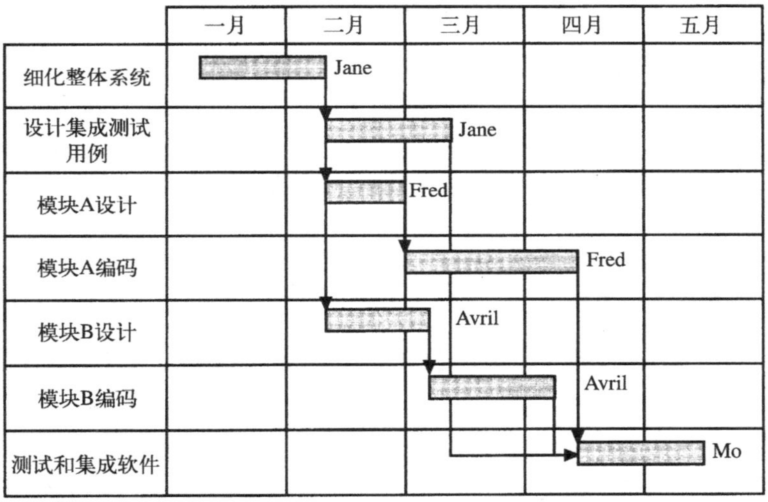

图3-6 甘特图显示了员工完成活动的时间

案例研究实例：考虑资源约束

Amanda现在已经确定了三个主要的软件模块和一个需要扩展修改的旧模块。在IOE，模块规格说明是由项目的主系统分析员负责（在这里是Amanda），并由初级分析员/设计人员协助完成的。有四个分析员/程序员可以对单个模块进行设计、编码和单元测试。Amanda与她的经理仔细考虑和讨论后，决定只用三个分析员/程序员，以减少员工在任务之间等待的风险。如果接受了这个决定，将减少项目的成本，但将推迟完成日期。

Brigette发现，她本人将要执行很多重要的活动。她可以把工作委托给她的两个同事，以减轻自己的工作量。但她知道，她需要花更多的时间去准确地说明他们必须做些什么，并检查他们的工作。她相应地调整了计划。

3.10 第8步：评审/发布计划

3.10.1 步骤8.1 评审项目计划的质量

在控制任何项目时有一种危险，即一个活动可能揭示它的前趋活动没有完成好，并且需要返工。这种情况可以使一个顺利进行的项目立即失去控制。重要的是，要知道当一个任务声称完成时，它是否真正地完成了。因此，质量评审很重要。每一个任务都应该有“质量标准”。在一个活动被认定完成以前，都必须通过质量检查。

案例研究实例：IOE现有的质量标准

在IOE，Amanda发现，《质量标准和规程手册》规定了每一类任务的质量准则。例如，在可以开始模块编码以前，所有的模块设计文档都必须由一组同事进行评审。这样可以减小系统集成方面问题发生的可能性。为此，Amanda在计划中追加了这项活动。

练习3.6 除了自己编写的一个较小的标准之外，Brigette没有设置任何标准。Brigette将使用什么样的质量标准来确认她已经很好地理解了用户需求？

3.10.2 步骤8.2 文档化计划并取得一致意见

将计划仔细文档化，并使项目的各个部门都理解该计划，而且同意承诺该计划对他们的要求，这是很重要的。这听起来很简单，但事实上又很难做到。在第12章中描述了利用沟通计划确保利益相关者之间进行适当的沟通交流。

练习3.7 在第1章的最后，列出了项目计划文档的主要部分。画一张表说明，步进式活动中的哪一步为项目计划中的哪一部分提供材料。

3.11 第9步和第10步：执行计划并进行较低层次的策划

项目一旦开始，就需要为每一个即将开始的阶段制定更加详尽的计划。后续阶段的详细策划先暂时停下，因为只有在这一阶段将要开始时才能得到更多的信息。当然，需要为以后的任务制定一个临时计划，因为考虑需要做些什么可以帮助我们发现潜在的问题，但应意识到这些计划是临时的。

案例研究实例：低层次的策划

虽然工作以单个模块的规格说明为准，但Amanda还有一些时间开始详细策划集成测试。她发现，用于记录工作请求模块并不与其他新的模块直接进行通信，那么这个模块可以单独进行评审。因此这个模块的评审任务可以提前，这样编码工作也可以提前开始。

当Brigette 开始考虑“设计投标邀请”的活动时，她必须熟悉制度化管理这个过程详细的规则和规程。她发现，为了起草这个文档，她需要从用户那里获取更多的信息。

3.12 小结

本章给出了其他各章所涉及技术的一个框架。该框架建议，任何策划方法都应该包含下列元素：

- 确立项目目标。
- 分析项目的特点。
- 确立组成一个合适的组织及其标准、方法和工具集的基础设施。
- 标识项目的产品以及需要生成这些产品的活动。
- 把资源分配给活动。
- 确立质量控制。

项目策划是一个反复的过程。当要执行特定的活动时，应该对它们进行更加详细的重新计划。

3.13 进一步的练习

1. 列出步进式策划过程创建的产品。
2. 在活动“测试程序”可以开始之前必须有什么产品？“测试程序”这个活动创建什么产品？
3. 一个培训组织要开设新的系统分析和设计方法的课程，其员工的任务是为该培训课程创建案例研究练习及其解答。在人们的工作计划中，有3周“学习新方法”的任务。有位同事认为，这个活动没有具体的可交付物或产品是不能令人满意的。我们可以为此做些什么呢？
4. 为了对一个新的字处理程序包进行可用性测试，需要编写和调试软件。必须有可用的描述这个包怎样使用的用户指南。为了计划和设计测试，这些都必须进行仔细检查。需要对在测试中使用这个包的用户进行选择。作为选择过程的一部分，他们要完成一个涉及他们过去打字和使用字处理程序包的经验或者在这方面受过培训经历的问卷。这些用户将使用字处理程序包执行所需要的任务。这些任务要限时完成，用户要注意在使用包时遇到的任何问题。测试结束后，用户要完成另一个对这个包使用情况的反馈信息的问卷。所有测试的数据都要进行分析，并要起草一个对这个包的修改意见的报告。试为上面的陈述画一张产品分解结构（PBS）图、一张产品流程图（PFD）以及一张概要的活动网络图。
5. 第1章的“进一步的练习”的问题4涉及与培训练习有关的场景。使用这个场景画一张产品分解结构（PBS）图、一张产品流程图（PFD）以及一张概要的活动网络图。

第 4 章
选择合适的项目方法

目的

学完本章后，你将能够：

- 评价何时需要采购现成产品而不是进行产品开发。
- 在策划项目时考虑待开发系统的特征。
- 选择合适的过程模型。
- 在合适的场合最佳地使用“瀑布”过程模型。
- 通过创建合适的原型来降低风险。
- 通过增量式地实现项目来降低其他风险。
- 标识可以通过使用“敏捷”开发方法消除不必要的组织级障碍的情况。

4.1 引言

软件内部开发通常意味着：

- 项目组和用户属于同一个组织。
- 嵌入应用程序，并使其成为现有的计算机系统的组成部分。
- 所使用的方法学和技术取决于组织内部的标准和规程以及现有的组织架构。

参见B. Fitzgerald, N. L. Russo和T. O'Kane（2003）发表的“Software development method tailoring at Motorola”，*Communications of the ACM*，46（4），65－70。文中介绍了在实践中方法剪裁是如何发挥作用的。

然而，在软件公司为不同的外部客户成功地实现的开发项目中，每个项目使用的方法学和技术都要单独进行评审。尽管这里使用术语“项目分析”（project analysis），但某些组织已将这种决策制定过程称为“技术策划”（technical planning）或者叫作方法工程和方法剪裁。即使是项目内部开发的情况，也要考虑与先前的项目使用不同的方法进行开发的新项目的任何特征。虽然有很多系统开发的方法，但是人们都不知道去用，这样就会导致本末倒置，开发者只关心本——过程和中间步骤，却忽略了末——实际需要的结果。对这种现象的分析是本章的主题。

步进式方法的相关部分是步骤3：分析项目的特征。选择特定的过程模型会增加新的产品到项目分解结构中，或者增加新的活动到活动网络中。这将创建步骤4 的输入：标识项目的产品和活动（参见图4-1）。

在本章以下的章节中，将介绍项目的特征如何影响项目策划的方法，然后讨论最常用的过程模型，例如瀑布方法、原型开发和增量式交付。原型开发和增量式交付的一些概念有了进一步发展，成为了敏捷方法的一部分。我们将介绍这个轻量级（lightweight）过程是如何摒弃传统的重量级（heavy weight）方法办事低效的弊端。

4.2 构建还是购买

以开发者和用户（或者客户）的角度来看软件开发：内部开发是指开发

者和客户属于同一个组织。外包开发是指开发者和客户属于不同的组织。如今全球系统开发，这些不同的组织可能是位于不同的洲，这些因素将影响项目的组织方式。

在第12章将讨论分散式项目在沟通上遇到的挑战。

组织内部的一个新IT系统的开发通常需要招聘相应的技术人员，但是一旦项目结束之后，组织就不再需要这样的技术人员。因为项目对于客户组织是新的开发，所以可能缺少能够领导这项工作的人。在这种情况之下，将项目外包给外部的IT开发公司进行开发更具有吸引力。外包公司拥有客户组织不易获得的技术和项目专家。虽然如此，客户组织仍然会有大量关于创建和管理合同的工作需要进行。这也是第10章合同管理的主题。

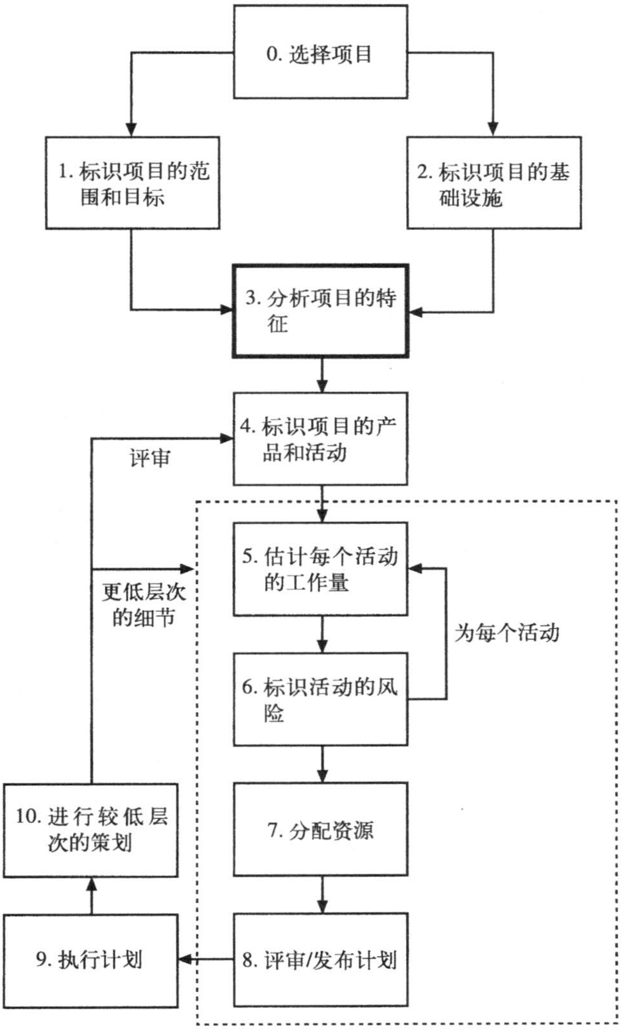

图4-1 步骤3的主题是项目分析

无论是内部开发还是外包，都涉及软件开发工作。对于建设Brightmouth学院工资单系统，购买现货软件成为了一个备选方案。这个方案的优点如下：

• 软件开发的成本由数目较大的客户来共同承担，那么就每个客户而言软件的成本得到了降低。

- 由于是现货，在购买之前软件已经经过测试和验证，所以不会存在延期的情况。
- 由于可能已经被很多用户使用过，大部分的缺陷已经被报告和修正，因此保证了软件的可靠性。

其缺点如下：

- 由于其他客户也可以获得同样的系统，所以获得此系统不会增加竞争力。
- 现在的现货软件越来越客户化，可以通过配置参数表来设置应用系统的属性，但是这种灵活性还是有限的，最终可能需要变更工作流程来适应软件系统。
- 无法获得软件源码，也就无法根据组织和环境的变化而修改软件。
- 一旦使用现货软件，组织将会依赖于此软件，很难再使用其他的应用软件，这会导致许可证费用不断增加。

第10章将会深入讨论这个主题，在接下来的部分，我们将关注新软件的开发情况，无论此软件是内部开发的还是外包的。

4.3 选择方法学和技术

严格地说，方法学是关于方法的研究。

以ICT系统开发和软件开发为背景，*方法学*是指*方法*的集合。在第1章我们介绍的方法是指一种通用手段，它适用于任何项目都需执行的某种特定的任务。*技术*和方法有时是不同的，技术涉及使用学术的、数据的或者逻辑上的原理来解决某种特定的问题。技术通常依赖于个人技能的实践活动，例如软件设计（“技术”一词来源于希腊语“熟练的”）。方法涉及*模型*的创建。模型是对一个系统进行抽象化之后的表征，例如，实体关系图（ERD）就是一种数据结构模型。让人难以理解的是，软件开发生命周期本身就是一种系统，生命周期的特征能够被抽象并表示为模型（这些模型将在本章的后续内容中进行介绍），其中一些模型一开始接触时会觉得有点像一种方法而不是模型。

项目分析需要选择最合适的方法学和技术。方法学包括诸如统一软件开发过程（USDP）、结构化系统分析和设计方法（SSADM）以及以人为核心的设计，这些技术可能包括适当的应用构造和自动测试环境。项目分析不但要确定方法学，而且要在已确定的方法学的范畴之内选择适当的方法。

与产品和活动一样，方法和技术的选择将影响以下几个方面：

- 开发人员的培训需求。
- 要招聘的员工类型。
- 开发环境（包括硬件和软件）。
- 系统维护安排。

下面将描述项目分析中的某些步骤。

4.3.1 将项目标识为目标驱动的或产品驱动的

第1章区分了*目标驱动*（objective-driven）和*产品驱动*（product-driven）的项目。产品驱动的项目是要开发的产品在项目开始之前已经定义。通常在产品驱动的项目开始之前存在一个用来选择通用软件实现方法的目标驱动的项目。

项目经理的理想情况是有明确的目标，但尽可能非常自由地选择满足目标的方法。例如，在一个刚起步的公司中，目标可能是要可靠地、准确地给员工支付报酬，并具有较低的管理费用。没有必要在开始时就指定使用特定的软件程序包的解决方案；但正像我们后面将看到的，可以存在例外情况。

有时项目的目标是不确定的或者是未达成一致意见的主题。人们可能会遇到各种问题，但没有人知道如何正确地解决这些问题。ICT 专家可能为解决某些问题提供帮助，但其他一些问题需要来自其他领域的专家的帮助。在这类情况中，可能需要考虑软系统（soft system）方法。

软系统方法参见P. Checkland和J. Scholes著的《Soft Systems Methodology in Action》，John Wiley & Sons，1999。

4.3.2 分析其他项目特征

人们通常会问以下问题：

- *要实现的系统是面向数据的还是面向过程的？* *面向数据的*（data-oriented）系统通常指的是有实际数据库的信息系统。*面向过程的*（process-oriented）系统指的是嵌入式控制系统。同时具备这两个要素的系统不太常见。有些作者认为OO 方法更适用于面向过程的系统，在这类系统中控制要比由关系数据库支配的系统重要。
- *即将产生的软件是通用工具还是应用领域特定的？* 通用工具的例子有电子表格或文字处理程序包。应用领域特定的程序包比如航空公司座位预订系统。
- *要实现的应用程序是否是特殊类型的？* 例如：
  - — *是否包含并发处理？* 要考虑使用适合于这类系统的分析和设计技术。
  - — *要创建的系统是否是基于知识的？* 专家系统都有规则（在应用于某个问题时会产生“专家建议”），并存在开发这类系统的特定方法和工具。
  - — *要产生的系统大量使用了计算机图形吗？*
- *要创建的系统是不是安全性关键的？* 例如，系统中的故障是否会危及人的生命？如果是这样（比如），测试就非常重要。
- *要创建的系统是用来执行已定义的服务，还是作为兴趣和娱乐？* 如果用来娱乐，那么它的设计和评价将有别于一般的软件产品。
- *系统要在其上运行的硬件/软件环境的特点是什么？* 最终软件要在其上运行的环境可以不同于它的开发环境。嵌入式软件可能在大型开发机（它有许多支持软件工具，比如编译器、调试器和静态分析工具等）上开发，但其软件要下载到更大型工程产品的小型处理器上运行。独立的桌面应用程序需要不同于大型机或客户/服务器环境的方法。

第1章中介绍了信息系统和嵌入式系统之间的区别。

注意，这里讨论的是编写软件工具，而不是它的使用。

练习4.1 *按上述的分类方法对下面的系统进行分类。*

(a) *工资单系统。*

(b) *控制装瓶设备的系统。*

(c) 供水给消费者的水厂所用设备的设计图细节的保存系统。

(d) 支持项目经理的软件程序包。

(e) 律师用于获得与公司税收有关的诉讼法的系统。

4.3.3 标识高级别项目风险

第2章已经讨论过某些风险方面的内容，将在第7章作进一步的讨论。

项目开始时，即使我们忽略许多影响项目的重要因素，管理人员还是期待有详细描述的计划。但是，除非仔细调查用户需求，否则无法估计构建满足这些需求的系统需要多少工作量。在开始时项目的不确定性越大，项目不成功的风险就越大。然而，一旦识别了一个不能确定的领域，我们就可采取措施来降低它的不确定性。

一种建议是不确定性与项目的*产品*、*过程*或*资源*相关：

- *产品不确定性*（product uncertainty）：对需求的理解如何。用户本身可能无法确定已提议的信息系统究竟要做什么。比如，政府可能引入新的税收形式，但除非已经建立了诉讼法，否则其详细操作可能还是未知的。有些环境变更非常快，以致表面上似乎准确和有效的需求陈述很快就过时了。

极限编程将在4.13节进行讨论。

- *过程不确定性*（process uncertainty）：考虑中的项目可能要使用对组织来说完全崭新的方法，例如XP或者新的应用开发环境。开发系统的方法的任何变更都会引入不确定性。

当然，有一些风险因素会同时增加不确定性和复杂性。

- *资源不确定性*（resource uncertainty）：这里的不确定性主要是指具有合适能力和经验的人员的可获得性。需要的资源数越多或项目周期越长，其中隐含的风险就越高。

有些因素增加了不确定性，比如不断地变更需求；而另一些因素增加了复杂性，比如软件规模。需要不同的策略来处理这两种截然不同的风险。

练习4.2 *在IOE中，Amanda已将可能的用户阻力标识为年度维护合同系统的风险。你把这个风险归为产品风险、过程风险还是资源风险？它可能不适合这三类风险中的任何一种，并需要其他类型。*

Brightmouth学院的Brigette已经将市场上没有合适的工资单程序包的可能性标识为风险。在Brightmouth学院工资单项目上还可能有哪些内在的其他风险？

4.3.4 考虑与实现有关的用户需求

前面曾经建议，项目策划人员应该努力确保不必要的假设或约束不会影响满足项目目标的方法。给出的例子是要开发的工资单程序包的确切的规格说明，有时这种约束是无法避免的。国际性的综合组织已经意识到，在各个分支机构和部门使用统一的应用系统和技术将会节约资金和时间。由一个供应商为这个组织提供IT服务意味着能获得更优惠的折扣价格。

第13章讨论了BS EN ISO 9001的内容。

客户组织通常会规定为他们提供软件的承包商必须采用的标准。通常组织会规定软件供应商要通过BS EN ISO 9001:2000或TickIT 认证，这将影响项目的实施方法。

4.3.5 选择通用的生命周期方法

- *控制系统*（control system） 实时系统需要使用合适的方法学来实现。具有并发处理的实时系统可能要使用诸如Petri 网这样的技术。
- *信息系统*（information system） 类似地，信息系统需要诸如SSADM或信息工程这样的与环境类型匹配的方法学。SSADM 特别适合于需要大量的开发人员协作的项目，该方法详细地规定了每步需要的活动和产品，因为开发组成员要确切地知道期望的是什么。
- *用户可用性*（availability of users） 如果软件是针对通用市场的，而不是针对特定的应用领域或用户的，那么需要仔细考虑这样的方法学——假设有特定用户存在。有些商业系统开发方法假设要分析已有的文书系统来产生新的基于计算机系统的逻辑特征。在这种情况下，市场营销专家可以看作替代的用户。
- *专用技术*（specialized techniques） 例如用已经发明了专家系统shells和基于逻辑的程序设计语言来促进开发*基于知识的系统*。类似地，许多专用技术和工具可用于辅助开发*基于图形的系统*。
- *硬件环境*（hardware environment） 系统要在其上运行的环境会制约用于实现系统的方法。例如，快速响应时间或计算机内存受限的需求可能意味着只能使用低级编程语言。
- *安全性关键的系统*（safety-critical system） 如果系统的安全性和可靠性至关重要，则需要使用诸如OCL之类表示法的形式化规格对额外费用进行证明。实际上，关键系统要考虑让独立的团队并行开发具有相同功能的系统的费用，然后，可运行的系统要并行运行并不断进行交叉检测。这被称为*n-版本编程*。
- *不准确的需求*（imprecise requirement） *不确定性或新颖的硬件/软件平台*意味着应该考虑原型开发方法。如果系统要在其上实现的环境是快速变化的，那么特别需要考虑使用*增量式交付*。如果用户有与项目*有关的不确定的目标*，那么可以考虑使用*软系统方法*。

SSADM作为方法学现在很少使用了，但是它的一些方法还有着广泛的应用，一般称为业务系统开发（BSD）技术。

OCL是指对象约束语言。

原型方法和增量式方法的含义将在本章后面探讨。

练习4.3 *概要说明以下每个系统最适合使用什么方法。*

(a) *用于计算管理特殊疾病患者用药量的系统。*

(b) *用于管理学生贷款计划的系统。*

(c) *用于控制在隧道中通行的火车的系统。*

4.4 过程模型的选择

“过程”（process）一词有时用于强调系统*在行动*（in action）的概念。为了得到结果，系统必须执行一项或多项活动——这是它的过程。这个概念可应用于基于计算机系统的开发，这样的开发要进行许多相关的活动来创建最终的产品。这些活动可按许多不同的方法来组织并称之为*过程模型*。

策划人员不仅需要选择方法，而且必须规定每种方法如何应用。并不是方法学的所有部分都是必需的，例如USDP或者SSADM。许多学生项目的基本缺点在于：比如，他们在策划阶段就声称要使用SSADM，结果产生的仅是很少的SSADM 片断，如顶层数据流图和初始逻辑数据结构图。如果这是所有特定项目要求的，那么应该在项目开始时说明。

4.5 结构与交付速度

结构化方法隐含的基本原理是“第一次就正确”。

尽管有些“面向对象”专家可能会反对，但我们还是把OO 方法作为一种结构化方法，毕竟我们希望它不是非结构化的。结构化方法由步骤集和规则集组成，应用它们可以生成系统产品，例如用户情况表。这些产品的每一种都要仔细地加以描述。与更直觉的方法相比，这种方法通常是耗费时间的，这意味着需要一些额外的成本。期待的好处就是减少犯错误的可能，并产生更易于维护的最终系统。在涉及许多开发人员和用户的大型项目中，这种成本和效益的平衡很可能被证明是合理的。因为需要额外的成本并且更适用于较大较复杂的项目，所以这样的方法被称作*重量级方法*。

读者可能会认为，用户一般欢迎结构化方法所包含的更专业的方法。然而，软件客户关心的是以较低的成本快速交付商业应用程序，而且通常把结构化方法看成是不必要的、墨守成规的、费时的方法。对此的响应是*快速应用开发*（Rapid Application Development, RAD）。RAD 强调的是快速产生供用户评价的软件原型。

参见Jane Wood和Denise Silver著的《Joint Application Development》，Wiley & Sons, 1995。这是关于JAD的有用的入门书

RAD方法并不是不使用结构化方法的一些基本要素（如逻辑数据结构图），而是采取*联合应用开发*（Joint Application Development, JAD）研讨会这样的策略。在这些研讨会中，开发人员和用户集中在一起工作，比如3至5天，并标识和同意完全文档化的商业需求。通常这些研讨会是在远离常规的商业和开发环境的*净室*（不受外部干扰的会议室，配备有合适的白板和其他有助于沟通的设备）中进行的。JAD的支持者相信这些温室条件可加速沟通和磋商，而不像包含建议书和反对建议书的正式报告的传统方法那样要花几周或几个月的时间。

正因为项目使用JAD 并不意味着它不是结构化的，所以在组织JAD会议之前，需要对项目范围的定义以及包含访谈关键人员、创建初始数据和过程模型在内的初步工作进行策划和执行。JAD 会议的结果可以使用非常传统的方法来实现。

另外一种加速交付的方法是减少交付内容。这可以通过将大的开发分解成小的增量来实现，每次增量都快速地交付一小部分可用的功能。

这里存在两种竞争的压力——一种是尽可能快速和廉价地完成工作，另一种是确保最终产品的结构是健壮的并能满足变化的需要。本章的后续内容以及第12章我们将讨论日益重要的敏捷方法（agile method），它关注于轻量级过程。然而，还有一种对立的方法是试图建立*模型驱动架构*（MDA）。使用MDA进行系统开发包括创建平台无关模型（PIM），该模型使用UML图定义系统功能并使用对象约束语言（OCL）对附加信息进行补充定义。PIM是一种逻辑结构，它与系统的软硬件平台无关，PIM可以向PSM（平台相关模型）进行转换，而PSM模型则可以最终转换成可执行代码以实现一个工作的系统。这一方法的目标是一旦PIM模型转化为PSM 模型，便能自动生成可执行代码。目前，正在努力实现这个转化过程的自动化。

4.6 瀑布模型

这是“经典的”系统开发模型。这个模型的其他名字是一次完成（one-shot）或者一次通过（once-through）。正如在图4-2中看到的，从顶部到底部有一系列要执行的活动。图中给出一些向上或向后的箭头，表示后面的阶段需要实现早期阶段的一些额外工作，但这肯定是例外，而不是规则。毕竟，瀑布的流向应该是向下的，只有很少的水可能会向上飞溅。这种限制的迭代范围事实上是这个过程模型的优势之一。对于大型项目，要避免先前认为已完成的任务的返工。如果重新打开已完成的任务，就会严重影响承诺的完成日期。

据说是H. D. Bennington (1956)发表的“Production of Large Computer Programs”一文中首先描述了这个方法。这篇文章在1983年的*Annals of the History of Computing*, 5(4)中重新发表。

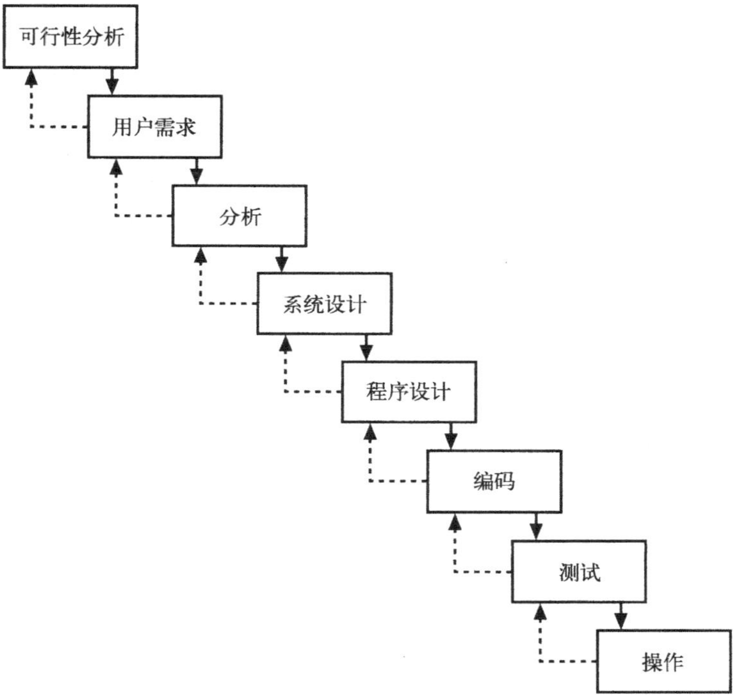

图4-2 瀑布模型

一些管理者青睐瀑布法，因为它在每个阶段结束时都有一个自然的里程碑。在这些里程碑点，经理可以检查项目进展，看看项目的业务案例是否还是有效的。这有时也被称为阶段关卡模型。如我们所见，除了瀑布模型，其他过程模型也有阶段关卡，但是高层管理者需要意识到，使用其他模型时，活动要以不同的方式来分组。

尽管编写者通常提倡其他可选的模型，但我们认为瀑布方法没有本质的错误，它是项目经理努力奋斗的理想目标。与使项目得到有效控制的一些迭代方法相比，当恰当地执行瀑布模型时，能更准确地预测项目的完成时间。然而，对如何实现系统存在不确定性的情况，常常需要更灵活的迭代方法。

V过程模型是瀑布模型的扩展，我们将在第13章的测试章节中做进一步探讨。所谓扩展是指将测试过程扩展为不同类型的测试，它们依据项目生命周期的各活动的产出物对可执行代码进行检查。例如代码执行好像是正确的，但是可能和预期的设计存在偏差。这将在第13章中做进一步的解释。

4.7 螺旋模型

螺旋模型的最初想法可参见B. W. Boehm（1988）发表的论文“A spiral model of software development and enhancement”，*IEEE Computer*, 21(5)。

这是研究瀑布模型的另一种方法。在瀑布模型中，在序列的任何活动的结束处退出都是可能的。可行性研究可能决定已提议的系统的实现是有效益的。因此，管理人员授权对用户需求进行详细的分析。有些分析，比如对用户进行访谈，可能已经在可行性分析阶段进行，但现在要进行更全面的调查研究。这可能揭示出实现项目的成本要高于项目的效益，并因此做出放弃项目的决策。

对项目的每个阶段考虑得越详细，项目取得成功的概率就越大。这可描绘成一个循环（loop）或螺旋（spiral），其中待实现的系统在每次螺旋时都得到了更详细的考虑。每次螺旋都以下一个迭代开始前的评价结束。图4-3描绘了如何将螺旋模型应用于SSADM。

这里的关键点是，因为缺乏某些方面的知识，项目的不确定性是十分普遍的。我们可以在项目开始时增加对于获取相关知识活动的资金投入以减少项目的不确定性。

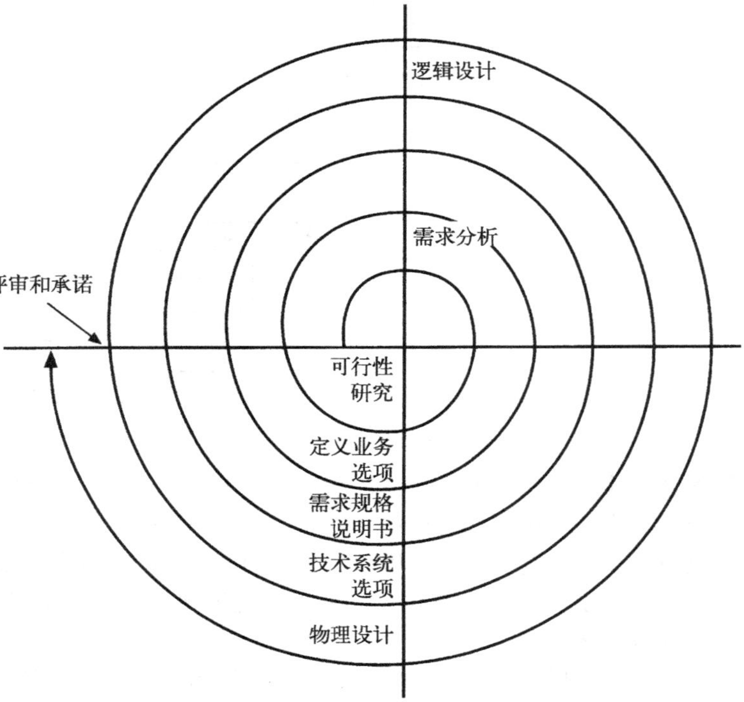

图4-3 将螺旋模型应用于SSADM（版本4）

4.8 软件原型开发

这是一种增加投入以减少不确定性的方法。原型是已规划的系统的一个或多个方面的工作模型。用快速而又经济的方法来构建和测试原型，以检验各种设想。

原型可以分为抛弃型和进化型。

- **抛弃型原型** 这个原型只用于检验某些想法，然后在真正开始开发可运行的系统时将其抛弃。原型可使用不同的软件和硬件环境来开发。例如桌面应用程序的构造是用来发展一个可接受的用户界面；而不用像开发最终系统那样使用过程编程语言，机器效率对最终系统是最重要的。
- **进化型原型** 开发和修改原型，直到它最终成为可运行的系统。在这种情况下，必须仔细考虑用于开发软件的标准。

采用原型进行开发的理由如下：

- **在实践中学习** 当我们第一次做某些事情时，通常要回顾一下我们在什么地方犯了错误。
- **改进沟通** 尽管用户确实阅读了系统规格说明，但他们可能并不知道系统实际上是如何工作的。
- **改进用户参与** 用户可以更主动地参与新系统的设计决策。
- **澄清部分已知的需求** 在没有现成的系统可模仿的情况下，用户通常可以通过试验原型来更好地理解什么对他们是有用的。
- **验证规格说明的一致性和完整性** 试图在计算机上实现规格说明的任何办法都可能发现歧义性和遗漏。例如，简易的电子表格可以检查计算是否已得到了正确的说明。
- **减少文档的需要** 由于可以检查工作原型，因此减少了对详细的需求文档的需要。
- **降低了维护成本** 如果用户不能在原型阶段提出修改建议，那么很可能提出对可运行的系统的变更。这种对维护成本的减少是原型的财务案例的核心。
- **特征约束** 如果使用应用程序构造工具，那么原型具有用这个工具很容易实现的特征。基于书面设计可能提出实现起来费用昂贵的特征。
- **产生期望的结果** 与创建测试用例有关的问题一般不是测试输入的创建，而是期望结果的准确计算。原型在这里是有帮助的。

> 使用原型最重要的原因是需要通过实验减少不确定性。

> 对此有争议，但这是非常危险的建议。

然而，软件原型开发并不是没有缺点和危险，主要体现在以下方面：

- **用户可能曲解原型的作用** 例如，他们可能期望原型与可运行的系统一样有严格的输入确认或一样快的响应速度，即使这不是预期的。
- **可能缺乏项目标准** 进化型原型可能只是草率的“编写完并看看发生什么”的方法。
- **缺乏控制** 如果驱动力是用户爱好试验新事物，那么要控制原型开发的周期是很困难的。
- **额外的费用** 构建和使用原型要花额外的费用。然而，这不应该过高估计，因为无论用什么方法都要承担许多分析和设计任务。
- **机器效率** 尽管通过原型开发构建的系统易于满足用户的需要，但从机器效率角度来讲，它可能不如用更常规的方法开发的系统。
- **与开发人员密切接近** 原型开发意味着开发人员在场地上要接近用户。

一种趋势是发达国家的组织以较低的成本将软件开发转移到发展中国家，如印度。原型开发可能阻碍这种趋势。

4.9 分类原型的其他方法

4.9.1 要从原型中学到什么

使用原型开发最重要的理由是需要了解不确定的领域。因此，重要的是在开始时标识想要从原型中学到什么。

计算领域的学生常常认为他们要编写的作为毕业设计项目一部分的软件不可能被实际的用户安全地使用，因而他们称这样的软件为“原型”。然而，如果是实际的原型，应该做到以下几点：

- 详细说明希望从原型中学到什么。
- 计划如何评价原型。
- 报告实际从原型中学到了什么。

通过在试验项目中使用原型可以用于发现新的开发技术。另外，开发方法可能是众所周知的，但应用程序的不确定性是本质的。

不同的项目在不同的阶段有不确定性，因此，原型可在不同的阶段使用。比如，原型可以用在需求收集阶段来弄清楚似是而非和变幻莫测的需求。另一方面，原型可能用在设计阶段来检验用户浏览一系列输入屏幕的能力。

4.9.2 原型要做到什么程度

对整个应用程序进行原型化是不常见的。原型开发通常只是模仿目标应用程序的某些方面。例如：

- *实验模型*（mock-up） 尽管模仿的输入屏幕要在工作站上显示给用户看，但这样的屏幕实际上不能使用。
- *模仿交互*（simulated interaction） 例如，用户输入请求来访问记录，而系统显示记录的细节，但显示的记录总是一样的，而且不是对数据库进行访问。
- *部分工作模型* （partial working model）

—— *纵向的*（vertical） 有一些但不是所有的特征要彻底进行原型化。

—— *横向的*（horizontal） 所有的特征都要原型化，但不详细进行（也许输入没有完全认可）。

4.9.3 哪些要进行原型化

- *人机界面*（the human-computer interface） 对商业应用程序来讲，业务处理需求通常要在早期阶段建立。因此，原型往往局限在操作员交互操作的特点上。这里原型的物理表达方式应该尽可能与可运行的系统一致。
- *系统的功能性*（the functionality of the system） 这里系统内部运行的准确方式是不知道的，例如有些现实世界现象的计算机模型是正在开发的。除非能够令人满意地模仿现实世界的行为，否则使用的算法可能需要反复调整。

练习4.4 在系统开发项目的什么阶段（比如可行性研究、需求分析等）使用原型作为降低不确定性的手段。

(a) 有项建议是：保险公司的高层经理可通过安装在位于他们桌面上的个人计算机中的主管信息系统来访问管理信息。要建立这样的系统是昂贵的，而且对于经理是否使用该系统还有些疑问。

(b) 用于支持销售部员工接听关于汽车保险的公众询问电话并给予报价的计算机系统。

(c) 保险公司考虑使用Microsoft Access 支持的系统开发特征来实现电话销售系统。刚开始他们对能否提供需要的接口没有把握，而且也关心使用Microsoft Access 开发的系统的可能响应时间。

4.9.4 在原型开发期间控制变更

原型开发的主要问题是遵循用户提出的建议来控制对原型的变更。一种方法已经把变更归为以下三种类型之一：

- *表面的*（约占变更的35%） 这些是对屏幕或报告布局的简单变更。它们是：

(a) 已实现的。

(b) 已记录的。

- *局部的*（约占变更的60%） 这些包括屏幕或报告处理方法的变更，但不影响系统的其他部分。它们是：

(a) 已实现的。

(b) 已记录的。

(c) 已备份的，必要时在后期阶段可以删除。

(d) 已追溯审查的。

- *全局的*（约占变更的5%） 这些变更是影响多个部分处理的变更。毫无疑问，这里的所有变更在实现之前是设计评审的主题。

审查将在第13章中讨论。

4.10 增量式交付

增量式交付是将应用程序分解为小的构件，然后按顺序实现和交付构件，每个要交付的构件应该给用户带来一些效益。图4-4给出了这种方法的基本思想。

时间盒（time-boxing）通常与增量式方法相关联。每个增量可交付物的时机严格受已批准的最终期限的约束。这个最终期限必须满足，甚至可以删掉一些计划的功能，或者可以转移到后面的增量去实现。

4.10.1 优点

以下给出这个方法的一些优点：

- 利用早期增量得到的反馈来改进后面的阶段。
- 由于构件设计与其实现之间的时间跨度较短，因此减少了需求变更的可能性。
- 与常规的方法相比，用户在早期就能得到效益。
- 早期交付一些有用构件可以改进现金流，因为早期就能得到一些投资

《Principles of Software Engineering Management》（Addison-Wesley，1988）一书的作者Tom Gilb是这个方法的主要倡导者。

回报。

- 较小型的子项目更易于控制和管理。
- “镀金”（即对不需要的和事实上不使用的特征的要求）是不太重要的，因为用户知道由此得到的效益是微不足道的。而且，如果一个特征不在当前的增量中，那么可以包含在下一个增量中。
- 如果突然出现更多紧急的工作，那么项目可以临时放弃。
- 开发人员增加了工作成就感，他们能短时间地、定期地看到自己的劳动果实。

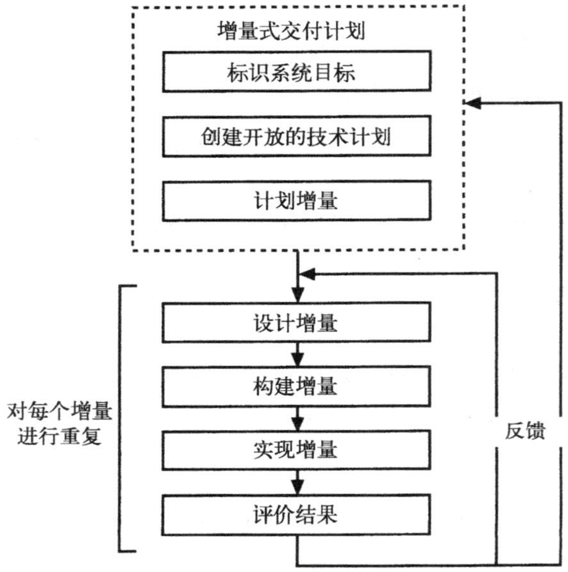

图4-4 有目的的增量式交付

4.10.2 缺点

另一方面，这个方法有以下缺点：

- 软件破损，也就是说，后面的增量可能要求修改早期的增量。
- 程序员在大型系统上工作，可能要比在一系列小型项目上工作有更高的效率。
- Grady Booch（一个OO权威）认为，对于他所称作“需求驱动”的项目（等价于增量式交付）来讲，“概念上的完整性有时会遭到破坏，因为除了可能隐含模糊的需求之外，几乎没有什么动机来处理可伸缩性、可扩充性、可移植性或可重用性”。Booch还认为，大量分散的功能可能会导致没有公共的基础设施。

这个引用语取自Grady Booch著的《Object Solutions: Managing the Object Oriented Project》，Addison-Wesley，1996。

4.10.3 增量式交付计划

Gilb描述的策划项目增量的过程类似于第2章中描述的战略策划。

每个要交付给用户的增量的特征和次序必须在开始时就策划好。

这个过程类似于战略策划，但要更详细一些。要注意的是用户应用程序的增量，而不是整个应用程序。增量计划的基本组成是系统目标、开放的技术计划和增量式计划。

4.10.4 系统目标

前面建议项目策划人员最好有明确的目标，但如何满足这些目标则应该尽可能自由。然后可以将这些总体目标扩展为更明确的功能目标和质量目标。

功能目标包括：

- 想要实现的目标。
- 系统要做的工作。
- 实现这些目标的计算机或非计算机功能。

另外，可度量的质量特性应该定义成可靠性、响应时间和安全性等。如果妥善地这样做了，则以质量需求为中心的做法多少能满足Grady Booch所关心的事项：在增量级过于关注功能需求可能导致忽视质量需求。它还反映了Tom Gilb所关心的事项，即系统开发人员看到的总是以客户代理的身份努力实现客户的目标。在应用程序不断变化的环境中，个别需求会随着项目的进展而变化，但目标不会变。

第13章讨论软件的质量特性。

4.10.5 开放的技术计划

如果要使系统能够应付不断增加的新构件，则系统必须是可扩充、可移植和可维护的。

这至少要求使用：

- 标准的高级语言。
- 标准的操作系统。
- 小模块。
- 可变的参数。例如组织及其部门的名称、费用比率等，应该保存在不用程序员干预就能修改的参数文件中。
- 标准的数据库管理系统。

毫无疑问，这些都是现代软件开发环境所期望的。

尽管Gilb没有建议要遵循Booch的忠告，但希望能草拟整个系统的初始逻辑数据模型或对象模型。如果没有这个基础，很难想象如何进行下一阶段的策划以确定要做的增量的范围和次序。

4.10.6 增量式计划

定义了总体目标和开放的技术计划后，下一阶段是使用如下所示的指南来计划增量：

- 这一步通常应该占总项目的1%～5%。
- 应该包括非计算机步骤。
- 在理想情况下，每个增量不超过一个月，最坏情况下也不应多于三个月。
- 每个增量应该给用户带来一些效益。
- 有些增量在物理上依赖于其他增量。
- 可以使用价值-成本比（value-to-cost ratio）来决定优先权（见下文）。

非计算机步骤类似于改进的办公规程。

新系统可能取代旧的计算机系统，而且第一个增量可使用旧系统的一部分。例如，新系统的数据库的初始数据可以从旧系统的永久文件中获得。

哪些步骤应该优先做？有些步骤因物理依赖性而必须先做，而其他步骤零成本意味着不用进行软件开发来实现变更。有些成本可能是用户在变更过程中产生的。

可以是任何次序。可以使用价值-成本比（参见表4-1）来建立增量开发的次序。让用户用1～10的得分来评定每个增量的价值。开发人员还可用0～10的得分来评定开发每个增量的成本（这可能是相当粗略的，但人们通常并不希望更准确）。然后通过用评定的价值除以评定的成本，可以派生出指示每个增量相对的"资金价值"的评定。

价值-成本比=V/C，这里V表示价值的1~10的得分，而C表示成本的0~10的得分。

表4-1 价值-成本比的等级排列

步 骤	价 值	成 本	比 率	等 级
利润报告	9	1	9	(第2)
在线数据库	1	9	0.11	(第6)
特定查询	5	5	1	(第4)
产生序列计划	2	8	0.25	(第5)
购买利润因子	9	4	2.25	(第3)
文书规程	0	7	0	(第7)
基于利润给予经理报酬	9	0	∞	(第1)

4.10.7 增量示例

Tom Gilb描述了这样一个项目——一家软件公司要与瑞典政府商谈，并签三个月交付时间的固定价格合同，以提供一个系统来支持图形制作。后来显而易见的情况是，基于投标的初始工作量估计大概是实际工作量的一半。

这个项目重新做了计划，即将它分成10个增量，每个增量提供客户一些要使用的功能。最后一个增量在合同交付期之后的第三个月才可用。客户对此并没有感到不高兴，因为该系统最重要的部分实际上在早期就已经交付了。

4.11 敏捷方法

设计敏捷方法是为了克服重量级实施方法学的缺点。以下列出了各种敏捷方法：

- 水晶方法。
- Atern（之前为动态系统开发方法DSDM）。
- 特性驱动开发。
- Scrum。
- 极限编程（XP）。

极限宣言可以在以下网址获得：http://www.agilealliance.org。

参见S. Nerur，R. Mahapatra和G. Mangalara（2005）发表的"Challenges of migrating to agile methodologies"，*Communications of the ACM*, 48(5), 73－8。

2001年，该方法的支持者共同发表了《极限宣言》（*Agile Manifesto*），文中阐述了以下四个核心价值观：

- 个体和交互 **胜过** 过程和工具。
- 一起工作 **胜过** 面面俱到的文档。
- 客户合作 **胜过** 合同谈判。
- 响应变化 **胜过** 遵循计划。

有一种观点认为，敏捷开发对于许多组织而言是一种变革。例如，Sridhar Nerur和他的同事们写道："对于一些组织而言，文化和人的思维模型都不会轻易改变，这使得向敏捷方法学的转变更加困难。"

还有另一种观点认为，敏捷实践仅仅是展示了好的实践活动的发展，这些实践活动都是经过多年演化而来的。正如Hikka Merisalo-Rananen和他们的同事建议的“……XP神圣化了并在某种程度上形式化了来自某些优秀个人和团队的好的实践，这样的做法很好。”

见H. Merisalo-Rananen, T. Tuure和M. Rossi (2005)发表的“Is extreme programming just old wine in new bottles?”，*Journal of Database Management*, 16(4), 41－61。

在本章的后续章节中我们将介绍两种敏捷方法。首先介绍Atern（之前称之为DSDM），它描述了之前谈论过的要素（例如迭代和增量）是如何实施的。我们还会看到极限编程，它是这些方法中最为人所熟知的。敏捷概念和有效的团队沟通与工作是紧密相关的，这是第12章的主要关注内容，我们也将在这章中从这个视角来介绍Scrum。

4.12 Atern/动态系统开发方法

在英国，SSADM（结构化系统分析设计方法）直到最近才成为主要的方法，这很大程度上是因为英国政府的资助。然而，近来人们已经对它失去了兴趣，部分原因是认为它过于呆板和墨守成规。相反，前面概括的迭代式和增量式方法却引起了人们的更大兴趣。结果，一个协会开发了使用这类技术的指南，并整合成称作动态系统开发方法（Dynamic Systems Development Method, DSDM）的总体方法，现在已经重新命名为Atern。

Atern的8个核心原理如下：

1）*关注业务需求* 开发过程中的每个决策都需要尽可能地满足业务需求。实际上是强调要避免本末倒置（这一点我们在4.1节中有所描述），即要关注那些会损害客户对项目交付物满意度的行为。

2）*按时交付* 使用时间盒管理方法。如果无法按期交付所有的产品，那么比较合适的做法是交付较重要的产品，而将一些次要的产品保留暂不交付。

3）*合作* 增进团队文化，把用户代表也视为交付团队的一员。

4）*质量第一* 在项目的早期设立现实的质量目标，尽可能早地对开发中的产品进行不断测试。

5）*迭代开发* 例如在4.8节中描述的原型法。

6）*增量构建牢固的基础* 包括4.10节中描述的增量式交付法。

7）*持续沟通* 例如用户通过工作站和原型展示进行沟通。

8）*展示控制* Atern方法有一系列的计划和报告用于和项目发起人以及其他管理层对项目的目标和结果进行沟通。

JAD（联合应用开发）在4.5节讨论过。

图4-5概括了这个基本方法。主要的生命周期阶段如下：

- *可行性研究/基础* 这个阶段进行的活动源于如第2章中讨论过的业务案例以及建议的体系结构的概述。
- *研究周期* 在这个阶段对需求进行调研，将需求转换为可视化的设计。这是一个包含了创建探索原型的迭代过程，大型项目可能会分成多个小的增量来辅助设计过程的完成。
- *工程周期* 这个阶段将研究周期中形成的设计转换为构成最终系统的可用组件。这里会再次使用增量和演进技术。
- *部署* 这个阶段使工程周期产生的应用系统转入实际操作使用。

不但在研究周期和工程周期中可以使用迭代技术，而且在需求调研以及随后的功能实现中还可以用增量技术。

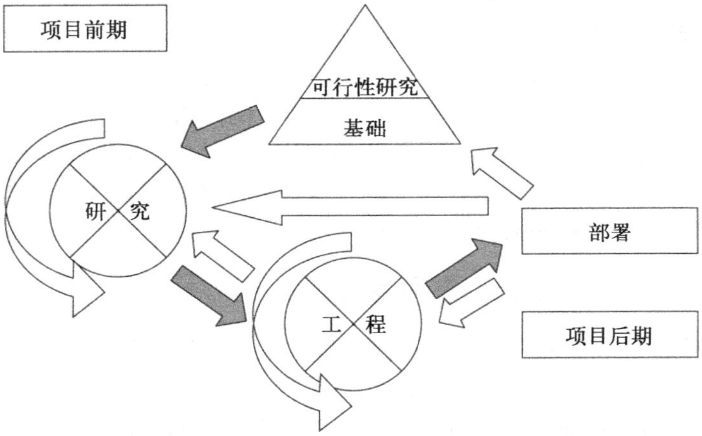

图4-5 Atern过程模型

"时间盒"的概念在4.10节中讨论过了。

Atern鼓励使用时间盒。建议典型的时间盒是2～6周，以使参与者重点关注实际需要的功能。回想一下，为了满足时间盒规定的最终期限，可能将不重要的特征推迟到后面的增量去实现（甚至完全删掉）。为了设置需求的相对重要性的优先级，可以使用"MoSCoW"分类法对需求进行分类：

- *必须有*（Must have）：也就是基本的特征。
- *应该有*（Should have）：如果使用常规的开发方法，那么这些需求大概是强制实现的，但如果没有它们系统也能够运行。
- *可能有*（Could have）：如果不方便，这些需求可以延迟。
- *不一定有*（Won't have）：需要这些特征，但延迟到后面的增量实现也是可以接受的。

将需求分配到不同增量的可能性意味着：如果项目要得到成功的控制，则项目计划需要经常更新。

参见Kent Beck（和Cynthia Andreas）著的《Extreme Programming Explained: Embrace Change》，Addison-Wesley，1999年第1版，2004年第2版。"Extreme Programming"有时将"x"字母大写，例如"eXtreme Programming"。

4.13 极限编程

XP的有关信息主要来源于Kent Beck的《Extreme programming explained: embrace change》一书，该书第1版于1999年问世，2004年进行了更新。本章节的内容主要是基于第1版，对第2版中有进一步发展的内容添加了旁注。

XP在Chrysler的C3工资单项目中得到了极大的发展。把这个方法称为"极限编程"是因为Beck说"*XP将惯例做到极限*"。

以下是作为XP基础的四个核心价值：

- **沟通和反馈**：最好的沟通方式是面对面的直接沟通。在和用户确认软件特性时，最好的沟通方式是利于频繁发布的增量，而避免正式的文档。
- **简单**：采用最简单的设计来实现客户的需求。不要花精力在那些将来才可能会有的需求上，因为那些需求可能永远都不会实际使用。

- **责任**：开发人员对于软件质量负有最终责任，而不是由其他人来承担（例如系统测试组或者质量控制组）。
- **勇气**：有勇气放弃现有的设计，重新开始一个全新的设计。有勇气尝试新的想法，当新的想法行不通时，有勇气放弃。Beck认为秉持这种工作态度能寻找到更好的解决问题的方法。

下面介绍XP的核心实践。

4.13.1 策划活动

之前我们讲到的“增量”都是指用户可以实际使用的系统组件，XP将这些称为“发布”（release）。在每一个发布中，编码在迭代中开发，一个迭代为期一到四周的时间，这期间进行特定软件特征的开发。需要注意的是这不是通常说的“迭代”，在某种意义上它可能是对相同特性的新的或者改良的版本。策划游戏（planning game）是确定哪些特性可包含在下一个“发布”中的过程，并用我们称之为“故事”（story）的简短的文字对这些特性进行描述，并记录在一张卡片上。这个过程类似于4.10节的利润率分析或者Atern中的MoSCoW分类方法，主要目的是为了识别特性的优先级。在代码发布时，没有完成的特性将被保留，这是因为使用了时间盒管理方法。

在第2版中，Beck更倾向于迭代周期为一周，这是由于人们的工作时间周期一般都是一周。

4.13.2 小规模发布软件

把功能发布给用户的时间间隔应尽可能地缩短。Beck建议最好每个月或者每两个月进行一次发布，而Tom Gilb建议每个增量的理想时间周期是一个月，最长是三个月。

4.13.3 隐喻

开发的系统是用软件代码来反映真实世界存在和发生的事情。工资单应用系统用来计算和记录支付给员工的工资。用于描述软件要素的术语应该尽可能地反映真实世界所使用的术语。最基本的要求是使用有明确含义的词汇对变量和进程进行命名，例如“时薪”和“计算薪工总额”。Beck建议使用隐喻来完成传统项目中构建“系统架构”的工作。这里的“架构”（architecture）是指使用系统模型（例如类）以及合作图来描述系统。聪明的读者可能已经意识到，这里的“架构”本身就是一个隐喻。

4.13.4 简单设计

这是体现“简单”核心价值的具体实践活动。

4.13.5 测试

测试和编码是一起进行的。编写测试脚本（包括测试输入和期望结果）以便使用自动化测试工具进行测试。这些测试用例可以被合并用于回归测试，以检查后续的开发活动是否在现有的代码中注入新的错误。将这个想法进一步扩展，要求在编码活动开始之前完成测试用例的编写。编写用于检查功能是否正确的测试用例这个活动本身也能帮助开发人员澄清需求。这里需要两类测试，即关注代码本身的单元测试，以及面向用户的功能测试。功能测试用于检查指定特性是否正确，可能涉及多个代码单元。

4.13.6 重构

经过一段时间的修改，代码结构可能会变得像流水帐一样，这会使为了实现简单设计而做的努力付之东流。解决这一问题的方法是有勇气抵制诱惑，把影响尽力降低对代码进行改动，并且做好准备重新编写整段的代码以保持代码的结构。执行之前的测试用例以确保重构之后的代码没有引入新的缺陷。

4.13.7 结对编程

所有的代码都是由两个开发人员共同编写的，一个人实际地录入代码，另一个人在旁观察、讨论以及提出意见和建议，开发人员之间会经常互换角色。通过这种不断变换搭档的方式，开发人员可以了解更多的系统特性。为了实现这种工作方式，对于工作环境提出了特别的要求，同时开发人员的工作时间也要保持一致。

英国开放大学的Helen Sharp在实践中研究XP时发现，开发过程的“群居特性”（social nature）加快了群组交流的频率。结对工作和新代码每天的加入在代码的每日构建时增加了项目开发的动力。有趣的是，这种像心跳一样快速的项目的活动和评审频率，同样在一个分布式项目中取得了成功。

4.13.8 集体所有

这是结对编程的必然结果。团队作为一个整体，共同对代码负责，即这些代码不仅仅属于修改代码的那一个程序员。

4.13.9 持续集成

这是测试实践的另外一个方面，当软件单元有变更时，需要定期执行集成测试，至少每天一次，以确保所有的组件集成后能正常工作。

4.13.10 每周40小时的工作时间

第11章我们将讨论有关压力的问题，加班（例如每周工作60小时以上）不但会损害员工健康而且也无法达到预期目的。基本的原则是，一个开发人员一周工作时间不应该超过40小时。有时候需要加班来处理特殊问题也是可以接受的，但是这种情况不应该持续两周以上。有意思的是，对于XP应用的一些调查研究表明，“每周40小时的工作时间”是唯一不能坚持的原则。

4.13.11 现场客户

用户领域的专家在现场和开发人员一起工作，是最有效和最快捷的沟通方式。

4.13.12 编程标准

如果代码是共享的，那么为了便于理解和修改代码，需要有一个共同接受的编码标准。

4.13.13 XP的局限性

XP的成功使用是要基于某些条件的，如果这些条件不存在，那么它的实践是很困难的。这些条件如下所示：

- 访问用户比较容易，至少有一名业务专家担任客户代表。但是如果用户和开发人员属于不同的组织，这一点很难实现。
- 开发人员需要在同一间办公室中。
- 只有通过向用户展示代码的工作情况，用户才能了解系统运行的情况，但是如果系统没有可视化的用户界面，沟通就会存在问题。
- 为了将工作排列成小的迭代序列，系统功能可能被分解为更小的、自我包含的组件。
- 大型的复杂系统在架构设计上需要投入巨大的工作量，这类型项目无法使用XP。

由于XP依赖隐性知识而不是文档化的显性知识，XP还有一些固有的潜在问题，如下：

- 由于对资深软件开发人员的依赖，当人员发生较大变动时，软件开发受到的影响会很大。
- 即便不发生人员变动，一旦应用系统开发完成，系统的隐性知识将无法保留下来。这使得在没有文档的情况下维护人员很难进行代码的修改以实现需求变更。
- 如果没有把编写测试用例的基本原理记录下来，那么完整的测试用例和期望结果集并没有想象的那样有用。例如，代码变更时，如何确认需要变更哪些测试用例。
- 在一些软件开发环境中，将鼓励代码重用作为提高软件生产率的一种手段。这似乎和XP相矛盾。

4.14 管理迭代过程

这里讨论的敏捷方法可能引起混淆，因为它似乎打乱了我们先前对许多策划概念的理解。

像XP这样的方法强调的是沟通以及排除影响开发生产率的人为障碍的重要性。极限编程对许多人来讲似乎只是“删改许可证”。然而，对XP 技术进行更详细的研究表明，许多技术（如结对编程和安装标准）是已知的技术，这些技术反对无节制地随意删改，以确保好的可维护的代码的编写。

Booch 认为开发有两个层次：*宏过程*（macro process）和*微过程*（micro process）。宏过程与瀑布过程模型密切相关。在这个层次，由各种专家组执行的一系列活动必须进行协调。当我们知道主要的活动将完成时，需要确定未来的某些日期以便知道何时需要让员工做后续的活动。在宏过程内包含微过程活动，这些活动可能涉及迭代的工作。系统测试总是一次。图4-6 描绘了连续的宏过程如何受到许多迭代的子过程的影响。对于迭代的微过程，需要在宏层次用时间盒进行控制。

也有可能出现宏过程本身要迭代的情况。一个复杂的技术系统的原型可能要用两到三个连续的版本来产生，每个版本要花几个月时间来创建和评价。在这些情况下，每个迭代本身可以当成一个项目来处理。

微过程包含在更大的宏过程中，这就意味着使用XP实践的敏捷项目又可以存在于传统阶段关卡（参见4.6节）项目环境中。这类项目有正式的里程碑，

参见D. Karlström和P. Runeson (2005)发表的“Combining agile methods with stagegate project management”, *IEEE Software*, May/ June。

在里程碑处会对项目业务案例进行评审。随着项目进展逐渐明显时，敏捷项目或许对这个过程很有帮助。

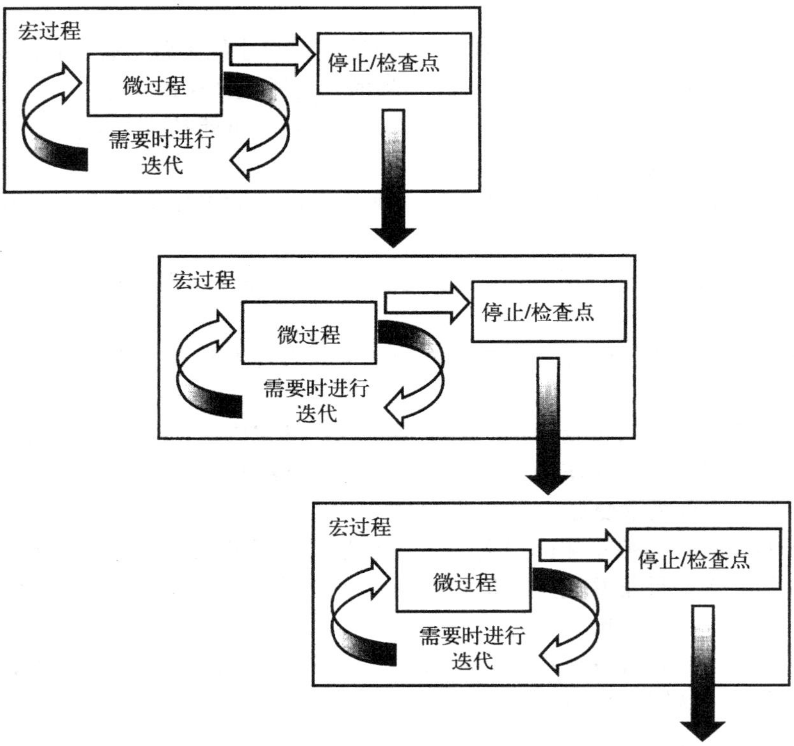

图4-6 包括三个迭代微过程的宏过程

4.15 选择最合适的过程模型

我们应该把应用程序的构造（construction）区别于它的安装（installation）。这两个阶段可能使用不同的方法。例如，应用程序可以使用一次完成策略来构造，然后按增量发布给它的用户。构造和安装唯一不可行的组合策略是：进化式安装与任何其他非进化式构造方法的组合。

在不确定性比较高的情况下，最好使用进化式方法。不确定性的一个例子是，用户需求没有得到清楚的定义。在需求相对明确但相当复杂的情况下（如需要大量代码的大型嵌入式系统），可能最好使用增量式方法。采用进化式或增量式方法，在最终期限时，即使不能交付当初承诺的所有功能，至少也能交付一些功能。因此，在最终期限比较紧的情况下，这两种策略都要优于一次完成的策略。即将计划毕业设计项目的学生务必记住这一点。

4.16 小结

本章强调了需要仔细地研究每个项目，以确定它是否具有建议的特定方法或者过程模型的特征。这些特征可能建议增加特定的活动到项目计划中。

经典的瀑布模型试图最小化迭代以使项目变得容易控制。然而，许多项目本身并不适合这种结构。原型开发通过试验来引入知识，以此来降低项目的不确定性。

增量式方法鼓励执行一系列小的可管理的“微型项目”，但要增加一些成本。

4.17 进一步的练习

1. 建筑协会实现基于计算机的信息系统来支持其分支机构的工作已经有了很长的历史。他们使用自己专有的结构化系统分析和设计方法，决定要创建一个房地产市场的计算机模型，试图计算比如利率变化对房屋价值的影响。他们有些担心通常使用的信息系统开发方法不能适用于新的项目。
   (a) 为什么会有这样的担心？是否应该考虑其他可供选择的方法？
   (b) 概述系统的开发计划，描绘你为这个项目选择的方法的应用。
2. 要设计和构建一个软件程序包来辅助进行软件成本估计。该程序包将输入确定的参数，然后产生按投入时间计算需要多少费用的初步估计。
   (a) 已经建议在这种情况下软件原型是有用的。解释一下这是为什么？
   (b) 讨论如何控制这样的原型开发，确保它是按有序和有效的方法并在指定的时间间隔内实施。
3. 账单系统包括如下构件：修改发货单、产生发货单、产生月报表、记录现金付款、从数据库清除已支付的发货单、创建客户记录、删除客户。
   (a) 控制这些事务实现次序的物理依赖性是什么？
   (b) 如何将系统分解成对用户有价值的增量（提示：在第一次实现系统时，考虑将已有的细节纳入数据库中的问题）。
4. 在4.9节，我们强调需要定义将从原型中学到什么以及评价获得新知识的方法。对于以下情况，概述学习成果和评价。
   (a) 一名毕业班的学生要构建一个在工厂中起“建议箱”作用的应用程序。这个应用程序允许员工提出关于过程改进的建议，并且在所提的建议被评价时跟踪它的后续进展。该学生要使用传统的数据库来实现基于Web 的前端应用。该学生以前没有用这种混合的技术开发过任何应用程序。
   (b) 一个工程公司要维护大量的不同类型的与当前和以前的项目有关的文档。该公司已经决定评价基于计算机的文档检索系统的使用，并希望在试验的基础上加以实现。
   (c) 一所本地大学的计算机学院已提出一项专门研究“电子解决方案”的业务，即采用万维网开发商业应用程序。该学院正在研究为以前的学生建立专门的Web站点。该Web 站点的核心是提供关于就业和培训机会的信息，并希望通过广告创收。他们同意进行试验来评价该方案是否需要。
5. 在学院环境中，通常建立了保存课程信息（如讲授计划、参考书目和任务摘要）的学生内联网。作为一个“真实的”练习，计划、组织和召开JAD 会议来设计内联网设施（或改进其设计）。

   要求如下：

   - 进行初步研究，标识有代表性的关键的利益相关者（例如，可能为内联网提供信息的员工）。
   - 创建JAD 活动中使用的文档。
   - 记录JAD 活动。
   - 创建一个报告来描述JAD 会议的发现。

第5章 软件工作量估计

目的

学完本章后，你将能够：

- 避免不现实估计的危险。
- 了解可以使用的估计方法的适用范围。
- 使用由底向上的方法估计项目。
- 估计使用过程编程语言实现软件所需要的工作量。
- 计算系统的功能点。
- 了解开发工作量模型的COCOMO II方法。

5.1 引言

项目成功的一个定义是“系统能够按时和在预算内交付，并能满足要求的质量”。这意味着要设定目标，而且项目负责人要努力达到这些目标。这假定目标是合理的，但是有可能项目负责人使项目组的生产率潜能发挥到创纪录的水平，但仍然不能满足最终期限的要求，这因为没有识别出不正确的初始估计。因此，现实的估计对于项目负责人来讲是至关重要的。

项目经理（例如Amanda）必须要进行估算工作量（effort）（工作量影响到成本）和估算活动周期（duration）（活动周期影响交付时间）。当两名测试人员在5天内做同样任务的时候，情况可能是不同的。

在第1章中讨论了由Brooks表示的软件的特有特性，即复杂性、一致性、可更改性和不可见性。

第1章讨论了项目中具有不同利益的小组可能有不同的目标，而且这些目标可能是冲突的。

估算的某些困难来自于软件的复杂性和不可见性。另外，进行系统开发的人力密集型活动不能像纯机械方式那样看待。其他的困难包括：

- **估计的主观特性**　例如，一些研究表明，人们往往过低估计小型任务的难度，而过高估计大型任务的难度。
- **角色因素**　一个组织内不同的小组有不同的目标。例如，IOE 信息系统开发经理可能要尽量了解待实现的系统，因此会向估计人员施压来减少成本估计。由于Amanda负责开发年度维护合同子系统，她可能关心项目不要超出预算以及不要延期交付，因为这将严重影响到她本人。因此，她试着增加估计来创建一个“舒适区”。为了避免这种“角色”影响，一种建议是组织内的所有估计都应该由独立于用户和项目组的专家估计组来执行。并不是所有的人都同意这一点，作为开发人员更可能对他们自己设定的目标做出承诺。
- **变更技术**　在技术日新月异的情况下，很难在新的项目中使用原有的经验进行估算。
- **项目的经验缺乏一致性**　在技术不变的情况下，但由于项目之间还存在着其他的差异，所以对于典型任务周期的认识也不能简单地使用到其他的项目上。

基于这样的信息让项目经理在新的项目中确定采用什么样的生产率，或确定工作量在设计、编码和测试阶段的可能分布，这是非常困难的事情。

使用当前项目的数据进行估算也是困难的，因为对于各种术语的解释存在着不确定性。例如，术语“测试”的确切含义是什么？调试代码时包括软件开发人员的活动吗？

第1章中提到过的ISO 12207标准试图通过标准化某些使用的术语来解决这个问题。

表5-1　一些项目数据——按工作月数计算的工作量

（括号内是占总工作量的百分比）

项目	设计		编码		测试		合计	
	工作月数	(%)	工作月数	(%)	工作月数	(%)	工作月数	SLOC
a	3.9	(23)	5.3	(32)	7.4	(44)	16.7	6050
b	2.7	(12)	13.4	(59)	6.5	(26)	22.6	8363
c	3.5	(11)	26.8	(83)	1.9	(6)	32.2	13 334
d	0.8	(21)	2.4	(62)	0.7	(18)	3.9	5942
e	1.8	(10)	7.7	(44)	7.8	(45)	17.3	3315
f	19.0	(28)	29.7	(44)	19.0	(28)	67.7	38 988
g	2.1	(21)	7.4	(74)	0.5	(5)	10.1	38 614
h	1.3	(7)	12.7	(66)	5.3	(27)	19.3	12 762
i	8.5	(14)	22.7	(38)	28.2	(47)	59.5	26 500

数据取自B. A. Kitchenham和N. R. Taylor(1985)发表的“Software project development cost estimation”，*Journal of Systems and Software*,(5)。SLOC是“source lines of code”（源代码行数）的缩写。SLOC是一种表示系统规模的方法。

练习5.1　计算表5-1中的每个项目的生产率（即每工作月SLOC），同时计算组织总体上的生产率。如果项目a和d的负责人已经正确地估计了源代码行数（SLOC），然后使用组织的平均生产率来计算完成项目所需要的工作量，那么他们的估计与实际的工作量有多大的差距呢？

5.2　在何处进行估计

估计是在软件项目的各个不同阶段进行的。在每一个阶段，估计的动机和所用的方法都是不同的。

- 战略策划　项目组合管理涉及新的应用程序的成本和效益的估计，以帮助确定要给予每个项目的优先权。这种估计还可能影响组织雇用各类开发人员的数量。

第2章较详细地讨论了项目集管理。

- 可行性研究　可行性研究确定系统潜在的效益来证明成本是合理的。
- 系统规格说明　多数系统开发方法对用户需求的定义与文档化那些需求如何实现的设计进行了有效的区分。实现不同的设计建议对所需要的工作量要加以估计。设计阶段的估计还将确认可行性研究是否仍有效。
- 评价供应商建议书　例如，在IOE年度维护合同系统的情况中，IOE可能考虑对实际待构建的系统进行招标。那些考虑进行投标的软件公司的员工需要仔细审查系统规格说明并产生建议书所基于的估计。Amanda可能还要自己进行估计来鉴定所收到的投标。IOE可能会对那些太低的投标提出质疑，以确保需求被正确地理解了，另一方面，如果投标太高，他们可能重新考虑进行内部开发。

这个阶段的估计不能只基于用户需求：还需要一些技术计划——参见第4章。

- 项目策划　当项目的策划和实现进展到更详细的层次时，就可以对较小的工作构件进行更详细的估计了。通过这些活动确认之前粗略的估计，也有助于更详细的项目策划，尤其是资源分配。

随着项目的进展，估计的准确性将随着对项目特性的认识的加深而得到改进。项目开始时，用户需求（也就是要实现的系统的逻辑模型）是极为重要的，而且要避免对物理实现的不成熟的考虑。不过，为了进行估计，估计人员不得不推测物理实现，例如推测要编写的软件模块数。

在第3章提出的步进式框架语境（见图5-1）中实施估计，重新估计几乎会在任何步骤进行，但在步骤3时要采取特定的措施，此处将产生相对较高层次的估计，而在步骤5要估计每个单独的活动。在进展到较低层次时要重复步骤5～8，因此将在更详细的程度上进行估计。正如我们将在本章后面所看到的，在这些不同的策划步骤中需要不同的估计方法。

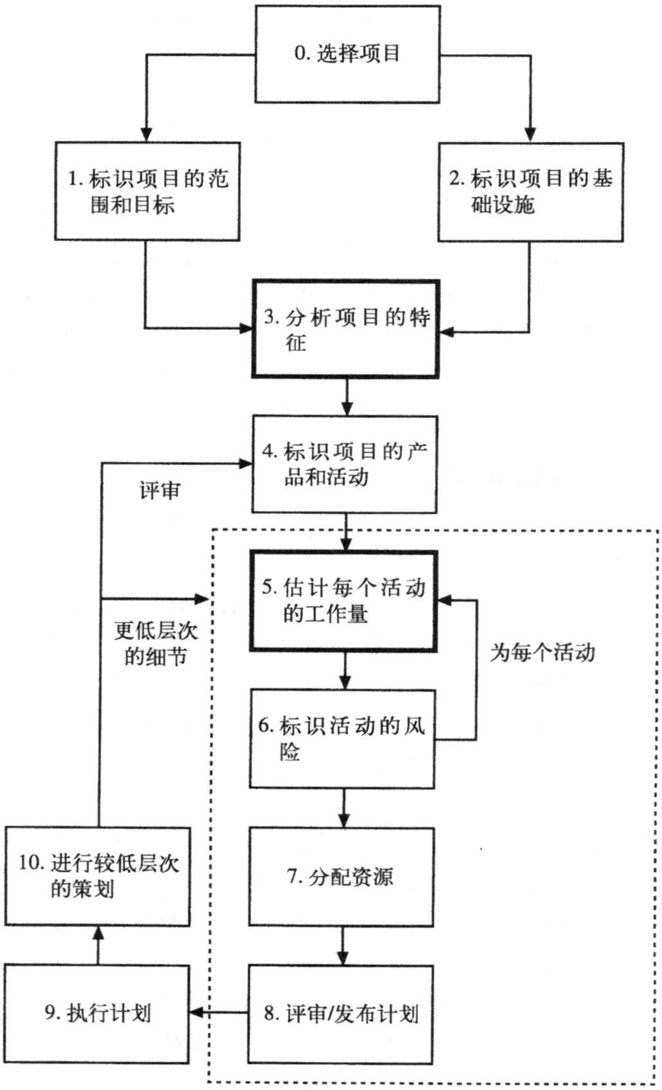

图5-1 特别在步骤3和步骤5发生的软件估计

5.3 估计过高和估计过低的问题

项目负责人（如Amanda）估计过高可能导致项目花更长的时间。这可用以下两条“定律”来解释：

- 帕金森定律（Parkinson Law） “工作总是用完所有可以利用的时间”，这意味着容易达到的目标将使员工工作松懈。
- 布鲁克斯定律（Brooks Law） 实现一个项目需要的工作量不是与分配到项目的员工数同步增长。当项目组的规模增大时，投入到管理、协调和沟通的工作量也在增长。极端情况下，布鲁克斯定律会出现这样的情况：“在一项延迟的工作上投入更多的人，可能导致该项工作更加延迟。”如果过高估计了需要的工作量，则会导致分配的员工数比需要的更多，管理开销也将增加。这种情况更可能发生在大型项目上。

帕金森定律最初出现在C. Northcote Parkinson的半开玩笑的书《Parkinson's Law》，John Murray，1957。布鲁克斯定律来自第1章中提到的《人月神话》一书。

有些人曾提出尽管估计过低的项目可能不能及时完成或超出成本，但仍可能比估计过高的项目在更短的时间内实现。

估计过低的危险是影响质量。特别是缺乏经验的员工，可能会通过低标准的工作来响应紧迫的交付期。这可以看成是Weinberg可靠性零定律的证明：“如果一个系统不要求是可靠的，那么它能满足任何其他目的。”低标准的工作可能只在项目的后期（如测试阶段）才体现出来，此时特别难以控制，而且巨大的返工可能会导致项目延期。

参见，例如T. K. Hamid和S. E. Madnick(1986)发表的“Impact of schedule estimation on software project behaviour”，*IEEE Software*，July，3(4), 70-5。

练习5.2 如何使用敏捷方法（如XP，参见第4章）解决以上估算问题？

研究发现，只有在目标是可达到的情况下才可能增加积极性和提高士气。如果在一段时间内，员工知道了设置的目标是不可达到的，或者项目根本无法达到已发布的目标，那么就会失去积极性。另外，人们总以为自己是胜利者，总是把成功归因于自己的努力，而把失败归因于组织。

估计实际上不是预测，它是一个*管理目标*。Barry Boehm 曾经提出，如果软件开发成本估算误差在对该项工作理想成本估算的20%以内，那么优秀的经理就能将其变成自我实现的预言。项目负责人（如Amanda）将努力工作来使实际的性能符合估计。

Barry Boehm设计了本章后面要描述的COCOMO（Constructive Cost Model，构造型成本模型）估计模型。

5.4 软件估计基础

5.4.1 需要历史数据

几乎所有的估计方法都需要历史项目的信息。不过，使用历史数据去估计新项目时需要慎重，因为在诸如使用的编程语言、人员的经验等方面可能是不同的。如果项目历史数据不足，可以使用外部维护的资料组。其中比较知名的国际资料组是国际软件基准标准用户组（ISBSG），目前该组织维护了4800份项目组数据。

关于国际软件基准标准用户组（ISBSG）所从事的工作，详情可参见http://isbsg.org。

5.4.2 工作的度量

在项目早期，可以直接计算实现项目所需要的实际成本或时间。编写程

R. E. Park已经对广泛使用的计算源语句的标准进行了设计，参见《Software Size Measurement: A Framework for Counting Source Statements》, Software Engineering Institute, 1992。

参见B. W. Boehm著的《Software Engineering Economics》, Prentice-Hall, 1981。

这也是时间盒概念背后隐藏的规则。时间盒的概念在第4章中介绍增量式交付时进行过讨论。

序所花的时间因程序员的能力或经验而不同，实现的时间和成本也可能依赖所选择的实现技术。因此，最好是使用一个度量（如源代码行数SLOC或者是千行代码KLOC）来表达要独立地实现系统的工作内容的工作量。当然SLOC估算也存在问题，当使用参数驱动或者应用程序构建工具时，统计的SLOC可能就没有意义。建议选择使用其他规模度量方法，例如功能点（本章后续内容）。在SLOC没能考虑代码实现的复杂度这一点上也存在争论。

5.5 软件工作量估计技术

Barry Boehm 在他的关于软件工作量模型的经典著作中标识了用于导出软件开发工作量估计的主要方法：

- 算法模型　使用代表目标系统和实现环境特征的“工作量驱动因子”来预测工作量。
- 专家判断　征求知识渊博的员工的建议。
- 类比　标识一个类似的已完成的项目的实际工作量作为新项目的基础。
- 帕金森法　标识做一个项目可利用的员工工作量，并用来作为“估计”。
- 赢的价格　“估计”似乎是一个相当低的赢得合同的数字。
- 自顶向下　明确地规划整个项目的总体估计，然后分解成为构件任务所需要的工作量。
- 由底向上　标识和确定构件任务的大小，然后累计这些单独的估计。

显然，帕金森法实际上并不是工作量预测方法，而是一个设置项目范围的方法。类似地，“赢的价格”是一种确定价格的方式，而不是一种预测方法。尽管Boehm反对把它们看成是预测技术，但它们作为管理技术可能还是有些价值的。例如，有一个很完美的可接受的工程实践“成本的设计”。

下面将更仔细地考虑其中的一些技术。首先，看看自顶向下和由底向上估计方法有什么异同。

5.6 由底向上估计

使用由底向上法，估计人员将项目分解成构件任务，然后估计执行每个任务需要多少工作量。对于一个大型项目来讲，将项目分解成任务的过程是一个重复的过程：每个任务被分解成构件子任务，再依次进一步分解这些子任务，直到得到的每个子任务能被一个人在一周或两周内完成为止。读者可能会问为什么这不叫自顶向下法，毕竟是从顶部开始并进行分解的！尽管这种自顶向下分析本质上要先于由底向上估计，但实际上它是一个独立的过程——即产生一个工作分解结构（Work Breakdown Schedule, WBS）。由底向上部分累加每个活动的已计算的工作量来得到总体的估计。

由底向上法最适合于后期更详细的项目策划阶段。如果在项目生命周期的早期使用这个方法，估计人员将不得不确定与最终系统有关的假设以及项目的工作方法。

如果一个项目完全是新颖的或者没有可用的历史数据，那么建议估计人员最好使用由底向上法。

练习5.3 Brightmouth 学院的Brigette 曾被告知，由于已经成功地安装了工资系统，因此要求创建一个子系统来分析每门课程的人力资源成本。每名员工所得工资的细节可以通过固定的工资数据得到。每名员工用在教每门课上的小时数可以通过在一个基于计算机的计时表系统中的固定文件而得到。

实现这项需求要完成哪些任务？试着标识一个人可在一周或两周内承担的任务。哪个任务的工期是最难估计的？

面向过程代码的方法

前面这个方法用在项目的设计阶段，而在软件开发中主要活动是编写代码。这里我们描述如何将由底向上的方法应用到软件构件这个级别中。

(a) **设想在最终系统中软件模块的数目和类型**

“软件模块”在这里是指可以独立进行编译和执行的构件。

多数信息系统是从一组少量的系统操作构建的，如插入、修改、更新、显示、删除和打印。虽然有不同的基本功能集，但同样的原理可等价地应用于嵌入式系统。

(b) **估计每个已标识模块的SLOC**

判断一个程序中可能的指令数的一种方法是草拟出程序结构图，并设想实现每个已标识的程序需要多少指令。估计人员可能要考虑有类似功能描述的已有程序来帮助执行这个过程。

(c) **估计工作内容，考虑复杂度和技术难度**

这一步是将SLOC估计值乘以一个复杂度和技术难度因子。这个因子主要取决于估计人员的主观判断。例如，满足特定的较高性能目标约束的需求会极大地增加编程工作量。

(d) **计算工作量**

可以使用历史数据来确定将带权重的SLOC转化为工作量的比率。

注意，以上步骤可导出代码行的估计，并作为下面要描述的COCOMO模型的输入之一。

练习5.4 Amanda负责的IOE年度维护合同系统的事务之一是建立新的年度维护合同客户的细节。

操作员将输入：

CustomerAccountNumber

CustomerName

Address

PostCode

CustomerType

Renewal Date

所有这类信息都将在系统数据库的一条Customer记录中建立。对于已经输入的账户号，如果Customer账户已存在，则会显示一条出错信息。

画出执行上述描述的处理程序概要的程序结构图。对于图中的每个框，用你所熟悉的编程语言（例如Java）来估算实现该子程序需要的代码行数。

5.7 自顶向下法和参数模型

自顶向下法通常与参数（或算法）模型相关。这可以用类似估计重建一座房子的成本的方法来解释。房主实际关心的是需要有足够的保险，以便在房子被毁坏时足以重建房产。除非房主碰巧从事建筑业，否则他/她不可能计算出需要多少小时的瓦匠活、多少小时的木匠活、多少小时的电工活，等等。不过，保险公司可以产生一个便利的表格，从中房主可以找到基于房子的层数和房屋面积数的重建成本的估计。这是一个简单的参数模型。

实现一个项目需要的工作量主要是与最终系统的特征有关的变量相关。参数模型通常是以下格式的一个或多个公式：

工作量 = 系统规模 × 生产率

例如，系统规模可能采用“千行代码”（KLOC）的形式，并且有一个具体的值3KLOC，而生产率是每KLOC 40 天。所用的值通常是主观判断的。

因此，预测软件开发工作量的模型有两个关键构件。第一个是评估要承担的软件开发任务规模的方法。第二个是评估做每项任务的效率。例如，IOE 的Amanda 可能估计第一个要构造的软件模块是2 KLOC，然后她判断，如果Kate承担代码的开发，按Kate 的专业技能，她的工作效率是每KLOC 40天，完成该项工作要2 × 40天，即80天；而如果让缺乏经验的Ken承担，工作效率是每SLOC 55天，共需要花2 × 55天，即需要110 天完成该项任务。

这里KLOC是规模驱动因子，表示需要完成的工作量，而开发人员的经验是生产力驱动因子影响着生产率和工作效率。

如果有历史项目的工作量（例如单位是工作日）和系统规模（例如单位是KLOC），可以按照以下公式计算出生产率：

生产率=工作量/规模

更加精确的方法是使用统计学技术最小二乘回归导出以下公式：

$$\text{工作量}=\text{常量}_1+（\text{规模}\times\text{常量}_2）$$

有些参数模型（如功能点所隐含的）关注的是系统或任务规模，而其他模型（如COCOMO）更关注生产率因素。以上提到的这些特定的模型将在本章后续内容中进一步介绍。

练习5.5 一门课程的学生被要求产生每学期ICT 相关主题的一份书面报告。如果创建一个模型来估计一个学生应该花多长时间完成这项课外作业，你会使用什么方法来度量工作内容？有些报告可能比其他报告更难产生：什么因素影响了难度？

在项目的早期阶段，倾向于使用自顶向下法；而在项目的后期阶段，由底向上法更受欢迎。

计算出需要的总工作量后，接着要按比例将工作量分配到项目内的各项活动中。

自顶向下法和由底向上法并不是相互孤立的。项目经理可能会从不同的人使用不同的方法得到许多不同的估计。总体估计的有些部分可以使用自顶向下法派生，而其他部分可以使用由底向上法计算。

5.8 专家判断

这要求对应用领域或开发环境有丰富知识的人，对执行一项任务所需要的工作量做出估计。当要对变更一个软件的已有部分所需要的工作量进行估计时，最可能使用这个方法。估计人员要执行某种影响分析，以便判断受影响的代码的比例，并做出估计。已经熟悉该软件的人最适合于做这件事情。

参见 R. T. Hughes (1996)发表的“Expert judgement as an estimating method”, *Information and Software Technology*，38(3)，67—75。

有人认为，专家判断是一种简单的推测方法，但我们自己的研究已经表明，专家往往是使用已标识的来自过去类似项目的非正式的类比法（见下面）和由底向上估计法相结合的方法。

有时候需要综合多个专家的意见，在12.3节中描述的Delphi技术就是用于做出集体决策的。

5.9 类比估计

类比法的使用也称作基于案例的推理。估计人员从已经完成的项目（源案例）中找出与新项目（目标案例）有类似特征的项目，然后将匹配的源案例已经记录的工作量作为目标案例的估计基础。接着估计人员应该标识出目标案例和源案例的任何不同，并对新项目的基本估计做出判断。

参见M. Shepperd和C. Schofield (1997)发表的“Estimating software project effort using analogies”，*IEEE Transactions in Software Engineering*, SE-23(11), 736—43。

如果有一些先前项目的有关信息、但又不足以得出普遍适用的关于哪些变量可成为好的规模参数的结论，这是一个非常好的方法。

这里的问题实际上是如何标识出不同系统之间的相同和不同之处。已经做了许多努力来使这种过程自动化。ANGEL 就是一种已经开发的用来自动化这种过程的软件应用程序，它通过标识案例之间的欧几里得（Euclidean）距离来标识最接近目标案例的源案例。欧几里得距离的计算方法是：

$$欧几里得距离 = [(目标参数_1-源参数_1)^2+\cdots+(目标参数_n-源参数_n)^2]^{1/2}$$

实例5.1 假定要匹配的案例基于两个参数，即要构建系统的输入数和输出数。已知新项目有7个输入和15个输出。过去有一个项目A有8个输入和17个输出。因此源案例和目标案例之间的欧几里得距离是$[(7-8)^2+(17-15)^2]^{1/2}$，即2.24。

练习5.6 项目B有5个输入和10个输出。这个项目与上面要考虑的目标新项目之间的欧几里得距离是多少？项目B是否比项目A更类似于目标项目？

以上的解释简单地说明了欧几里得距离是如何计算的。ANGEL 软件包基于这个原理但使用了更复杂的算法。

5.10 Albrecht功能点分析

这是Albrecht 在IBM 公司工作时设计的一种自顶向下法。Albrecht在研究编程生产率时，需要一些方法来量化程序的规模，而又与编程语言无关。他提出了功能点（Function Point, FP）的思想。

参见A. J. Albrecht和J. E. Gaffney Jr.发表的“Software function, source lines of code, and development effort prediction: a software science validation”，收录在M. Shepperd主编的《Software Engineering Metrics》，第1卷，McGraw-Hill，1993。

Albrecht还规定输出的外部接口文件也应该加倍计算为内部逻辑文件类型。

功能点分析的基础是——计算机的信息系统由五个主要构件组成，或者在Albrecht 的术语中是由五个使用户受益的“外部用户类型”组成：

- *外部输入类型* 更新内部计算机文件的输入事务。
- *外部输出类型* 输出数据给用户的事务。通常这些数据是打印的报告，因为屏幕显示可以归入外部查询类型（参见下面）。
- *外部查询类型* 由提供信息的用户引发的事务，但不更新内部文件。用户输入信息来指示系统得到需要的详细信息。
- *内部逻辑文件类型* 系统使用的固定文件。术语“文件”并不适合于现代信息系统。它指的是可以一起访问的一组数据，可能由一个或多个记录类型组成。例如，一个订单文件可能由一个记录类型PURCHASE-ORDER加第二个记录类型PURCHASE-ORDER-ITEM组成，PURCHASE-ORDER-ITEM对于订单上订购的每一项是重复的。在结构化系统分析中，一个内部逻辑文件可以等同于一个数据存储；记录类型可以等同于关系类型表或者实体类型。
- *外部接口文件类型* 允许输入和输出从其他计算机应用程序的传出或传入。例如，从一个订单处理系统传送账务数据到主分类账系统，或者在磁介质或电子介质上产生一个直接借记细节文件传递给银行自动结算系统（Bankers Automated Clearing System, BACS）。应用程序之间的共享文件也可以计算在内。

分析人员不得不标识出在被计划的系统中每个外部用户类型的每个实例。然后每个构件被分类为高（high）、中（average）或低（low）三种复杂度。每种复杂度区的每个外部用户类型的数目乘以指定的权重（参见表5-2）就得到FP 数，加起来就得到总的FP 数，该数表示信息处理系统的规模。

表5-2 Albrecht复杂度因子

外部用户类型	因子		
	低	中	高
外部输入类型	3	4	6
外部输出类型	4	5	7
外部查询类型	3	4	6
内部逻辑文件类型	7	10	15
外部接口文件类型	5	7	10

练习5.7 *在练习5.3 中，Brigette 负责的任务需要一个程序，该程序从工资文件中取出年薪，并从计时表系统中取出课程细节和每名员工每门课的课时数。该程序将计算每门课的员工成本并将结果存放到由总会计系统读取的一个文件中。该程序还将产生一个报告来显示每名员工每门课的课时数及这些课时数相应的成本。*

使用上面描述的方法计算这个子系统的Albrecht 功能点，假定报告是高复杂度，而所有其他的元素都是中等复杂度。

Albrecht最初定义的功能点有一个问题，即确定外部用户类型是高、低还是中等复杂度是相当主观的。国际功能点用户组织（IFPUG）现在已经发布了用于判断复杂度的规则。例如，在内部逻辑文件和外部接口文件的情况下，用于判断复杂度的规则如表5-3 所示。同样，对于外部输入和输出也定义了类似的表格。

国际功能点用户组织（IFPUG）已经开发和发布了扩充的进行FP计数的规则。因此Albrecht功能点现在通常指IFPUG功能点。

表5-3 IFPUG文件类型复杂度

记录类型数	数据类型数		
	<20	20~50	>50
1	低	低	中
2～5	低	中	高
>5	中	高	高

实例5.2 一个内部逻辑文件中包括了关于购买合同的数据。购买合同用两种独立的记录类型表示：PURCHASE-ORDER记录了有关合同的信息，包括合同编号、供应商参考、合同日期；PORCHASE-ORDER-ITEM记录了有关合同条款的信息，包括产品代码、单元价格和数量。所以文件的记录类型是2，数据类型是6。根据表5-3文件类型应该为“低”。也就是说根据表5-2该文件的功能点数应该为7。

我们应意识到，使用功能点分析实现一个基于计算机的信息系统所需要的工作量，不仅与要提供的功能数目和复杂度相关，而且与系统要在其中运行的环境相关。

目前已经标识了14 个与实现系统相关的困难程度的影响因素。Albrecht产生的列表特别与20 世纪70 年代后期和20 世纪80 年代早期的信息系统开发人员相关。有些技术当时是新的而且相对来讲是危险的，现在却完全得到了人们的认可。

关于TCA的进一步细节，可以在Albrecht和Gaffney的论文中找到。

技术复杂度调整（TCA）这种计算方法有许多问题。有些问题甚至表明使用TCA 比使用未调整的功能点计算更不准确。由于这些困难，我们将省略有关TCA 的进一步讨论。

目前已经有将功能点转换为各种语言的代码行的表格。例如，用Java实现一个功能点需要53 行代码，而用Visual C++ 语言需要34行代码。然后可以按照5.7节中介绍的方法，使用历史生产数据将代码行转化为工作量估算。

COCOMOII模型定义手册A中给出了建议的转换级别表，此表可以在http://sunset. usc.edu/csse下载。

练习5.8 在Brightmouth 学院由Brigette 负责的练习5.7 中描述的子系统中，按照标准的转换方法需要多少行Java代码行来实现这个子系统？假设工作效率为每天50行代码，那么工作量估计是多少？

5.11 Mark II功能点

CCTA（中央计算机和无线电通信总局，即现在的英国政府商务办公室或OGC）推荐使用Mark II方法，并作为英国政府项目的标准。“Mark II”标签意味着对Albrecht方法的改进和取代。不过，Albrecht（现在是IFPUG）方这个方法公开发表在Charles R. Symons著的《Software Sizing and Estimating—Mark II FPA》，John Wiley & Sons，1991。

法已经有了许多细化，而且Mark II主要是在英国使用。

与Albrecht方法一样，信息处理的规模开始时用未调整的功能点（UFP）来度量，然后应用技术复杂度调整（TCA）。这里假设一个信息系统由具有图5-2 所示的基本结构的事务所组成。

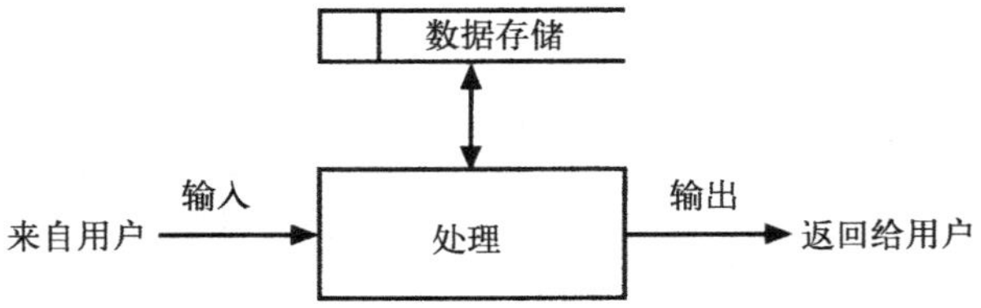

图5-2 一个事务的模型

对于每个事务，未调整的功能点（UFP）的计算方法是：

W_i ×（输入数据元素类型数）+
W_e ×（引用的实体类型数）+
W_o ×（输出数据元素类型数）

为什么这里采用2.5，唯一的原因是产生的数目类似于Albrecht方法。

这里，W_i、W_e和W_o表示权重，可以通过询问开发人员在先前的项目中花在开发处理输入、访问和修改已存储的数据及处理输出的各部分软件上所占的工作量比例来导出。

然后，将工作量比例规格化为比率或权重，总计是2.5。如果这种得到权重的方法太耗费时间，绝大多数的FP计算可以使用产业界的平均值，当前W_i的值是0.58，W_e的值是1.66，W_o的值是0.26。

实例5.3 在IOE维护账户子系统中，现金收入事务要访问两种实体类型：Invoice和CashReceipt。

输入的数据元素是：

InvoiceNumber

DataRecieved

CashRecieved

如果一条Invoice记录没有找到发票号，那么会发出一个出错信息。如果找到了发票号，那么就创建一条CashReceipt记录。

出错信息构成该事务需要特别处理的唯一的输出数据元素。

因此，使用产业界的平均权重，这个事务的未调整的功能点是：

(0.58 × 3)+(1.66 × 2)+(0.26 × 1)=5.32

练习5.9 使用产业界的平均权重来计算练习5.4描述的事务的未调整的Mark II功能点数。

Mark II功能点遵循Albrecht方法来识别交付同样功能的一个系统要比另一个系统更难以实现，因为这个系统要满足额外的技术需求（但对用户更有价值）。例如，包含额外的安全性度量将增加交付系统的总工作量。因此需要标识更多的因子来满足实际环境需要。

Symons非常反对使用功能点来估计SLOC而不是估计工作量的想法。

Symons的一个发现是：生产率（即实现一个系统的每个功能点需要的工作量）受到项目规模的很大影响。一般来讲，规模达到一定程度的较大型项目往往有更高的生产率，这是因为规模效益的关系。然而，由于超过一定规模的项目需要额外的管理开销，所以往往变得更加低效。

FP 计算中使用的一些规则和权重是相当武断的（特别是在Albrecht偏爱的情况中），而且已经受到了估计领域学术界人士的批评。不过，对计算现有系统的功能扩展的价格，这个方法是非常有用的，这一点将在第10章进行介绍。

5.12 COSMIC全功能点

COSMIC-FFP表示通用软件度量协会-全功能点。

然而一些方法例如IFPUG方法适合于信息系统，但是不适合于实时系统或者嵌入式系统。基于对此的了解，产生了另外一个版本的功能点方法——COSMIC-FFP方法。

全功能点（FFP）方法由两个相互关联的开发小组开发，他们位于加拿大的魁北克。最开始的时候，由于这种方法看起来像是对IFPUG的一种简单扩充，使其能够更加精确的计算实时系统的规模，所以开发者感到了很大的压力。最初的FFP工作由通用软件度量协会（Common Software Measurement Consortium, COSMIC）推动，该协会包括了加拿大的原创开发者以及来自世界各地的人员，例如Mark II功能点的创始人之一Charles Symons。有趣的是，其中并没有美国的专家参与。

争论在于，现有的功能点方法在面向业务的信息系统估计上是有效的，因为在这类系统中，不同类型的外部特性反映了系统内部过程的规模。但是实时系统或者嵌入式系统的外部特性并不明显，因为软件的使用者并不是人，而是硬件或者另外一个软件构件。

COSMIC通过将系统结构分解成为继承的软件*层次*来处理这个问题。要进行估计的软件构件可以接受来自上一层的服务请求，同时可以向下一层请求服务。在同一层次中独立的软件构件之间可以进行*对等的通信*。这有助于识别出要进行估计的软件构件的边界范围以及它接受输入和传送输出的点。输入和输出集合成*数据组*，每个组对应于同一个对象相关的数据。

数据组可以按照以下四种方式进行移动：

- *进入*（E） 当边界外部的“用户”发出请求时，子过程将数据组移入软件构件。“用户”可以是另外一层或者同一层中同级通信的另外一个独立的软件构件。
- *退出*（X） 通过子过程将数据组从软件构件中移动到边界外的“用户”那里。
- *读*（R） 将数据组从永久存储中读入软件构件中。
- *写*（W） 将数据组从软件构件中写入永久存储中。

练习5.10 *有一个控制停车场车辆出入的小型计算机程序。每当一辆汽车停在停车场的栏杆外面请求进入的时候，感应器将汽车信息传递给计算机*

系统。系统检查现在停车场中停泊车辆数量，获得的停泊车辆数量被写进存储装置中，以防止意外导致的数据丢失，例如停电。如果数量没有超出停车场的容量，那么抬起横杆放行进入，并且停车数量加一；当一辆车离开的时候，感应器收集信息传递给系统，停车数量减一。

有一个系统管理员系统，可以用来设置最大停车数，也可以在系统重启的时候用来调整和覆盖车辆的数量。

标识该系统中的进入、退出、读和写。

FFP的数量通过简单的加减这四种类型每种类型的数据移动来实现。结果单元被称为Cfsu（COSMIC功能规模单元）。该方法不考虑软件构件内部过程的数据组。该方法的制定者不建议在有复杂数学算法的系统中使用该方法。但是该方法的一些特定版本在特定环境中可以与其他的软件特性结合使用。

NESMA FP方法由荷兰软件度量协会开发。

COSMIC-FFP已经被纳入ISO标准——ISO/IEC 19761:2003。在这之前，这种方法曾经试图做成一个独立的ISO标准用于“功能规模度量”，并且有一个相应的ISO文档——ISO/IEC 14143-1:1998，该文档列出了一些基本规则。ISO不能确定四种主流方法：IFPUG、Mark II、NESMA和COSMIC-FFP，它们哪一种都符合规则，所以都成为了ISO的候选标准，然后“由市场来决定”。

5.13 COCOMO II：参数化的生产率模型

由于有了更新的COCOMO II，因此旧版本现在指的是COCOMO 81。

Boehm 的COCOMO（COnstructive COst MOdel，构造型成本模型）常常在软件项目管理的文献资料中被引用，特别是在与软件估计有关的文献中。术语COCOMO实际上指的是一组模型。

COCOMO模型基于20 世纪70 年代后期Boehm对63 个项目的研究。这些项目中只有7 个项目是商业系统，因此COCOMO模型可以用在除信息系统外的其他应用中。基本模型是围绕以下公式构建的：

$$\text{工作量} = c \times \text{规模}^k$$

其中，工作量（effort）是按人月（pm）度量的，这里1个人月是由125个工时组成的。规模（size）是按*kdsi*度量的，*kdsi*是指要交付的千行源代码指令。c和k是常量。

第一步是要导出按*kdsi*表示的系统规模的估计。常量c和k（参见表5-4）取决于系统的类型。Boehm将系统类型分为“有机式”（organic）、“半相连式”（semi- detached）或“嵌入式”（embedded）。它们与系统的技术特征和开发环境有关：

一般来讲，信息系统是有机式的，而实时系统是嵌入式的。

- 有机式　通常是指这样的情况，即相对较小的组在高度熟悉的内部环境中开发软件，而且要开发的系统是小型的且接口是灵活的。
- 嵌入式　这种模式意味着要开发的产品要在严格受约束的情况下操作，而且系统变更的代价非常高。
- 半相连式　这种模式兼有有机式和嵌入式的要素，或者具备这两种模式之间的特征。

表5-4 COCOMO 81常量

系统类型	c	k
有机式	2.4	1.05
半相连式	3.0	1.12
嵌入式	3.6	1.20

当指数值k大于1时，意味着大型项目比小型项目需要更多的工作量，而且不是成比例地增长。这反映出Boehm发现了较大型项目的生产率要低于较小型的项目，因为较大型的项目需要更多管理和协调的工作量。

多年来，Barry Boehm及其合作者对以COCOMO II为关键模型的成本估计模型族进行了不断的改进。这个方法使用不同的系数和指数，每一个值已经被专家初始设置。不过，包含已执行项目的性能细节的数据库正在构建并定期进行分析，以便专家判断能逐步被实际项目所导出的值所取代。新的模型考虑到了现在软件开发项目常用的过程模型要比之前的范围更广。正如前面所说的，在系统生命周期的不同阶段都要进行估计，而COCOMO II通过三个不同的模型分别对三个不同的阶段进行估计。

详细的COCOMO II模型定义手册已经由南加州大学软件工程中心出版。

- *应用组装* 在这个阶段，设计了用户将体验的系统的外部特征，通常采用原型来实现。对于可以使用高生产率的应用程序构建工具来构造的小型应用程序，开发可以在此处停止。
- *早期设计* 在这个阶段，设计了基本的软件结构。对于较大型的要求更苛刻的系统，例如有大量的事务处理而且性能很重要，需要仔细关注要采用的构架。
- *后构架* 在这个阶段，软件结构经历了最后的构造、修改，并在需要时开始创建要执行的系统。

对于估计*应用组装*阶段的工作量，COCOMO II的开发者推荐使用前面描述的*对象点*方法。这遵循了通过软件的外部特征计算功能点的方法。它区别于那些关注系统内部物理特征的方法，例如，前者采取画面和报告的数量计算，而后者采取更加“物理的”实体类型的计算。无论需求是否已经通过原形方法抽取出来，这都更加实用。

参见R. D. Banker，R. Kauffman和R. Kumar（1992）发表的“An empirical test of object-based output measurement metrics”，*Journal of MIS*，8(3)。

在*早期设计*阶段，建议使用FP作为度量基本系统规模的方法。将FP数乘以要使用的编程语言的因子可以转换成等价的LOC（参见5.10节）。

然后，可以使用以下模型来计算人月数的估计值：

$$pm = A(size)^{(sf)} \times (em_1) \times (em_2) \times \cdots \times (em_n)$$

其中，pm是工作量（人月数），A是常量（2000年定为2.94），$size$ 是指规模，可按$kdsi$（可能已经按上面解释的方法从FP 数导出）度量，而sf 是指数比例因子。

指数比例因子是这样导出的：

$$sf = B + 0.01 \times \sum（指数驱动因子）$$

这里B是常量，其值为0.91。指数比例因子的效果是对于规模较大的项目预计的工作量将增加，也就是说，考虑了规模不经济性（规模越大的项目，生产效率反而越低）。

下面讨论如何控制指数驱动因子（用于计算比例因子）的质量属性。注意，每个属性越缺乏可应用性，赋给指数驱动因子的值就越大。事实上，将这些因子用于计算指数，意味着对于较大型的项目来讲，这些属性的缺乏将不成比例地增加更多的工作量。

- *有先例*（PREC） 这个属性指的是对于正在计划中的项目，在过去项目的类似情况中有先例的程度。新系统的新颖性越大，不确定性就越大，赋给这个指数驱动因子的值就越高。
- *开发灵活性*（FLEX） 这个属性是指需求能以多种不同方式被满足的程度。越缺乏灵活性，这个指数驱动因子的值就越高。
- *构架/风险解决方案*（RESL） 这个属性与需求的不确定性程度有关。如果需求没有严格地确定，而且很有可能要变更，则这个指数驱动因子可能要赋较高的值。
- *团队凝聚力*（TEAM） 相对于一个小型紧密结合的团队来说，这个属性反映了一个大型分散团队（也许在几个国家）紧密结合的程度。
- *过程成熟度*（PMAT） 第13章解释了过程成熟度模型。软件越是按结构化的、有组织的方式生产，不确定性就越低，这个指数驱动因子的值也就越低。

根据一套判定方法对项目的每个比例因子进行分级：很低、低、正常、高、很高、非常高。每个比例因子的每个级别都对应着一个数值，参见表5-5。将这些比例因子求和，再乘以0.01，然后再加上常量0.91，就得到了一整套的指数比例因子。

表5-5 COCOMO II比例因子值

驱动因子	很低	低	正常	高	很高	非常高
PREC	6.20	4.96	3.72	2.48	1.24	0.00
FLEX	5.07	4.05	3.04	2.03	1.01	0.00
RESL	7.07	5.65	4.24	2.83	1.41	0.00
TEAM	5.48	4.38	3.29	2.19	1.10	0.00
PMAT	7.80	6.24	4.68	3.12	1.56	0.00

练习5.11 *新的项目对即将执行它的软件公司来讲有“平均”新颖性，因而将有先例评定为“正常”；开发灵活性被评定为“高”；但需求可能急剧变化，因此将风险解决方案指数评定为“很低”；开发团队集中办公，所以团队凝聚力被评定为“很高”；但软件公司总体上讲在标准和规程方面是极不正式的，因此将过程成熟度驱动因子评定为“低”。*

(i) *在这种情况下比例因子sf是多少？*

(ii) *假设规模估算大约是2000行代码，那么工作量的估算值是多少？*

在COCOMO II模型中，*工作量系数*（*em*）可用来调整考虑了生产力因子的估算值，但是不涉及规模的经济性和不经济性。表5-6 列出了早期设计的工作量系数，表5-7列出了后构架的工作量系数。对特定的应用来讲，这些系数中的每一个都可以评定为很低、低、正常、高、很高。每个工作量系数的每次评定有一个与其相关的值，大于1的值意味着开发工作量是增加的，而小于1 的值将导致工作量降低。正常评定意味着该系数对估计没有影响。评定的目的是这些系数及其他在COCOMO II中使用的值将随着实际项目的细节逐步添加到数据库中而得到修改和细化。

表5-6 COCOMO II早期设计的工作量系数

编码	工作量系数	非常低	很低	低	正常	高	很高	非常高
RCPX	产品可靠性和复杂度	0.49	0.60	0.83	1.00	1.33	1.91	2.72
RUSE	需要的可重用性			0.95	1.00	1.07	1.15	1.24
PDIF	平台难度			0.87	1.00	1.29	1.81	2.61
PERS	人员的能力	2.12	1.62	1.26	1.00	0.83	0.63	0.50
PREX	人员的经验	1.59	1.33	1.12	1.00	0.87	0.74	0.62
FCIL	设施的可用性	1.43	1.30	1.10	1.00	0.87	0.73	0.62
SCED	进度压力		1.43	1.14	1.00	1.00	1.00	

表5-7 COCOMO II 后构架工作量系数

系数类型	编码	工作量系数
产品属性	RELY	需要的软件可靠性
	DATA	数据库规模
	DOCU	文档匹配生命周期需要
	CPLX	产品复杂度
	REUSE	需要的可重用性
平台属性	TIME	执行时间限制
	STOR	主存限制
	PVOL	平台易变性
人员属性	ACAP	分析员能力
	AEXP	应用经验
	PCAP	程序员能力
	PEXP	平台经验
	LEXP	编程语言经验
	PCON	人员的连续性
项目属性	TOOL	软件工具的使用
	SITE	多地点开发
	SCED	进度压力

练习5.12 某软件公司要生产一个应用程序，用来控制工厂中的一个设备。因为误操作可能会伤害操作者，软件可靠性要高；控制设备的算法也很复杂，因此产品的可靠性和复杂性评级都很高。公司想利用这个机会，通过适当的改变就能在其他合同中重用这个控制系统，这样可以充分利用他们在这个项目中的投资，因此系统可重用的需求评级也很高。开发人员很熟悉这个平台，在这方面出问题的可能性很低。现有员工能力很强，在这方面评价也较高；但是对他们来说，这个项目属于新的应用领域，因此经验一般；开发人员可以得到的工具集对这个规模的公司来说是典型的，可以认为是一般水平；进度压力一般（数据参见表5-6）。

(i) 每个工作量系数的值是多少?

(ii) 假设规模估算大约是2000行代码，那么工作量的估算值是多少?

在项目后期阶段，完成了应用系统的详细设计。对于应用规模即代码行数有了更加清晰的认识，同时对于影响生产率的因子也更加明确了。需要基于更广泛的工作量系数来修正工作量估算值，参见表5-7。计算方法和早期设计是相同的。

5.14 小结

本章的一些关键点如下：

- 估计实际上是管理目标。
- 尽可能多地收集先前项目的信息。
- 使用两种以上方法进行估计。
- 自顶向下法用在项目策划的早期阶段，而由底向上法更多地用在后期。
- 使用他人的历史生产率数据作为估计基础时要注意，特别是来自不同环境的历史数据（其中包括COCOMO）。
- 征求广泛的意见。
- 将估计方法文档化并记录所有的假设。

5.15 进一步的练习

1. 标识以下活动的规模和生产率工作量驱动因子：
   - 在一个新的办公室安装计算机工作站。
   - 把在工厂装配好的个人计算机发送到分布在全国各地的仓库。
   - 输入并检查构成新的数据库的数据的正确性。
   - 对新编写的软件应用进行系统测试。
2. 如果你作为一个专家受到邀请去对软件的已有部分的某些变更所需要的工作量作出估计，你认为什么样的信息有助于作出那样的估计?
3. 考虑一个维护电话姓名地址录的小程序。程序的数据库包括以下数据类型：
   - Staff reference
   - Surname
   - Forename
   - Title
   - Department code
   - Room number
   - Telephone extension
   - E-mail address
   - Fax number

   能够完成下面的操作：

   (i) 建立一个新的项。

   (ii) 修改已经存在的项。

   (iii) 删除项。

   (iv) 允许查询在线列出一个特定编号的staff的详情。

   (v) 按照字母顺序排列电话姓名地址录的完整列表。

(a) 根据上述情况使用Mark II方法计算FP。列出所用到的所有假设条件。
(b) 另外一个功能是（v）中要求增加按照部门进行列表。这种情况下FP数量会增加多少？

4. 以下是之前开发的软件模块的详细信息。

模块	输入	访问的实体类型	输出	天数
a	1	2	10	2.60
b	10	2	1	3.90
c	5	1	1	1.83
d	2	3	11	3.50
e	1	3	20	4.30

一个新的模块拥有7个输入、1种实体类型和7个输出。按照欧几里得距离a到e这些模块中哪个与新模块最接近？

5. 使用练习4的数据，为每个模块计算Symons Mark II的FP。使用得到的结果，计算练习4种描述的新模块所需要的工作量。这样得出的估计值与使用类似方法得出的估计值比较结果如何？

6. 已知下列项目数据：

项目	输入	输出	实体访问	系统用户	编程语言	开发者天数
1	210	420	40	10	x	30
2	469	1406	125	20	x	85
3	513	1283	76	18	y	108
4	660	2310	88	200	y	161
5	183	367	35	10	z	22
6	244	975	65	25	z	42
7	1600	3200	237	25	y	308
8	582	874	111	5	z	62
X	180	350	40	20	y	
Y	484	1190	69	35	y	

(a) 哪些项是规模驱动的？
(b) 哪些项是生产率驱动的？
(c) 编程语言x, y, z的生产率分别是多少？
(d) 使用Mark II功能点估计方法，项目X和Y的估计工作量是多少？
(e) 使用类似方法，项目X和Y的估计工作量是多少？
(f) 如果X项目的实际时间是30天，Y项目的实际时间是120天，那么以上两种估计方法哪一种更好？解释其原因并且提出估计方法的可改进之处。

7. 在某大学的计时表系统中，一个报表产生一个报告来说明应该参加每门计时表教学活动的学生。要访问4 个文件：Staff 文件、Student 文件、Student-Option 文件和TeachingAvtivity 文件。该报表包括以下信息：
对于每个教学活动：Teaching activity reference、Topic name、Staff forename、Staff surname、Title、Semester（1或2）、Day of week、Time、Duration、Location。
对于每名学生：Student forename、Student surname。
计算这个事务将产生的Mark II功能点。要估计工作量，还需要进一步了解哪些信息？

第6章
活动策划

目的

学完本章后，你将能够：

- 产生项目的活动计划。
- 估计项目的总周期。
- 创建项目的关键路径和优先网络。

6.1 引言

前面各章探讨了预测项目所需工作量的方法——既包括整个项目的工作量，也包括个别活动的工作量。不过，一个项目的详细计划还应该包括进度表来指示每个活动的开始和完成时间。这使我们能够：

- 确保在需要时正好能得到合适的资源。
- 避免不同的活动在同一时间竞争相同的资源。
- 产生详细的进度表来说明每项活动由哪位员工执行。
- 对照可能度量的实际成果产生详细的计划。
- 产生定时的现金流预测。
- 在项目生命周期期间重计划项目来纠正偏离目标的情况。

有效的计划应该陈述为一组目标，能够无歧义地度量每个目标是否达到。活动计划通过为每个活动提供目标开始和完成日期（或期限，在该期限内要执行这个活动）来实现这一点。活动的开始和完成日期应该是清晰可见的，这就是要确保每个项目活动能够产生切实的产品或者“可交付物”的理由之一。然后，监督项目的进展，至少部分地监督项目的进展，以确保每个活动的产品能够按时交付。

第9章中更详细地讨论了项目监控。

当项目进展时，让每件事都按计划进行是不可能的。项目管理的许多工作就是识别何时会发生错误、标识错误的原因并修订计划来缓解错误的后果。活动计划应该提供评价任何不满足活动目标日期的结果的方法，并提供如何最有效地修改计划使项目能回到原先的目标的方法。活动计划还可恰当地提供指导，以有效地监控项目的各个部分。

6.2 活动策划的目的

除了提供项目和资源的进度外，活动策划可以达到以下目的：

- **可行性评估** 项目是否能在规定的时间和资源约束内完成？在第5章我们已经了解了各种项目任务工作量的估算方法。除非能够构造一份详细的计划，在计划中能用任何合理的可实现的知识来预测完成日期，否则是不可能的。估计一个项目需要2个工作年的工作量，事实上并不意味着在2个工作年内就能实现它，比如说3个月8个人并不一定能实现项目，这取决于项目可得到的员工以及并行执行活动的程度。

- **资源分配** 给项目分配资源的最有效办法是什么？资源何时可以获得？项目计划允许我们研究时间表和可得到的资源（一般来讲，给项目分配额外的资源会缩短项目的周期）之间的关系以及花在获取资源上的额外功效。
- **详细的成本核算** 项目的成本是多少？何时可能需要花费？在产生活动计划并分配专门的资源后，就能够获得更详细的成本及其时间安排的估计。
- **动机** 提供目标并按目标监督成果是激励员工的有效办法，特别是在员工最初参与设置目标的情况下。
- **协调** 何时需要利用不同部门的员工来实现一个特定的项目？何时员工可在不同项目之间转移？项目计划是在小组间沟通和协调的有效工具，特别是在包含多个项目组的大型项目中。当员工需要在不同项目组间转移（或者员工要同时在多个项目上工作）时，一组集成化的项目进度可以确保这样的员工在需要时可用，而且不用长时间地等待。

第11章更详细地讨论了动机。

这种协调通常是项目集管理的一部分。

活动策划和进度安排强调的是以可接受的成本在最短的时间内完成项目，或者以最少的成本满足专门设置的目标日期。它们本身并不关心是否满足质量目标，而质量目标一般会对进度过程施加约束。

缩短项目周期的一个有效办法是并行地执行活动。显然并不能同时着手做所有的活动，因为有些活动要求先完成其他活动，而且资源约束可能会限制同时执行活动的数目。不过，活动的进度安排将给出在延长时间表方面的这些约束的成本的指示，并提供如何通过缓解这些约束来缩短时间表的指示。如果试图缓解先后次序的约束，例如允许程序编码在设计完成之前就开始，那么就能确保我们清楚地了解关于产品质量的潜在影响。

6.3 何时计划

策划是一个逐步细化的过程，每一次迭代后都比前一次更详细、更准确。在连续的迭代中，策划的重点和目的将会转移。

在可行性研究和项目启动期间，策划的主要目的是估计时间表，并估计无法达到目标完成日期或无法保持预算的风险。随着项目完成可行性研究并进行下去，重点将是产生活动计划以确保可获得资源并对现金流进行控制。

在整个项目期间直到将最终的可交付物交给客户，应该持续进行监控和重新计划，以纠正可能阻止满足时间或成本目标的任何偏离。

6.4 项目进度表

在项目开始之前，或者可能是一个较大型项目的某个阶段开始之前，应该开发项目计划，以在一定程度上给出每项活动何时开始和何时完成的日期，并说明每项活动要求多少资源。一旦计划已经细化到这样详细的程度，就称它为项目进度表。创建项目进度表包括四个主要阶段。

对于一个大型项目，后期阶段的详细计划将延期，除非与所要求的工作有关的信息已经从早期阶段显现出来。

产生项目计划的第一步是确定需要执行什么活动以及以什么次序执行这

些活动。这里，我们构造一个*理想的活动计划*，即计划的每一个活动都能完美地进行而没有资源约束。本章将要讨论的是创建理想的活动计划。这个活动策划是通过步进式方法（如图6-1中的步骤4和步骤5）生成的。

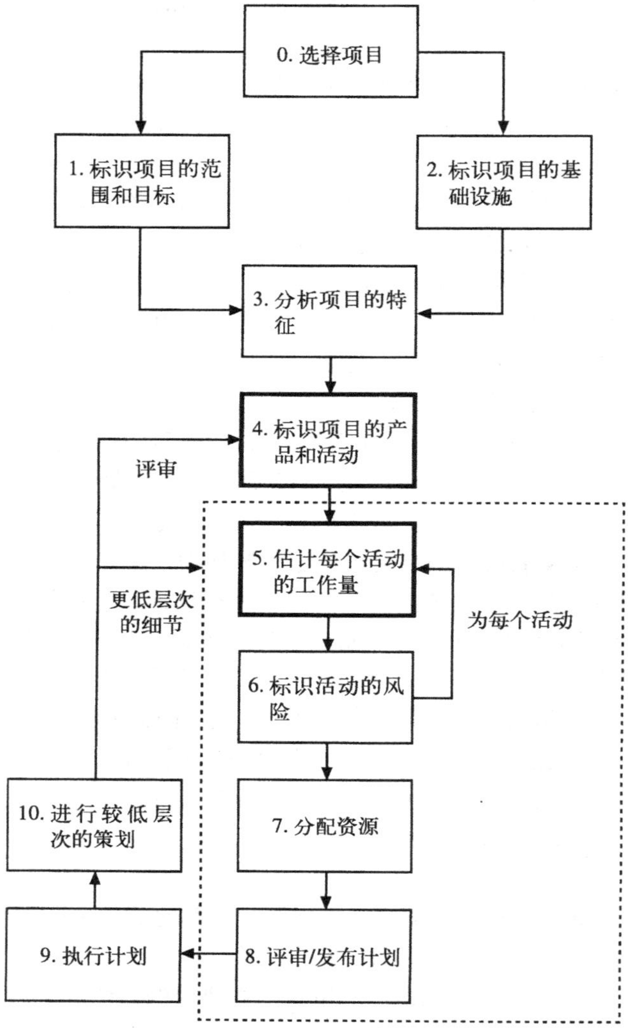

图6-1 活动策划在步骤4和步骤5执行

第二步，理想的活动计划是活动风险分析的对象，目的是标识潜在的问题。这可能提出理想的活动计划的替代计划，而且几乎可以肯定其隐含着资源分配。活动风险分析是第7 章的主题。

第三步是*资源分配*。在某一时间要执行的确定的活动上，可能期望获得资源。在考虑这一点后，可能需要对理想的计划进行修改。资源分配将在第8 章讨论。

最后一步是*产生进度表*。一旦资源已经分配给每项活动，就可以草拟和发布一个项目进度表，以指示每项活动计划的开始和完成日期以及需要的资源。第9 章将讨论如何产生进度表以及在管理项目中进度表的作用。

6.5 项目和活动

6.5.1 定义活动

在试图开始标识构成项目的活动之前，有必要复习一下项目及其活动的含义以及产生活动计划时应进行哪些相关的假设：

- 项目是由许多相互关联的活动组成的。
- 至少有一个项目活动准备开始时，项目就开始了。
- 当项目包含的所有活动都已经完成时，项目就完成了。
- 一项活动应该有明确定义的开始点和结束点，通常以一个切实的可交付物的产生来标识。
- 如果一项活动需要资源（多数情况下需要），那么资源需求应该是可预测的，而且假定在整个活动周期都是要求的。
- 一个活动的周期应该是可预测的，当然假定在正常的情况下有合理的可用资源。
- 有些活动可能在开始之前要求先完成其他活动（这些称为*优先需求*）。

活动的定义应该满足这些准则，任何不满足这些准则的活动都应该重定义。

6.5.2 标识活动

本质上有三种方法用于标识构成项目的活动或任务，它们分别称为*基于活动的方法*、*基于产品的方法*和*混合方法*。

基于活动的方法

基于活动的方法由创建项目要包括的所有活动的列表组成。这可能来自包括整个项目组都参与的*头脑风暴*（brainstorming）会议，或者可能来自对过去类似项目的分析。当列出活动时，特别对于大型项目来讲，将项目划分为主要的生命周期阶段，并单独考虑每个阶段的活动，可能是有用的。

尤其不要用带有忽略任务或重复计算任务的明显风险的方法来生成任务列表，更受欢迎的方法是创建*工作分解结构*（WBS）。这包括标识完成项目所需要的主要（或高层）任务，然后将这些主要任务分解为较低层次的任务。图6-2 给出了一个WBS 的片断，设计任务已经分解为三个任务，其中的一个任务又被进一步分解为两个任务。

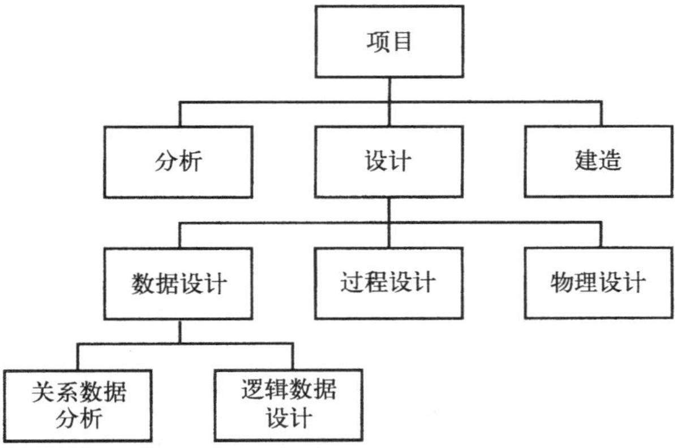

图6-2 一个基于活动的WBS 的片断

WBS由BS 6079所倡导，英国标准协会的《Guide to Project Management》。

如果某活动直接为紧邻的上层任务服务，则将该活动添加到结构中的该分支；如果某活动不为父任务服务，则不要将该活动添加到那个分支。在任何分支中的每一层次的任务应该包括完成较高层任务所需要的任何事情。

当准备WBS 时，应该考虑结构最低层次的细节或深度。结构太深会产生许多难于管理的小任务，而结构太浅又会使项目控制得不够详细。不过，每一个分支至少应该分解到这样的层次，即其中的每个叶节点都可以分配给组织内的个人或责任部门。

一个完整的任务目录通常包括任务定义、任务的输入和输出产品及其他与任务相关的信息。

WBS方法的优点是更适合于产生一个完整的且由不重叠的活动所组成的任务目录。注意，只有结构的叶节点构成了项目的活动列表，而高层节点只代表活动集。

WBS还代表可以随着项目的进展而细化的结构。在项目的早期，通常是在项目的分析和规格说明阶段，可能使用相对高层的或浅的WBS，当信息变得可用时，该WBS 可以被进一步开发。

一旦项目的活动已经标识（无论是否使用WBS），就需要确定活动的次序，以决定在某项活动开始之前需要先完成哪项活动。

基于产品的方法

在PRINCE 2和步进式方法中所使用的基于产品的方法已经在第3 章中描述了。该方法由产生产品分解结构（Product Breakdown Structure，PBS）和产品流程图（Product Flow Diagram，PFD）两部分组成。对于每一个产品，PFD指出需要哪些其他产品作为输入。因此，PFD可以很容易地通过标识由一些产品产生其他产品的转换来转化为一个有序的活动列表。这个方法的支持者声称，与活动可能被未结构化的活动列表忽略掉相比，产品很少会从PBS中遗漏。

参见I. Jacobson，G. Booch和 J. Rumbaugh，《The Unified Software Development》，Addison-Wesley，1999。

如果使用诸如SSADM或者USDP（统一软件开发过程）这样的方法学，这个方法特别适用。对于每个步骤或任务，SSADM明确规定每一个需要的产品和产生该产品需要的活动。例如，SSADM参考手册提供了在SSADM中每个阶段的共性PBS集，这可以作为生成项目专有的PBS的基础。

在USDP中，工作产品称作工件（参见图6-3），创建工件所需的活动序列称作工作流（参见图6-4）。根据工作流描画活动网络图的时候需要特别留心——USDP强调过程是迭代的，这意味着在网络活动图中也许不能将一个USDP过程直接映射到单一活动上。在4.15节中我们介绍了一个或多个迭代过程是如何包含于较大活动的一次执行中的。无论项目是否包含迭代，为了保证项目计划的交付日期，都必须有一些固定的里程碑和时间盒。有固定完成时间的较大活动是网络活动图的基础。

BS 6079规定WBS可能基于产品、基于成本中心、基于任务或基于功能，但规定优先考虑基于产品的WBS。

混合方法

图6-2描述的WBS 完全是基于活动的结构。一种可选方案（而且也许更常见）是，WBS可能基于图6-5描述的项目产品，项目产品基于一个简单的最终可交付物的列表，而对于每个可交付物，又有生产产品的一组活动。图6-5说明了一个扁平的WBS，它可以是任何规模的项目，同时将产品和活动

结构化而引入额外的层次是有益的。基于产品或基于活动的结构化程度可能受项目的特点和所采用的专门开发方法的影响。当已经用纯粹的基于活动的WBS标识了活动时，接下来要确定活动的次序。

并不是这个活动结构中的所有产品都将是最终产品。有些可在后续的步骤中进一步细化。

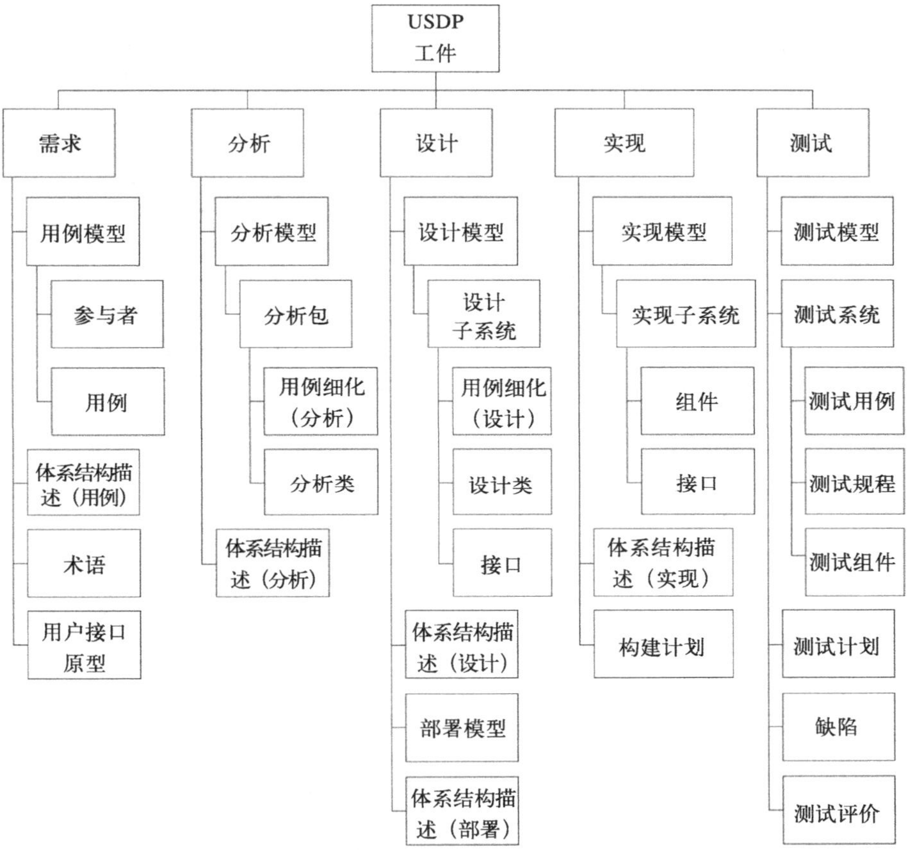

图6-3 由Jacobson、Booch和Rumbaugh（1999）定义的USDP基于工件的产品结构分解

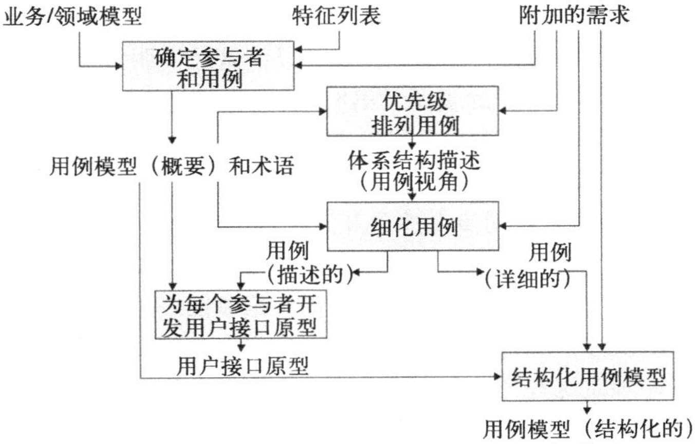

图6-4 基于Jacobson、Booch和Rumbaugh（1999）的USDP需求获取工作流的活动结构图

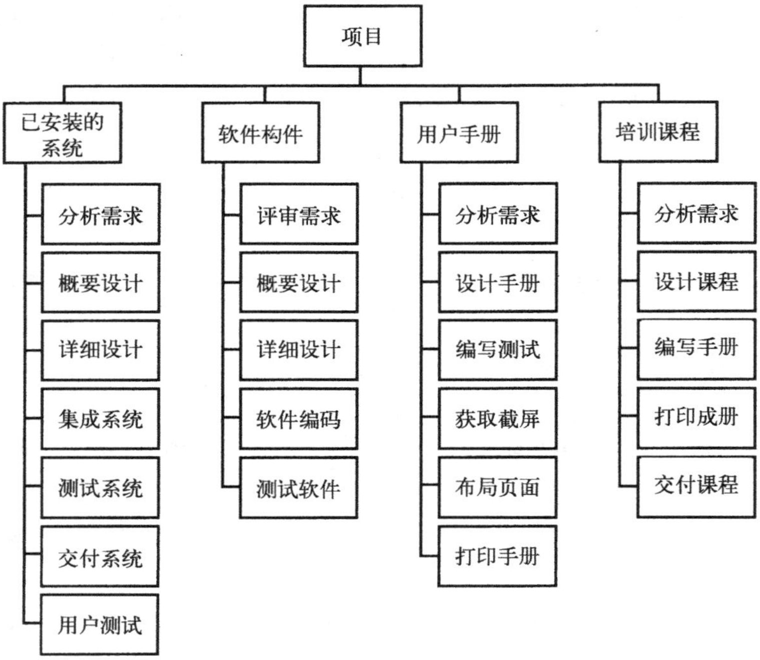

图6-5 基于可交付物和活动的混合WBS

可以为WBS设计一个框架，用来规定结构中的层数以及每一层的性质。例如，IBM所使用的MITP方法学建议WBS应该使用以下五层结构：

层1：项目。

层2：可交付物，如软件、手册和培训课程。

层3：构件，产生可交付物所需要的关键工作项，例如产生系统软件所需要的模块和测试。

层4：工作包，产生构件需要的主要工作项或相关任务集。

层5：任务，通常可由单个人负责完成。

6.6 确定活动的次序和进度

在整个项目期间需要有一个进度表，以清楚地说明每个项目的活动计划何时执行以及需要什么样的资源。第8章将更详细地考虑进度安排问题，下面概要说明一下如何为小型项目提供进度表。一种展示计划的手段是使用条形图，如图6-6所示。

条形图无法说明为什么已经做了某些决策。例如，不清楚为什么活动H直到第9周才能开始。可能是因为除非活动F完成才能开始活动H，或者是因为Charlie要在第8周期间休假。

图6-6所示的图表已初步考虑了开发过程的特点（即某些任务必须在其他任务开始之前完成）和可获得的资源（例如，活动C在活动B之后，因为Andy 不能在同一时间做两个任务）。因而在绘制图表时已经做了两件事——确定了任务的次序（即标识开发过程中规定的活动间的关系），并安排了任务的进度（即规定这些任务何时发生）。安排进度必须考虑员工是否可用以及给员工分配活动的方法。进度表可能看起来非常不同，有不同数量的员工或用不同的分配活动的方法。

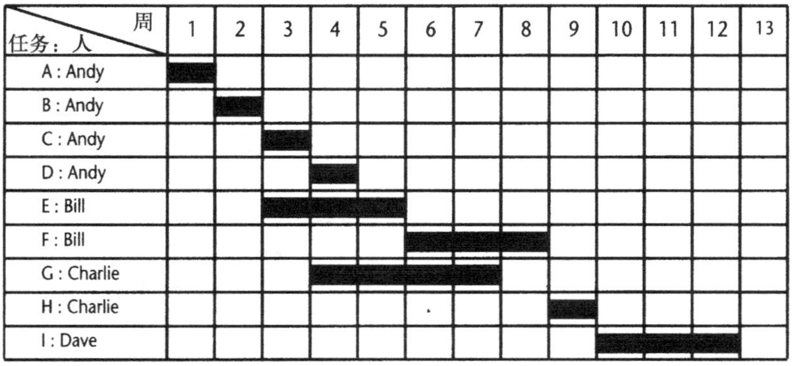

活动关键码

A: 总体设计
B: 详细说明模块1
C: 详细说明模块2
D: 详细说明模块3
E: 模块1编码
F: 模块3编码
G: 模块2编码
H: 集成测试
I: 系统测试

图6-6 条形图式的项目计划

在小型项目中，这种组合的次序–进度安排方法可能非常适用，特别是在早期的策划阶段要给单个人分配特定的任务时。不过，对于较大型的项目，更好的方法是将这两个活动分开：按任务的逻辑关系确定任务的次序，然后在考虑资源和其他因素的情况下确定任务的进度。

从进度安排中独立出逻辑次序的原理类似于在SSADM中从物理实现分离出逻辑系统。

要实现逻辑和物理分离进度的方法，需要使用网络来对项目建模。本章后面将考虑这些方法。

6.7 网络策划模型

利用项目的进度安排技术将项目的活动及其关系建立为一个网络模型。在该网络中，时间从左边流向右边。这些技术最初是在20世纪50年代开发的，其中两个著名的技术是CPM（关键路径法）和PERT（程序评价评审技术）。

CPM由杜邦化学公司开发，并于1958年发布。杜邦公司声称在使用该方法的第一年节省了100万美元。

这两个技术都使用“活动–箭头”（activity-on-arrow）法将项目可视化为一个网络，其中的活动用箭头表示，指向圆或节点，这些圆或节点表示一个活动或一组活动可能的开始和/或完成。这些技术最近的一个变体为优先网络（precedence network），它已经逐渐流行起来。这种方法使用“活动–节点”（activity-on-node）网络，把其中的活动表示成节点，而节点之间的连接表示先后次序或者次序化的需求。活动–节点法避免了活动–箭头法固有的一些问题，并提供了更广的范围来方便地表示确定的情况。这种方法现在已用在大量的计算机应用中。这三种方法非常类似，而且允许不加区别地使用相同的名字（特别是CPM）指称这些方法。

在本章后面，我们将用活动–节点法表示的优先网络来探讨关键路径法，接着简要介绍活动–箭头网络，而对PERT 的讨论留到第7章探讨风险分析时进行。

案例研究实例

在第2章我们了解了Amanda如何标识要开发的三个新的软件构件和一个需要重写的构件，图6-7表示出该网络的活动-节点网络片断，图6-8说明了该网络如何以活动-箭头网络来表示。简短地研究每个网络来验证确实可用不同的图形来表示相同的东西。

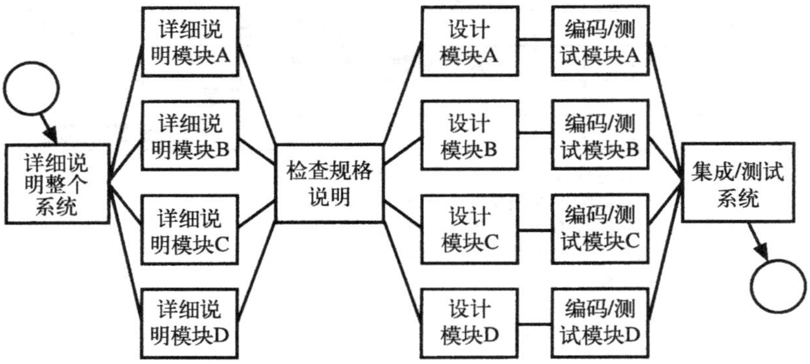

图6-7 IOE年度维护合同项目的活动网络片断，该网络增加了一个检查点活动

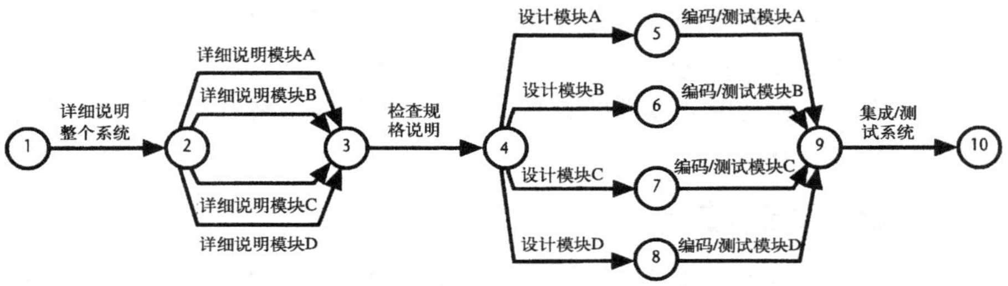

图6-8 表示成CPM 网络的IOE年度维护合同项目的活动网络片断

6.8 网络模型的公式化表示

创建网络模型的第一个阶段是将活动及其关系表示成一个图形。在活动-箭头网络中，我们把活动表示成图形上的节点（框），用连接节点的线表示活动之间的依赖。

6.8.1 构造优先网络

在探讨如何使用网络之前，先考虑一下它们的构造规则。

1）*一个项目网络应该只有一个开始节点*。尽管逻辑上可将网络绘制成有多个开始节点，但为避免引起混乱，不提倡这样做。在这种情况下（例如，在项目开始时有多个活动立即开始），通常虚构一个“开始”活动，该活动是零周期，但可能有一个实际的开始日期。

2）*一个项目网络只有一个结束节点*。结束节点表示项目的完成，而且一个项目只可能完成一次！尽管可以绘制一个有多个结束节点的网络，但如果这样做，必然会导致混乱。在项目的完成取决于多个“最后”活动的情况下，通常虚构一个“完成”活动。

3）节点有周期。一个节点表示一个活动，而且本质上活动要花时间执行。不过注意图6-7 中的网络并不包含任何对周期的引用。绘制这个网络只是表示项目的逻辑，即控制活动执行次序的规则。

4）连接通常没有周期。连接表示活动之间的关系。在图6-9中，“安装”只能在“程序测试”已经完成后才能开始。除非“编码”和“数据收集”已经完成，否则“程序测试”无法开始。

5）前置活动是紧邻的前驱活动。在图6-9中，除非“编码”活动和“数据收集”活动都已经完成，否则“程序测试”活动不能开始；除非“程序测试”活动已经完成，否则“安装”活动不能开始。因而，“编码”和“数据收集”是“程序测试”的前置任务，而“程序测试”是“安装”的前置任务。记住，不能说“编码”和“数据收集”是“安装”的前置任务，因为在前面的陈述中它们之间的关系不是直接的。

稍后我们讨论活动之间延时的可能性。

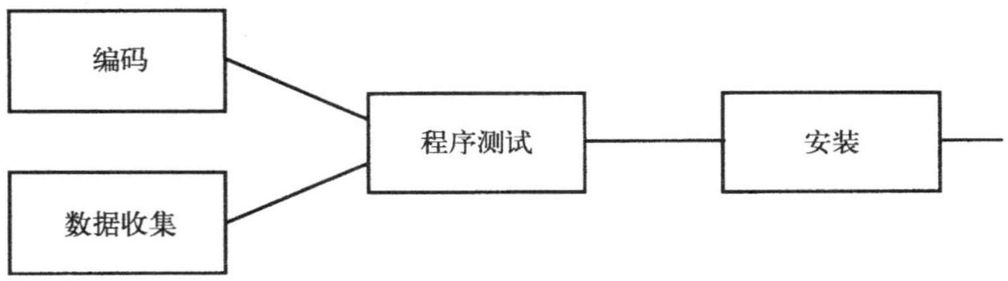

图6-9　一个优先网络的片断

6）时间从左边流向右边。如果可能的话，绘制网络时要让时间从左边流向右边。绝对不要轻视这样的约定，有些人可能会添加箭头到连接线中，以便更明确地指出项目的时间流向。

7）网络不能包含回路。图6-10说明了网络中的一个回路。回路是错误，它表示实际上不会发生的情形。尽管在迭代的情况下会出现回路，但不能直接在项目网络中表示。记住图6-10的逻辑意味着除非错误已经得到改正，否则程序测试不能开始。

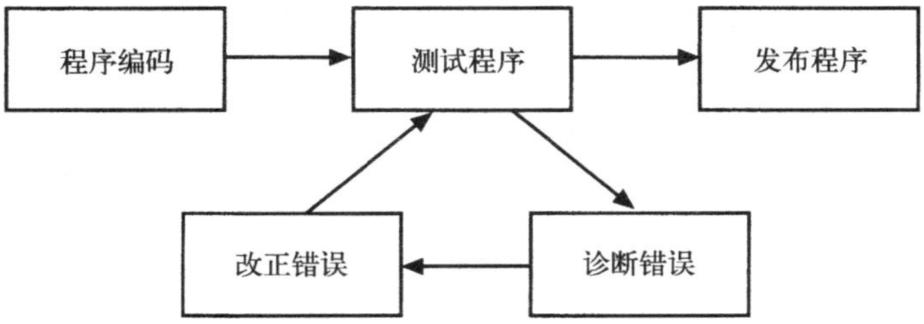

图6-10　回路表示不可能的序列

如果知道期望重复一组活动的次数（例如，测试—诊断—改正的序列），那么可以把一组活动绘制成一个直接的序列，将它重复合适的次数。如果不知道一个序列要重复多少次，那么就无法计算项目的周期，除非采用替代的策略，例如，重新定义这个完整的序列为单个活动，并估计要花多长时间才能完成。

尽管在这个简单的网络片断中很容易就能看出回路，但庞大的网络可能包含复杂的回路。刚开始构造时，很难发现回路。幸运的是，所有网络策划应用程序都能检测回路并在找到回路时生成出错信息。

8）*网络不应该包括悬挂*。如图6-11中的“编写用户手册”这样的悬挂活动是不应该存在的，因为它可能导致后续分析的错误。确实，在许多情况下，悬挂的活动意味着逻辑错误，是在事后经思考后加上的。在图6-11中，如果想说明一旦安装好软件并且编写好用户手册，就认为项目已经完成，那么应该重画带有最后完成活动的网络，至少在这种情况下可以更准确地表达会发生什么。重画的网络如图6-12 所示。

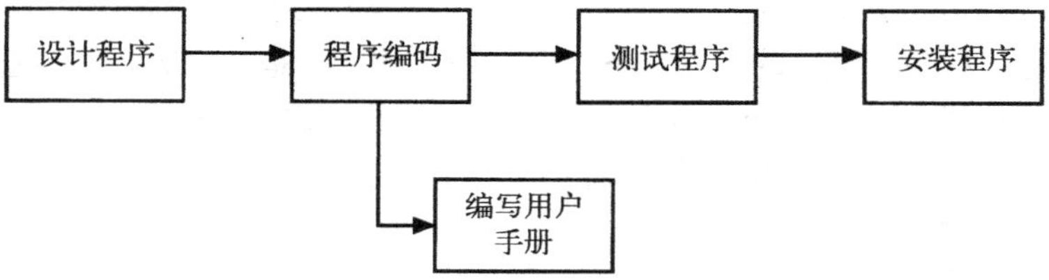

图6-11　一个悬挂

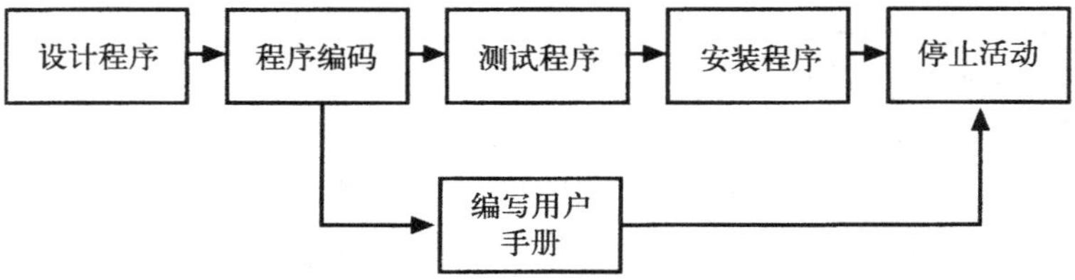

图6-12　解决悬挂

6.8.2　描绘滞后活动

可能会遇到这样的情况，即只要某两个活动之间有一个滞后，就可并行地执行这两个活动。我们可能要对正在测试之中的程序的纠正文档化，特别是在评价原型的情况下。在这种情况下，可以指派一个“测试和纠正文档化”活动。不过，如要求在测试开始后（比如一天）再给出纠正记录并且在测试完成一会后就要求纠正记录完成，那么只用一个活动是不行的。

活动之间以一定的时间滞后并行发生的地方，可以在连接箭头上用一个周期来表示滞后，如图6-13 所示。这表示纠正文档化是在原型测试开始之后的一天开始，并将于原型测试完成之后的两天完成。

文档纠正可与原型测试并行进行，只要它们至少滞后一天开始，并滞后两天完成。

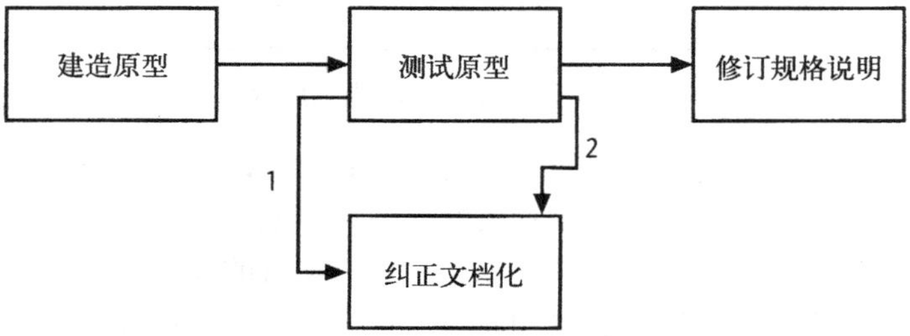

图6-13　标明滞后

6.8.3 集合活动

集合活动本身是零周期活动，但假定它与第一个被集合进来的活动同时开始，并与最后一个活动同时结束。集合活动通常用来表示管理成本或使用的其他资源或者用于具有固定速率的一组活动。

6.8.4 标注约定

为了在活动–节点网络上输入信息，可以采用了许多不同的约定。如下图采用了其中的一种约定，它是基于英国标准BS 4335。

活动标签一般使用编码来唯一地标识活动，并加入项目编码（例如，IoE/P/3 指明是IOE年度维护合同项目的编程活动之一）。活动描述通常是一个简短的活动名，如“测试接收模块”。活动节点中的其他项将在讨论项目网络的分析时解释。

<table>
<tr><td colspan="2">活动标签</td><td colspan="2">周期</td></tr>
<tr><td>最早开始</td><td rowspan="2">活动描述</td><td colspan="2">最早完成</td></tr>
<tr><td>最迟开始</td><td colspan="2">最迟完成</td></tr>
<tr><td colspan="2">活动跨度</td><td colspan="2">缓冲期</td></tr>
</table>

6.9 增加时间维

为了创建逻辑网络模型来说明需要做什么以及活动之间的相互关系，现在开始考虑何时着手执行每个活动。

关键路径法关注两个主要目的：以尽可能快地完成项目的方式来策划项目；标识那些执行时的延迟可能会影响整个项目的结束日期或后续活动的开始日期的活动。

该方法要求每个活动要有一个估计的活动周期。然后，通过执行*正向遍历*来分析网络，以便计算活动开始和项目完成的最早日期；通过执行*反向遍历*来计算活动和*关键路径*的最迟开始日期。

在实践中，我们使用软件应用程序来执行这些计算，即使是最小型的项目也不例外。不过，重要的是要理解如何执行这些计算，以便正确地解释结果并理解该方法的局限性。

在表6-1中，描述了一个使用该方法的小型项目的示例，该项目由8个活动构成，表中已经给出了每个活动估计的周期。

表6-1　一个具有估计的活动周期和优先需求的项目规格说明示例

活　动		周期（周数）	前置活动
A	硬件选择	6	
B	软件配置	4	
C	安装硬件	3	A
D	数据迁移	4	B
E	草拟办公规程	3	B
F	招聘员工	10	
G	用户培训	3	E, F
H	安装和测试	2	C, D

在Brightmouth学院的项目中，Brigette已经完成软件包的评价、选择和审批。现在应用软件已经确定了，还需要确定硬件平台。另一个任务是“系统配置”，它是指在系统中进行一系列参数的设置，使系统满足Brightmouth学院的使用需求。一旦参数设置完成，将所有需要支付薪酬员工的具体信息输入到新的系统之中。还需要准备充足的有关新系统的资料，以便办公规程的设计和编写。目前还没有指派系统管理员，所以需要进行相关人员的招聘和培训。

图6-14描绘了表6-1所指定的项目的网络。

练习6.1 使用优先网络约定为表6-1所指定的项目绘制一个活动网络。完成之后，请将结果与图6-14进行比较。

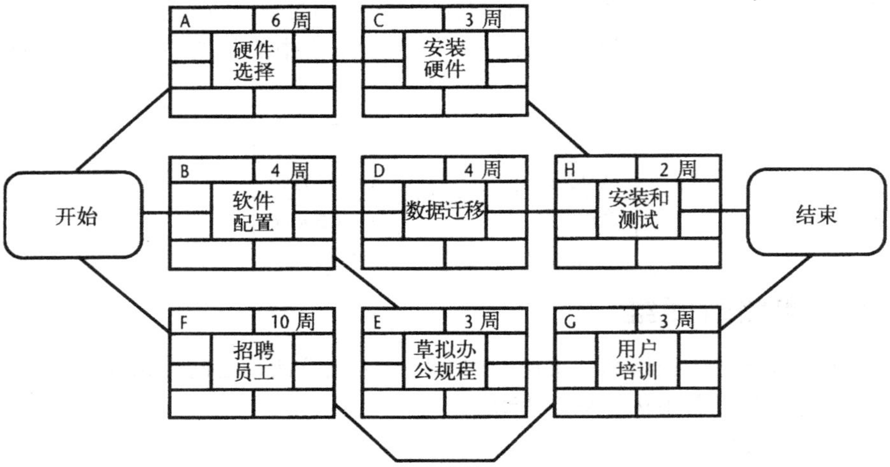

图6-14 示例项目的优先网络

6.10 正向遍历

执行正向遍历以计算每项活动可能开始和完成的最早日期。

在知道实际开始日期的情况下，要使用实际日期执行计算。可以使用天或周数来替代，而且正是这里要采用的方法。按约定，日期指示某段时期的结束，因而项目表示成在周0（或周1 的开始）启动。

在正向遍历期间，最早日期在计算时记录。

正向遍历和最早开始日期的计算按以下推理进行：

- 活动A、B和F可以立即开始，因此它们开始的最早日期是0。
- 活动A要花6周时间，因而它能完成的最早时间是第6周。
- 活动B要花4周时间，因而它能完成的最早时间是第4周。
- 活动F要花10周时间，因而它能完成的最早时间是第10周。
- 只要活动A完成，活动C就能开始，因而活动C 的最早开始日期是第6周。活动C要花3周时间，因此活动C的最早完成日期是第9周。
- 只要活动B 完成，活动D和E就能开始，因而活动D和E的最早开始日期是第4周。活动D要花4周时间，因而它可在第8周完成；活动E要花3周时间，因而它可在第7周完成。
- 除非活动E和F都完成，否则活动G不能开始。因而活动G直到第10 周才可以开始，即活动R第7周和活动F第10周中的后者。

- 类似地，活动H要到第9周后才能开始，即两个前置活动C和D最早完成日期的后者。
- 当活动H和G都完成时，项目完成。因而项目的最早完成日期是第11周和第13周的后者，即第13周。

正向遍历的结果如图6-15所示。

正向遍历规则：一个活动的最早开始日期是前置活动的最早完成日期。在有多个前置活动的情况下，取那些活动的最早完成日期的最后者。

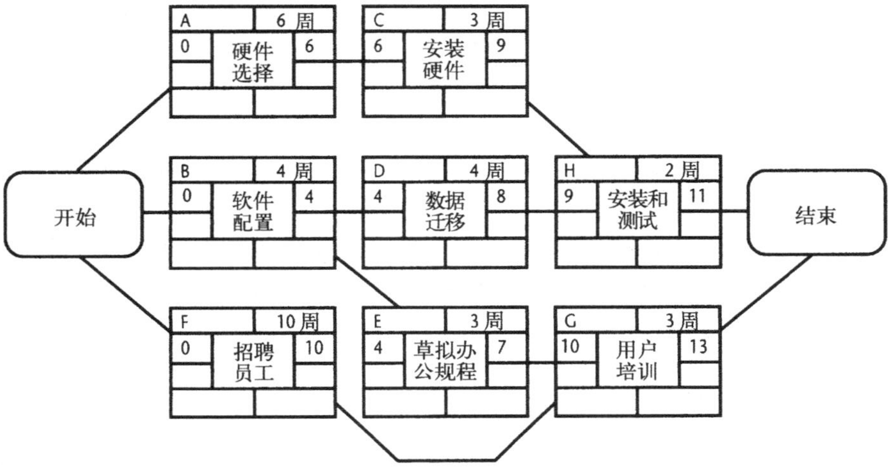

图6-15 正向遍历后的网络

6.11 反向遍历

在关键路径网络的分析中，第二阶段是执行反向遍历来计算每项活动在不使项目结束日期延期的前提下的开始和完成的最迟日期。在计算最迟日期中，假定项目的最迟完成日期与项目的最早完成日期一样，即想要尽可能早地完成项目。图6-16说明了执行反向遍历后的网络。

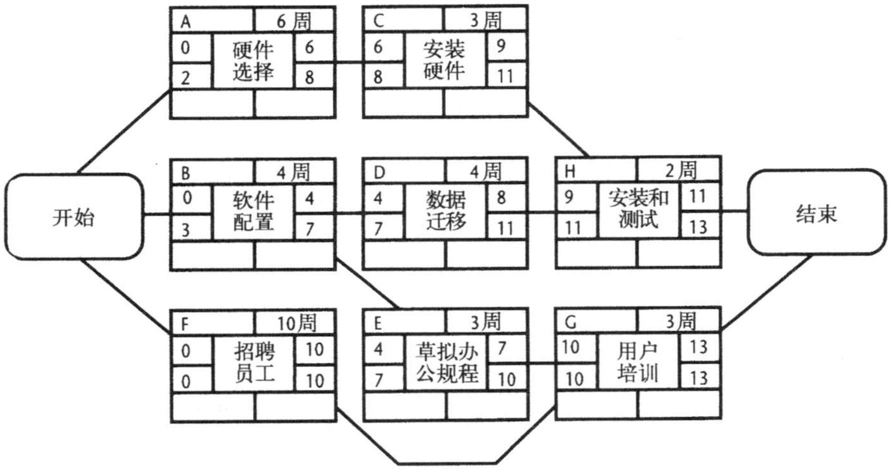

图6-16 反向遍历后的网络

反向遍历规则：一个活动的最迟完成日期是该活动完成后所有可以立即做的活动的最迟开始日期。在有多个活动可以开始的情况下，取那些活动的最迟开始日期的最早者。

最迟活动日期按如下规则计算：

- 假定活动G和H的最迟完成日期是第13周。
- 因而活动H应该最迟在第11（即13−2）周开始；而活动G的最迟开始日期是第10（即13−3）周。
- 活动C和D的最迟完成日期应该是活动H最迟的开始日期，即第11周。因而它们相应的最迟开始日期是第8（即11−3）周和第7（即11−4）周。
- 活动E和F应该在第10周完成，因而它们相应的最迟开始日期是第7（即10−3）周和第0（即10−10）周。
- 活动B应该在第7周完成（活动D和E的最迟开始日期），因而它的最迟开始日期是第3（即7−4）周。
- 活动A 应该在第8周完成（活动C的最迟开始日期），因而它的最迟开始日期是第2（即8−6）周。
- 项目最迟开始日期是活动A、B和F的最迟开始日期。这里是第0周。当然，这用不着感到吃惊，因为它告诉我们如果项目不及时开始，就无法及时结束。

6.12 标识关键路径

关键路径是通过网络的最长路径。

在网络中至少有一条路径（即一个连续的活动集）定义了项目的周期。这条路径称作*关键路径*。关键路径上的任何活动的任何延期都会延迟项目的完成。

缓冲期也称作总缓冲期，以区别于其他形式的缓冲期，参见6.13节。

活动的最早开始日期和最迟开始日期之间的差（或等价地，活动的最早完成日期和最迟完成日期之间的差）称作活动的*缓冲期*，它是活动的开始或完成能有多少延期而又不会影响项目结束日期的一个度量。从某种意义上讲，任何缓冲期为0的活动都是至关重要的，因为执行该活动的任何延期都会使整个项目的完成日期延迟。网络上至少有一条路径连接这些至关重要的活动，这就是关键路径，即图6-17 中用粗体显示的路径。

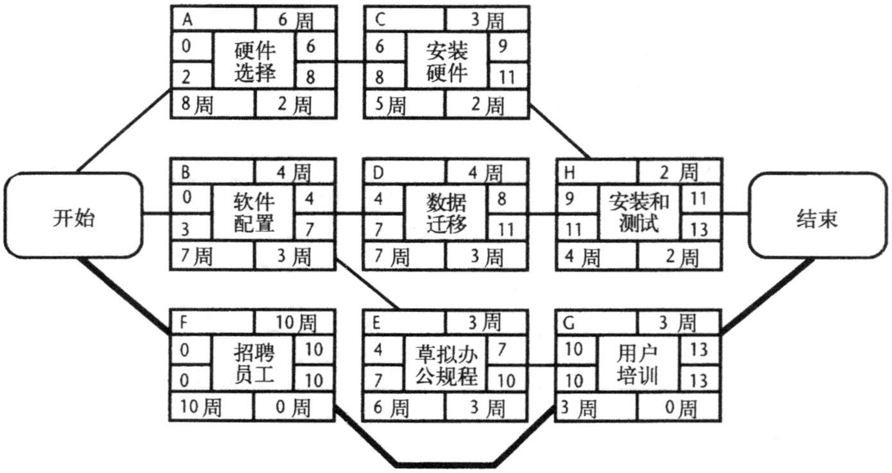

图6-17 关键路径

关键路径的重要性体现在以下两方面：

- 在管理项目时，应该特别关注对关键路径上活动的监控，以便尽早发现和纠正任何延迟或资源无法得到的影响。
- 在策划项目时，如果要缩短整个项目的周期，就必须缩短关键路径。

图6-17还显示了*活动的跨度*。这是最早开始日期和最迟完成日期之间的差，也是活动允许的最大时间的一个度量。这是下节要讨论的与活动缓冲期有相同解释条件的主题。

练习6.2 参看图6-7 描绘的Amanda的CPM网络。使用表6-2中给出的活动周期，计算项目的最早完成日期，并标识网络上的关键路径。

表6-2 Amanda网络估计的活动周期

活　动	估计的周期（天）	活　动	估计的周期（天）
详细说明整个系统	34	设计模块C	4
详细说明模块A	20	设计模块D	4
详细说明模块B	15	编码/测试模块A	30
详细说明模块C	25	编码/测试模块B	28
详细说明模块D	15	编码/测试模块C	15
检查规格说明	2	编码/测试模块D	25
设计模块A	7	系统集成	6
设计模块B	6		

6.13 活动缓冲期

尽管给出了每个活动的总缓冲期，但它其实是“属于”网络上的一条路径。例如图6-17所示，活动A和C都有2周的总缓冲期。如果活动A用完它的缓冲期（即直到第8周才完成），则活动B就只有0缓冲期（它将变成至关重要的活动）。在这种情况下，宣扬活动的总缓冲期对项目取得成功是误导和有害的。

总缓冲期只使用一次。

还有许多其他的活动缓冲期的度量，其中包括：

- *空闲缓冲期* 指活动可以延期的而又不至于影响任何后续活动的时间。一个活动最早的完成日期与后续活动最早的开始日期之间的差就是该活动的空闲缓冲期。这是可以向参与承担该活动的员工公布的更令人满意的缓冲期度量。
- *干预缓冲期* 指总缓冲期与空闲缓冲期之间的差。这是相当常见的，特别是与空闲缓冲期结合使用时。一旦空闲缓冲期已经被使用（或如果是0），尽管它会延迟后续任务的开始，但干预缓冲期会告诉我们活动可以延期多少，而不至于延迟项目的结束日期。

练习6.3 计算图6-17 所示的每个活动的空闲缓冲期和干预缓冲期。

6.14 缩短项目周期

如果想要缩短整个项目的周期，一般都会考虑减少活动周期。在许多情况下，可以通过应用更多的资源来实现，例如加班工作或获取额外的员工。关键路径指示我们应该在何处节省时间——如果想提前项目的结束日期，显然试图缩短非关键活动的周期是没有用的。参考图6-17可以看出，减少活动F的周期一周（周期减为9周），可以使项目在第12周时完成。

当沿着关键路径减少活动时间时，必须持续检查任何新关键路径的形成，必要时要重定向关注点。

将会出现这样一个点，在该点不再能够安全地或从成本上有效地减少关键活动的周期来试图使项目的结束日期提前。进一步讲，如果需要，必须考虑改变我们的工作方法或者分析活动的逻辑顺序。一般可以通过增加网络中的并行工作量和排除瓶颈（当然，总是与资源和质量约束有关的主题）的办法来节省时间。

练习6.4 *参考图6-17，假定活动F的周期缩短为8 周，计算项目的结束日期。如果活动F的周期缩短为7周，项目的结束日期又是多少？为什么？*

6.15 标识关键活动

有关关键路径作用的深入讨论参见第9章。

关键路径标识了那些对项目的结束日期至关重要的活动，然而，不在关键路径上的活动可能会变成关键活动。随着项目的进展，活动总是会用完一部分缓冲期，而且要求定期重新计算网络。一旦沿着一条特定路径的活动用完它们的总缓冲期，那条路径就会变成一条关键路径，而且许多本来非关键的活动会突然变成关键的。

因此，在实践中通常会标识“准关键”（near-critical）路径。它是指那些长度在关键路径周期的（例如）10%～20%之内或者总缓冲期少于项目未完成周期的10%的路径。

标识关键和准关键活动的重要性在于，它们最可能导致项目完成的延期。在接下来的三章中，将会看到标识这些活动在风险分析、资源分配和项目监控中是重要的步骤。

6.16 活动-箭头网络

CPM和PERT方法的开发者最初都使用了活动-箭头网络。尽管这种网络现在要比活动-节点网络少见，但仍在使用它们，而且引入了一个有用的“事件”概念。因此，使用表6-1所示的相同的项目示例来说明如何对它们进行绘制和分析。

在活动-箭头网络中，活动用连接（或箭头）表示，而节点表示活动（或活动组）的开始或完成事件。图6-18用活动-箭头网络绘制了前面的示例(参见图6-14)。

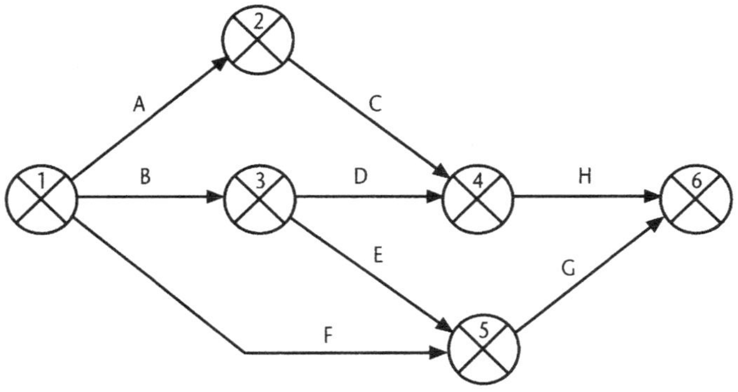

图6-18　一个活动–箭头网络

6.16.1　活动–箭头网络的规则和约定

1）*一个项目网络只有一个开始节点。*这是活动–箭头网络的要求，不像活动–节点网络那样只是期望。

2）*一个项目网络只有一个结束节点。*这是活动–节点网络的另一个要求。

3）*连接有周期。*一个连接表示一个活动。本质上讲，活动要花时间来执行。不过要注意，在图6-18 中并没有包含对周期的引用。连接不按任何表示活动周期的方式进行绘制。绘制这个网络只是表示项目的逻辑——控制执行活动的次序的规则。

4）*节点没有周期。*节点是事件，同样是瞬时的时间点。源节点是项目准备好开始的事件，而汇节点是项目完成的事件。中间节点表示两个同时发生的事件，它既表示节点的所有导入活动已经完成的事件，又表示节点的所有导出活动即将开始的事件。

在图6-19中，节点3是“编码”和“数据收集”已完成的事件，而且是程序测试活动自由开始的事件。仅当事件4已经到达时，即程序测试活动已经完成，安装才开始。

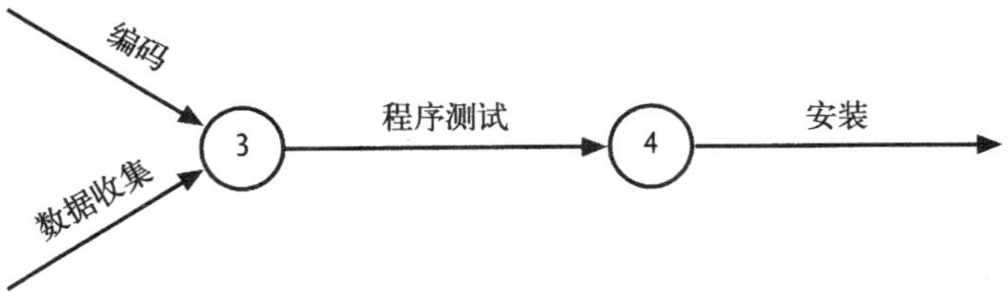

图6-19　CPM网络片断

5）*时间从左边流向右边。*像活动–节点网络一样，绘制活动–箭头网络时，如果可能都应该让时间从左边流向右边。

6）*节点要按次序编号。*没有严格的关于节点编号的规则，但节点应该编号，以便头节点（在活动的“箭头”端的那些节点）总比尾节点（在活动的“非箭头”端的那些节点）有较高的号码。这个约定便于发现回路。

7）*网络不能包含回路。*图6-20展示了活动–箭头网络中的一个回路。就像在优先网络中讨论过的，回路要么是一个逻辑错误，要么通过逐项列出迭代的活动组来加以解决。

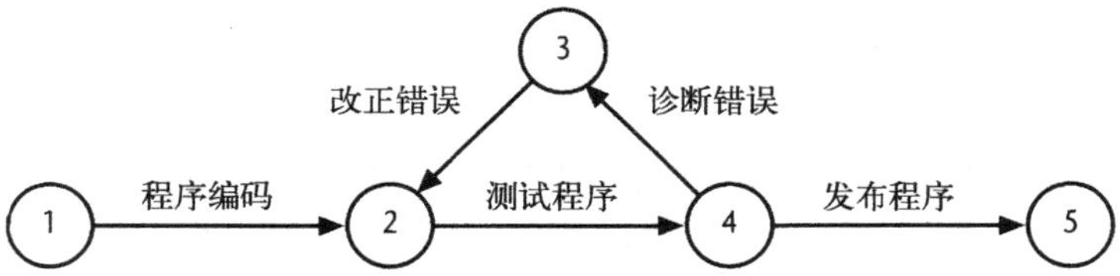

图6-20 回路表示不可能的序列

8）*网络不能包含悬挂*。如图6-21中的“编写用户手册”这样的悬挂活动不能存在，因为它意味着项目有两个完成点。在图6-21中，如果节点5表示真正的项目完成点，而且没有依赖于“编写用户手册”的活动，那么应该重画网络，以便“编写用户手册”活动在节点2开始并在节点5终止——实际上，需要在节点3和节点5之间插入一个虚活动。换句话说，除了第一个和最后一个事件外，所有事件都应该至少有一个活动导入并至少有一个活动导出，而且所有活动应该以一个事件开始并以一个事件结束。

悬挂在活动-箭头网络中是不允许的。

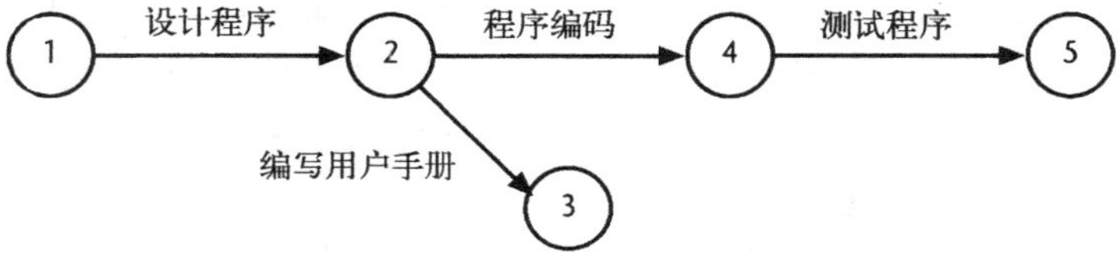

图6-21 一个悬挂

练习6.5 *参考图6-22所示的网络，指出每个网络中有什么错误并改正。*

6.16.2 使用虚活动

当网络内的两条路径有一个公共的事件时，尽管它们在其他方面是独立的，但也可能会发生逻辑错误，例如图6-23中所描绘的。

假定在一个特定的项目中，必须先指定硬件，才能对它下订单和进行软件编码。在进行软件编码之前，还必须指定合适的数据结构，尽管在对硬件下订单之前不需要完全等到数据结构设计完。

图6-23 试图对上面描述的情况建模，尽管它是不正确的。因为它要求在下订单或开始软件编码之前，完成硬件规格说明和数据结构设计。

要解决这个问题，可以分成两条（或多或少）独立的路径，并引入一个虚活动来连接“指定硬件”活动的完成和“软件编码”活动的开始。这有效地中断了“数据结构设计”和“下订单”之间的连接，如图6-24 所示。

虚活动在网络图上用虚线表示，它是零周期的，而且不使用资源。通常使用虚活动来辅助规划网络绘图的布局，如图6-25 所示。其中两个活动共享相同的开始和结束节点，虚活动用于使活动的结束点更容易区分。

这些问题在活动-节点网络中不会发生。

练习6.6 *再看看Brightmouth学院工资单活动网络片断，这与之前的软*

件选择过程相关联，该网络片断是在练习3.4中所开发的（或看图B-2中的标准答案）。将这个网络重画成一个活动–箭头网络。

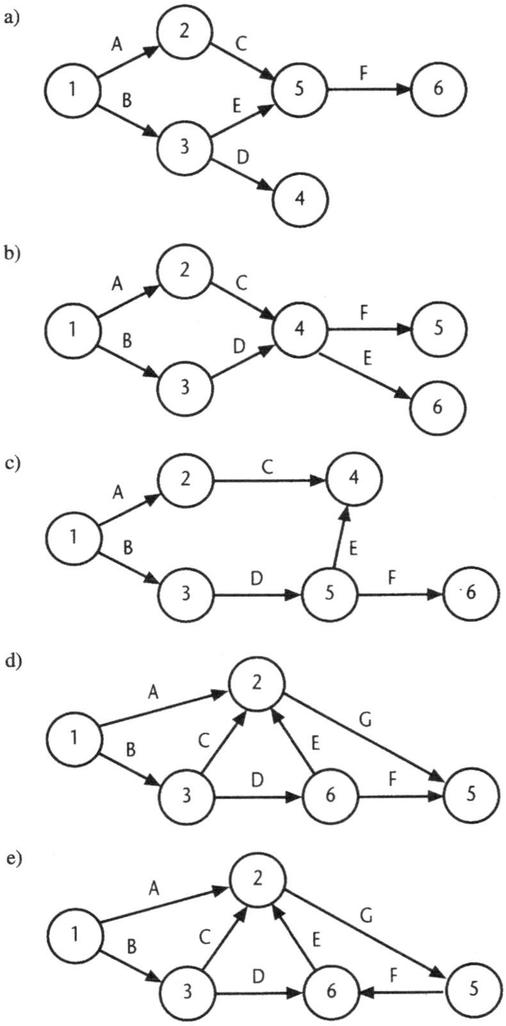

图6-22　一些活动网络

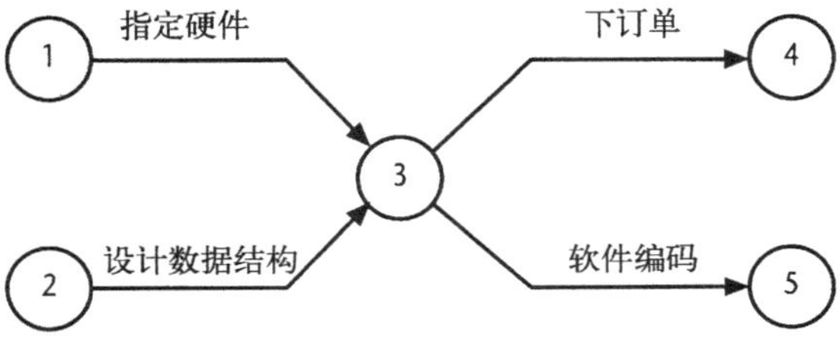

图6-23　有一个公共节点的两条路径

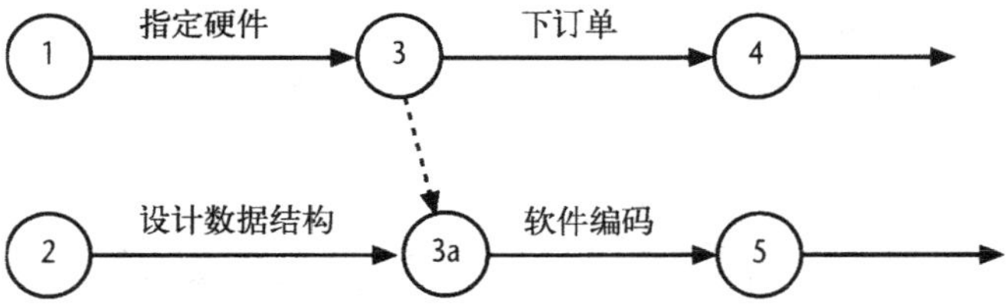

图6-24 用一个虚活动连接两条路径

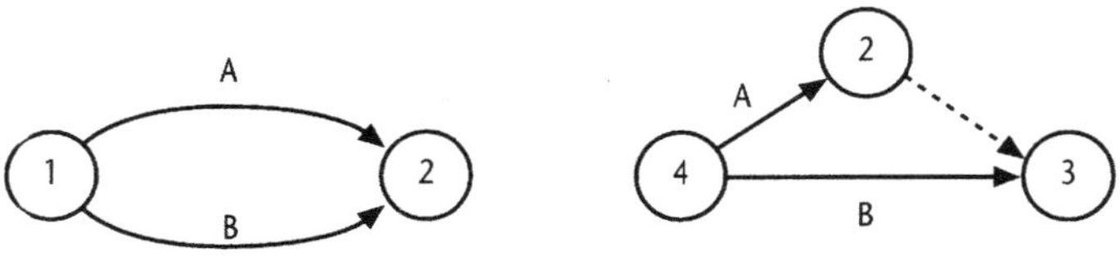

图6-25 虚活动的另一用法

6.16.3 描绘滞后的活动

在并发活动有一个时间滞后的情况下，可以将其显示成"一个阶梯"：文档化可以与原型测试一起进行，只要它至少在一天以后开始，并在原型测试完成后的两天内完成。

当要描绘滞后的并发活动时，活动–箭头网络缺乏灵活性，需要使用图6-26所示的一对虚活动来表示。在活动滞后的地方，由于在其他活动可以进行之前必须完成一个活动中的一个阶段，因此可能比较好的做法是把每个阶段显示成一个单独的活动。

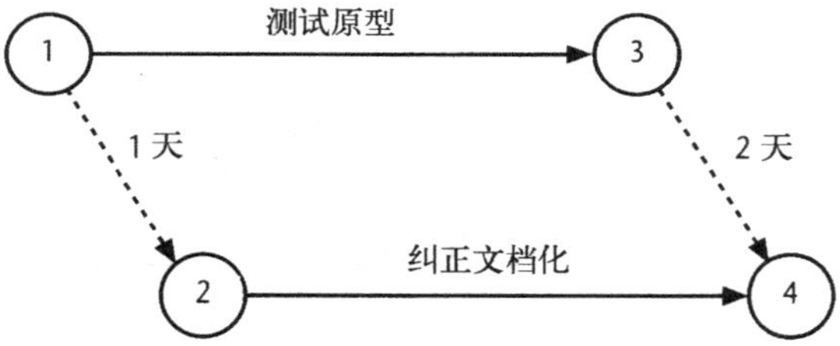

图6-26 使用阶梯技术指出滞后

6.16.4 给活动加标签

已经有许多不同的约定用来在活动–箭头网络上输入信息。通常使用图表来记录有关事件而不是活动的信息——基于活动的信息（不同于标签或描述）一般保存在一个单独的活动表中。

一种较常见的给节点加标签的约定（也是这里采用的约定），是将节点圆划分成四个象限并用这些象限来给出事件号、事件应该发生的最迟和最早日期，以及事件缓冲（slack）（将在后面解释）。

6.16.5 网络分析

在正向遍历期间，最早日期在计算时被记录。事件记录在活动网络图上；活动记录在活动表中。

采用与活动–节点网络相同的方法进行分析，尽管讨论的重点是事件，而不是活动的开始和完成时间。

正向遍历

执行正向遍历可以计算每个事件可能到达的最早日期以及每个活动可能开始和完成的最早日期。事件的最早日期是它所依赖的所有活动可以完成的最早日期。最早日期的计算按以下推理进行：

> 正向遍历规则：一个事件的最早日期是终止于这个事件的所有活动的最早完成日期。对于有多个活动终止于一个公共事件的情况，可以取那些活动的最早完成日期的最迟者。

- 因为事件1的最早日期是0，所以活动A、B和F可以立即开始，而且这三个活动的最早日期也是0。
- 活动A将花6周时间，因此它最早能在第6周完成（记录在活动表中）。因而，到达事件2最早是第6周。
- 活动B将花4周时间，因此它最早能在第4周完成，而且到达事件3最早是第4 周。
- 活动F将花10周时间，因此它最早能在第10周完成。不过，不能断定这是否是到达事件5 的最早日期，因为还没有计算活动E 何时将完成。
- 活动E 最早可在第4 周开始（事件3 的最早日期），而且由于预计要花3周时间完成，因而活动E 最早可在第7 周结束时完成。
- 当E和F都已经完成时，事件5可能到达，即第10周（第7周和第10周中的后者）。
- 类似地，可以推算出事件4的最早日期是第9周，即活动D最早完成（第8周）和活动C最早完成（第9周）的后者。
- 因此，项目（事件6）的最早完成日期是第13周结束，即第11周（H 的最早完成）和第13周（G的最早完成）中的后者。

图6-27和表6-3是正向遍历后的结果。

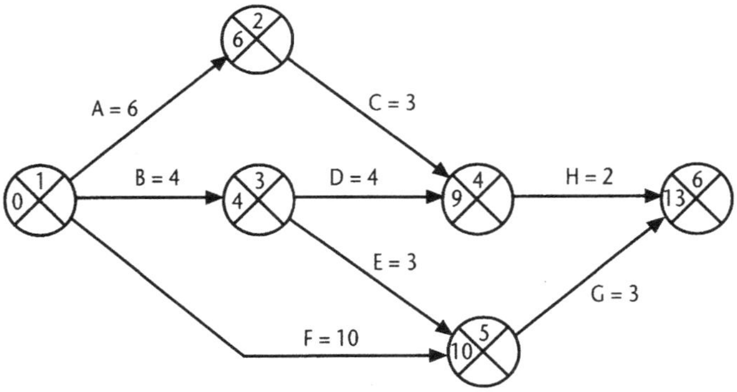

图6-27 正向遍历后的CPM 网络

表6-3 正向遍历后的活动表

活动	周期（周数）	最早开始日期	最晚开始日期	最早结束日期	最晚结束日期	总缓冲期
A	6	0		6		
B	4	0		4		
C	3	6		9		
D	4	4		8		
E	3	4		7		
F	10	0		10		
G	3	10		13		
H	2	9		11		

反向遍历规则：一个事件的最迟日期是开始于这个事件的所有活动的最迟开始日期。对于有多个活动开始于一个公共事件的情况，可以取那些活动的最迟开始日期的最早者。

反向遍历

第二阶段是执行反向遍历来计算每个事件可能到达的最迟日期，并计算在不延迟项目结束日期的情况下每个活动的开始日期和完成日期。一个事件的最迟日期是紧随之后的所有活动的最迟开始日期，以使项目按时完成。类似于活动–节点网络，假定项目的最迟完成日期与最早完成日期一样，即要尽早地完成项目。

图6-28和表6-4是执行反向遍历后的网络和活动表。像正向遍历一样，事件日期记录在网络图中，而活动日期保存在活动表中。

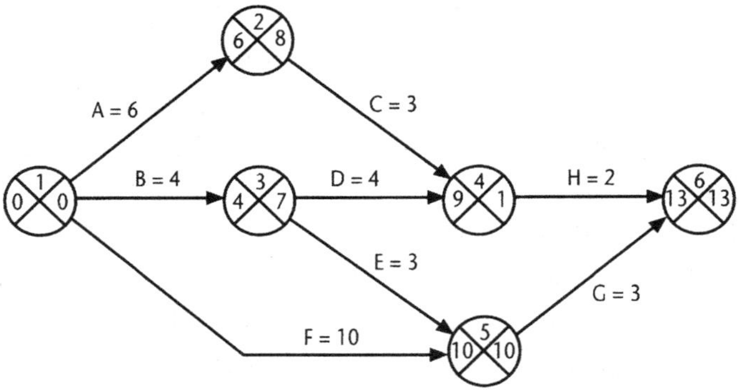

图6-28 反向遍历后的CPM 网络

表6-4 反向遍历后的活动表

活动	周期（周数）	最早开始日期	最晚开始日期	最早结束日期	最晚结束日期	总缓冲期
A	6	0	2	6	8	
B	4	0	3	4	7	
C	3	6	8	9	11	
D	4	4	7	8	11	
E	3	4	7	7	10	
F	10	0	0	10	10	
G	3	10	10	13	13	
H	2	9	11	11	13	

标识关键路径

标识关键路径的方法类似于活动–节点网络中使用的方法。不过，在标识路径时使用了缓冲这个不同的概念。缓冲是事件的最早日期和最迟日期之间的差，它是事件可以延迟多久而又不影响项目结束日期的一个度量。关键路径是连接所有0 缓冲节点的路径（见图6-29）。

6.17 小结

本章讨论了使用关键路径法和优先网络来获得一个理想的活动计划。这个计划告诉我们执行活动的次序以及开始和完成它们的最早和最迟日期。

这些技术帮助我们标识哪些活动对满足目标完成日期是至关重要的。

为了管理项目，需要把活动计划转换成进度表，它明确规定了每个活动何时开始和何时完成。在这样做之前，必须考虑需要什么样的资源以及这些资源在合适的时间是否可以得到。正如我们将要看到的，给一项活动分配资源要受这项任务的重要性以及与其相关的风险的影响。在考虑如何发布项目的进度表之前，我们将在接下来的两章讨论这几方面的项目策划问题。

关键路径是通过网络的最长路径。

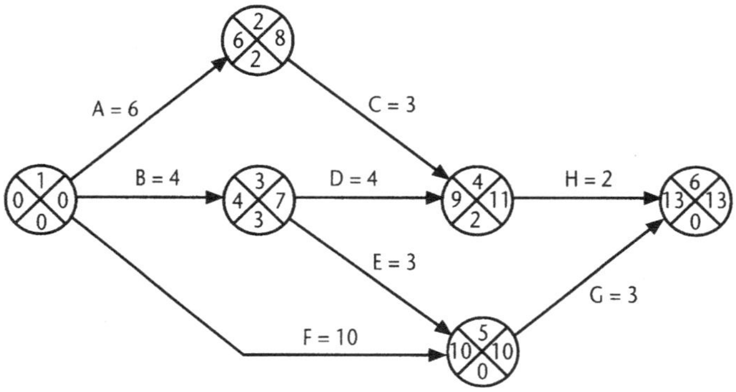

图6-29 关键路径

6.18 进一步的练习

1. 为下面的每个项目用活动–节点或活动–箭头网络约定绘制一个活动网络：
   - 重新装修房间。
   - 选择和购买一台台式电脑。
   - 组织并进行一次对信息系统用户意见的调查。
2. 如果你有一个项目策划应用程序，请使用它来为IOE年度维护合同项目产生一个项目计划。该计划基于练习6.2使用的计划，并验证你的应用程序报告的信息与你在做练习6.2时用手工计算一样。
3. 基于练习6.2的答案，讨论如果Amanda 觉得有必要早于第104天完成项目，她可能考虑什么样的选择？
4. 根据以下给出的信息，绘出优先网络。

活动	依赖	周期（天数）
A		5
B	A	7
C	B	6
D	A	5
E	D	10
F	B	15
G	B	8
H	G	8
I	C	4
J	G	4
K	E,F	5
L	I,H	3

5. 在练习4所绘出的优先网络的基础上，计算每一个活动的最早开始日期，最晚开始日期、最早完成日期、最晚完成日期和缓冲期，并标识出关键路径。

6. 绘出以下场景的优先网络：

ICT应用系统的规格说明书估计需要两周的时间完成。当规格说明书完成之后，三个软件模块A、B、C的设计和编码开始进行，它们分别需要5天、10天、10天的时间，由于模块A、B功能关联很紧密，所以单元测试必须一起进行。模块C的单元测试需要8天。当所有模块的单元测试完成之后，集成系统测试还需要三周时间完成。集成系统测试是基于规格说明书中的功能描述，需要花10天的时间完成测试的计划工作。

7. 根据练习6绘出的活动网络图，确定每个活动的最早、最晚开始日期以及最早、最晚完成日期。计算最短的项目周期。如果仅有两名软件开发人员可以进行设计和编码活动的情况下，项目周期之内的工作量是多少？

8. 优先网络和CPM（关键路径法）表示法的局限性是什么？

第7章 风险管理

目的

学完本章后，你将能够：

- 标识使项目处于风险中的因素。
- 风险排除或抑制行动的分类和优先级设置。
- 量化风险对项目时间表的可能影响。

7.1 引言

在第6章中，我们看到IOE项目中Amanda计划了新的年度维护合同应用所需软件的生产过程。这个计划包括了估计每个任务需要的时间（参见图6-7和表6-2）。她的计划是基于假设项目拥有三名有经验的编程人员来完成模块A、B、C和D的编码工作。然而，其中两位后来另谋高就，并且只有一名新员工填补了其中一个空缺位置。

在Brightmouth学院Brigette的项目中，他们已经购买了一个工资单软件包。然而此时又出现了一个新的需求——用于计算员工课时费用的新应用系统需要访问工资单系统数据库。然而所购买的工资单软件包并不支持外部对数据库的直接访问。

Amanda和Brigette在执行第9章的监督与控制时必须要处理类似上述提到的“问题”。本章，我们将讨论这两个项目经理如何才能预见这些即将出现的问题并且做出相应的处理计划。换句话说，这些问题怎样才能作为风险标识出来。

在一些工作环境中，这里提到的“问题”指的是“结果”。

7.2 风险

PM-BOK定义风险为“*不确定的事件或情况，一旦出现，将会对项目的目标产生积极或消极的影响。*”PRINCE 2（英国政府出资的项目管理标准）中定义风险为“*未来事件面临有害结果的机会。*”两个定义之间的不同在于前者包括了未来不确定事件发生后产生良好结果、提供机会的情况，本章将在后面讨论这个问题。

PM-BOK代表了项目管理知识体系的标准，该标准由美国项目管理协会制定。

风险的主要内容如下：

- *风险与未来相关* 未来是不确定的。有一些在项目结束的时候显而易见的事情（例如过低估计了成本、新技术应用困难等），在项目策划阶段并不是那么明显。
- *风险中包括了起因和结果* 例如，“超出预算”可能被标识为一个风险，但是这样简单的描述仅仅说明了一些有害事件的后果，而没有说明其产生原因。那么原因是什么呢？估计不准确？使用了不熟练的员工？还是不好的规格说明？对于风险，一个好的描述应该包括一个起因

ISPL风险模型（前身是Euromethod）将危险定义为“起因”。

（或者危害），例如，“没有经验的员工”，和一个因此导致的消极结果，例如“低生产率”。

练习7.1 将下面a到d的原因与i到iv的结果进行匹配，匹配不需要是一对一的，并且解释每对匹配的原因。

起因

a员工经验。

b缺乏高层领导的承诺。

c新技术。

d用户需求不确定。

后果

i测试比计划用的时间长。

ii活动结果和时间超出预期。

iii项目规模增加。

iv为获得计划更改的同意使时间推迟。

很难在日常的软件项目管理活动与风险管理活动之间划分明确的界限。例如，当我们在为项目选择解决方案的时候（第4章中做过讨论），未来的不利事件的影响也是需要考虑的因素之一。在第13章中我们将会看到很多软件质量保证方法（例如评审和测试），也是降低项目交付物质量风险的方法。风险管理并不是项目管理中独立的部分。在项目计划确定之后，风险管理的关键作用就是用来处理其中的不确定性。每个计划都是基于各种假设条件的，当这些假设条件不成立的时候，风险管理要对其进行策划和控制。

风险策划主要在第3步和第6步中进行，见图7-1所示。

7.3 风险分类

ICT的项目经理通常给定的目标是：在已经达成一致的预算下、规定的最终期限之内交付需求的应用。同时还需要达到其他一些目标，尤其是在最终交付的应用质量方面的要求。“软件风险”是那些妨碍项目经理和项目团队达到这些既定目标的事件。

正如第2章中提及过的，虽然项目成功开发完成，但是仍然可能有商业上的风险。例如，对于一个销售某种产品的电子商务网站而言，虽然成功的建立了网站，但是由于商品价格不具备竞争力可能导致客户不使用网站进行购物，导致商业目标无法实现。处理这些商业风险就不是实现软件的开发小组的责任了。然而任何不能实现目标的失误都会对项目在商业上产生负面影响。例如，开发费用超出预期可能意味着项目没有好的投资回报。

参见K. Lyytinen，L. Mathiassen和J. Ropponen（1996）发表的“A framework for risk management”，*Journal of Information Technology*，11(4)。

风险采用其他的方式进行分类。例如，Kalle Lyytinen与他的同事们建立了一个风险的社会技术模型。如图7-2所示该模型用图形方法表示。

标签为“参与者”的方框表示所有开发过程中出现的人员。这个领域的典型风险为员工流失率导致项目有价值信息的流失。

标签为“技术”的方框包括了应用实现和产品交付时所使用的各种技术。

技术（尤其是新技术）可能存在缺陷，其正确性与风险有关。

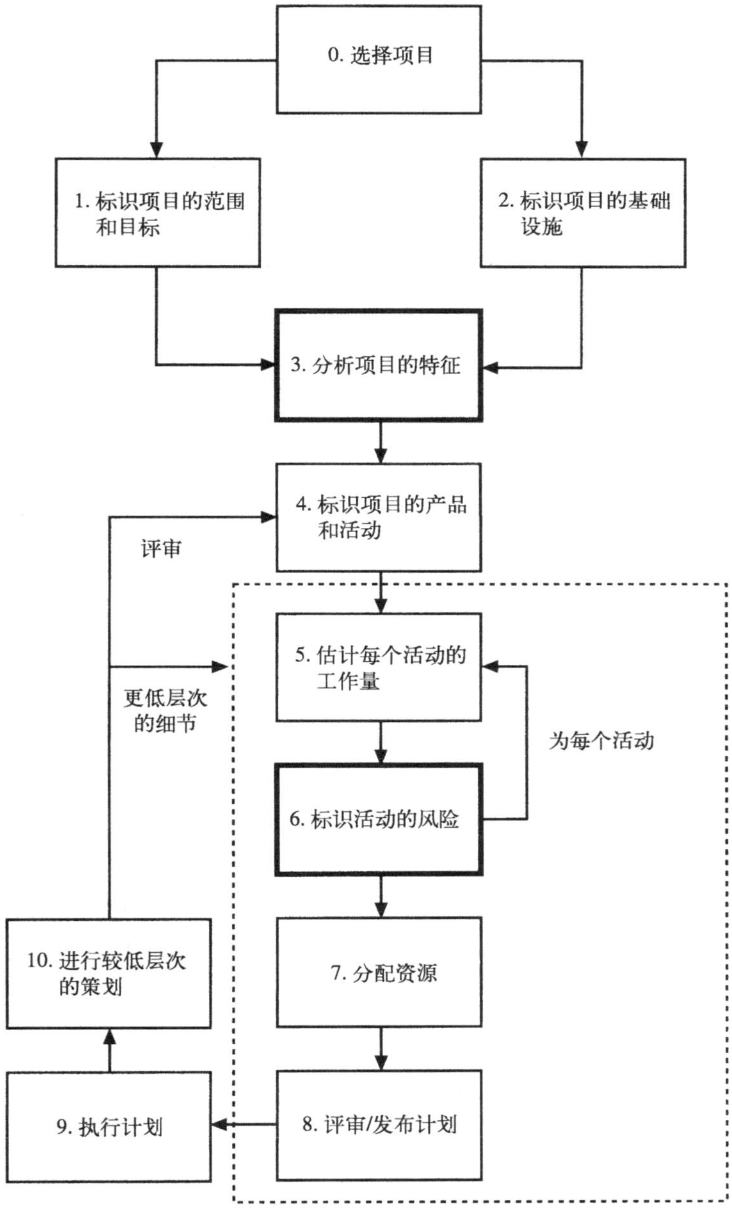

图7-1　风险策划主要在第3步和第6步中进行

“结构”描述了项目管理结构和系统，包括影响策划和控制的结构和系统。例如，实现要求用户分担部分工作，然而项目中负责管理用户的人员并没有明确指定。

“任务”与计划的工作有关。例如，复杂的工作有可能导致延期，因为需要增加时间来对大量的组件进行整合。

图7-2中的所有的方框之间相互相连，风险经常出现在这些因素的相互

关系中（例如存在于技术和人员之间）。如果开发技术很新颖，那么人员在其应用方面可能由于不熟悉而导致需要更多的时间。技术的新特性其实是人员特性，毕竟当开发人员熟悉了这种技术以后，该技术就不能再被称之为“新”技术了。

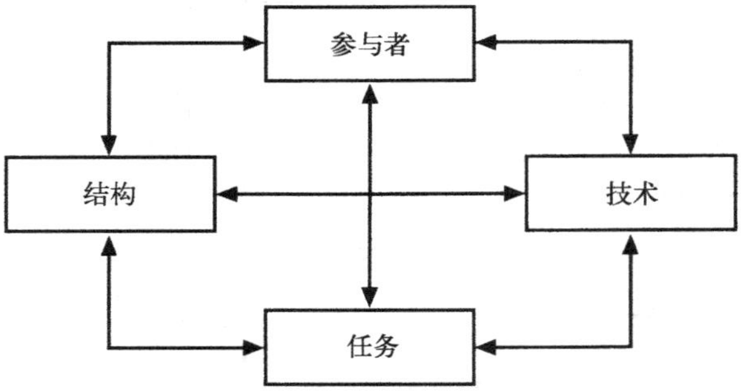

图7-2 Lyytinen-Mathiassen-Ropponen风险框架

练习7.2 按照图7-2所示的分类，标识Brightmouth学院工资单项目和IOE年度维护合同系统项目中存在的不同种类的风险。

7.4 处理风险框架

策划风险包括以下步骤：

(i) 标识风险；

(ii) 风险分析和优先级排序；

(iii) 风险策划；

(iv) 风险监督。

以上从（i）到（iii）的步骤可能重复进行。当有一个可能导致项目失败的风险被识别以后，需要制定计划消除这个风险或者降低它的破坏性。之后该风险需要进行重新评估以确定原来的风险已经有效消除且没有新的风险因此引入。例如，人员在新技术上的不熟悉将会导致开发推迟的风险。为了降低该风险，项目引入了该技术方面的专家。然而专家的引入有可能导致新的风险。例如，新技术在员工中没有普及导致专家离开以后软件在维护方面出现问题。识别出新的风险以后，需要对其制定进一步的缓解计划。

7.5 风险识别

“经验教训”报告与“事后实施评审（PIR）”是不同的。前者在项目完成以后产生，着重于项目的问题。PIR是在项目运行一段时间以后才产生的，着重于商业利益。

检查单和头脑风暴是两种主要的风险识别方法。

检查单列出了软件开发项目中常见的风险。Barry Boehm列出了软件开发风险检查单，表7-1列出了其中一个修订版本。理想的情况下，项目利益相关者代表检查风险检查单以识别适用于本项目的风险，检查单还会为每种风险提供建议的对策。

项目管理方法学（例如PRINCE 2），认为在项目实施方面，评审可以识别出很多问题以及它们（应该采取）的解决或规避方法。有时候，这些问题可以添加到组织风险检查单中以便于新的项目使用。

表7-1 软件项目风险与风险缓解策略

风 险	风险缓解技术
人员缺乏	配置高技能的员工；工作匹配；团队组建；培训和职业规划；为关键人员尽早安排日程
不现实的时间和成本估计	多种估计技术；费用设计；增量开发；对过去项目的记录和分析；方法标准化
软件功能错误	提高软件评价；正式的规格说明方法；用户调查；原型；早期用户手册
用户界面错误	原型；任务分析；用户参与
镀金	需求清理；原型；成本-效益分析；费用设计
晚期需求变化	变更控制规程；高变更阈值；增量开发（变更推迟）
外购构件缺陷	基准化；审查；正式规格说明；正式合同；质量保证规程和证明
外部任务实现缺陷	质量保证规程；竞争设计或原型；正式合同
实时性能缺陷	模拟；基准化；原型；调整；技术分析
开发技术过难	技术分析；成本-效益分析；原型；员工培训和开发

软件风险前十列表基于Barry Boehm的著作《Tutorial on Software Risk Management》，IEEE Computer Society, 1989。

头脑风暴

当初始计划草拟完成以后，项目利益相关者代表被召集在一起，然后他们利用自己对项目不同部分的认识，标识项目可能出现的问题。这种方法的一个作用是，在项目中找到归属感。

第13章介绍质量循环时也有提到头脑风暴。

在Brightmouth学院的工资单项目实施中，Brigette意识到学院管理者知道一些她所不了解的方面的时候，可以采用头脑风暴的方法。然后她邀请了项目的各个利益相关者（包括财务办公室和人力资源办公室的代表），开会讨论项目可能遇到的风险。

7.6 风险评估

风险识别时会遇到一个问题，即风险的列表可能是无穷尽的。所以需要有一些方法来区分出危害和概率更大的风险。这可以通过使用下面的公式对风险的影响进行评估来实现：

风险影响＝（可能的危害）×（发生概率）

最严格的（当然不一定是最实用的）方法，即潜在的危害可以用钱的价值来计算。例如，某项目的数据中心易受火灾的危害。如果发生火灾，那么新的计算机配置估计为500 000英镑，这里发生火灾的概率为1/1000，也就是0.001。风险的影响将是：500 000英镑×0.001＝500英镑。

对这个价值的最简单的理解是，如果你投保的话，这个价钱就是保险公司应该赔偿的最低价钱。如果在同一个地方，有1000个公司，每个公司拿出500英镑成立一个基金，那么当概率为1/1000的火灾出现的时候，基金中就有足够的钱来进行恢复。

练习7.3 *上面提到的风险基金在什么样的情况下可以启动？*

以上这种计算风险影响的方法存在一个限制，那就是对风险破坏性的估计都是相同的。然而实际情况中，各种危害的程度往往并不相同。例如，随着软件开发活动的不断推进，更多的软件产品被创建出来，同时也花费了更多的时间完成这些工作，那么一旦风险发生损失将会更大。

对另外一些风险来说，除了损失以外，还有收益。软件构件的测试原本安排的时间是6天，但实际上花费的时间是3天。团队的领导会因此制定一张如图7-3所示的概率表。从图7-3可以了解到任务在第4天完成概率为5%，在第5天完成概率为10%等。横坐标为第7天对应的累计完成概率为65%，这表明任务在第7天或者在这之前完成有65%的可能性。

客户肯定会要求我们必须选定其中的一个日期作为目标。这个目标需要具有挑战性，例如选择五天完成作为目标，有85%的概率不能完成。更加保险的一个估计应该是8天，8天还不能完成的概率仅仅有15%。这种观点，也将在本章后面进行讨论。

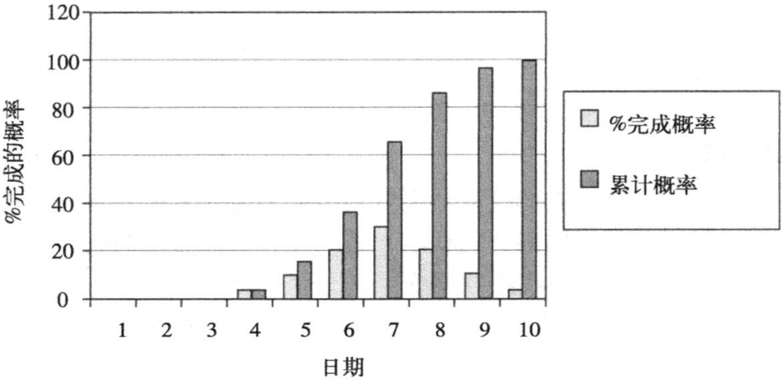

图7-3　概率图

图7-3中最后一点需要注意的是，损失是用“日期”来表示的，而不是用钱的金额来表示。在项目策划时，日期或者员工的生产率往往作为经济损失的替代指标来使用。

大多数的管理者反对对损失或者某些事情发生的概率进行精确的估计。其中一个原因是大多数的估计都是猜测出来的。因此，Barry Boehm建议风险的危害和概率可以使用0～10来表示。两个数字可以相乘得到一个数字用来表示风险影响。表7-2给出了一个Amanda IOE 小组账户项目的例子。在不能对风险进行复杂计算的时候，仅仅以相乘以后得出的数字也可以作为依据来对风险进行排序。

表7-2　Amanda风险影响估计的一部分

序　号	起　因	概率	危害	风险影响
R1	编码阶段需求规格说明的变更	8	8	64
R2	规格说明比预期超时	3	7	21
R3	关键路径上的重要人员生病	5	7	35
R4	非关键路径上的重要人员生病	10	3	30
R5	模块编码时间超出预期	4	5	20
R6	模块测试的时候发现设计的错误或者缺陷	4	8	32

Boehm建议管理者将管理重点放在影响排在前十的风险上。对小的项目来讲（例如年终学生计算项目），可以关注比10个更少的风险。

相对于使用精确的钱的金额和可能性的方法，使用0～10的数字来表示危害和概率也不是完全令人满意的。这些数字通常比较主观，对于同一风险，不同的分析者可能给出不同的数字。另外一种方式是对每个风险的危害和概率使用定性的描述方法，参见表7-3和表7-4。在一定范围内的定性描述可以方便评估者之间保持一定的一致性。

关于这一话题的深入讨论参见P. Goodwin和G. Wright著的《Decision Analysis for Management Judgement》，Wiley，2004。

表7-3　风险可能性的定性描述及其相应的范围值

可能性等级	范　围
高	发生概率超过50%
显著	发生概率为30%~50%
中等	发生概率为10%~29%
低	发生概率小于10%

表7-4　对成本影响的定性描述及其相应的范围值

影响等级	范　围
高	超出预算30%
显著	超出预算20%~29%
中等	超出预算10%~19%
低	超出预算低于10%

表7-4中，风险的危害用对*项目成本*的影响来表示。同样风险的危害还可以用对*项目周期*的影响和对*可交付软件质量*的影响来表示。

项目经理和项目投资人可以确定风险影响到项目的成本、周期还是最终交付的软件的质量。在表7-2中列出的Amanda风险列表中，R5表示模块的编码时间超出预计的周期，这将会同时影响到项目的周期和项目的成本，因为时间的延长将导致投入成本的增加。解决该风险的一种方法是增加软件开发人员，并且将其从剩余工作中分离。这种方法会增加成本，但是可以满足预期的交付时间要求。另外一种方法是减少发布之前的测试时间，这种方法可以保证周期和成本，但是这样会导致项目最终交付时，软件质量的下降。

一旦用定性的方法表示风险的危害和发生概率，那么风险影响就不能用两者相乘来表示了。在这种情况下，风险影响可以通过如图7-4的矩阵中的位置来确定。这些矩阵通常被称为*概率影响矩阵*或者*概要风险剖面*。

在图7-4中，顶端的一些矩阵格的边框用*容差线*区分出来。在此范围内的风险需要特别予以关注。

第5章中强调了应该经常对项目的工作量和周期进行评估。这同样适用于软件风险的评估，因为某些风险只发生在项目生命周期的特定阶段。例如，有一个风险是在需要对需求进行细化的时候，关键人员不能到位。随着需求逐步收集至完成，这个风险就会逐步变得不重要直到消失。通常，随着项目的进展和开发人员对用户需求和新技术的逐步了解，不确定性会逐步降低。

风险近似（risk proximity）用来描述风险的这个属性。

另一方面，随着项目投资的增加，风险的破坏性将有所增加。如果你使用文字处理器创建一份文档，但是没有进行备份，每天往文档中增加新内容的时候，也同时增加了一旦文档损坏以后进行补救时的工作量。

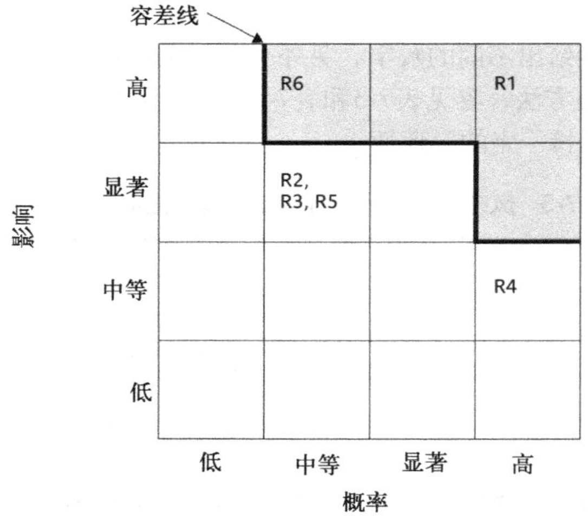

图7-4 概率影响矩阵

7.7 风险策划

识别主要的风险并且排定了优先级别以后，接下来的工作是计划如何处理它们。可能的处理方法有以下几种：

- 接受风险
- 规避风险
- 降低和缓解风险
- 转移风险

7.7.1 接受风险

这是一种什么都不做的选择。在划分风险优先级的步骤中，我们已经决定要忽略一些风险，以便于将资源投入到概率较高、危害较大的风险上。有一些风险，一旦发生后造成的损失要比降低它们的发生概率投入的资本要少。

7.7.2 规避风险

一些会导致事故产生的活动，应该尽量避免。如果害怕鳄鱼，就不要下水。例如，从头开发一个软件将会导致很多问题的时候，项目经理就会考虑保留现有的方法或者去购买相应的产品。

7.7.3 降低风险

要注意，每一种缓解风险的方法都会产生额外的成本，这个问题将在下一节中讨论。

这意味着，我们在风险发生之前做一些工作，从而降低其发生的可能性。

本章最开始有一个场景是关于Amanda的IOE开发项目中两名员工工作时间安排的。如果这被标识为一个风险，那么应该采取措施降低人员流失的可能性。例如，向开发者承诺项目顺利结束以后将会有大额的奖金。

Brigette在Brightmouth学院的工作中存在一个问题，即在购买了一个工资单软件包以后，又识别出了另外一个对于工资单软件包的需求。不幸的是，已经购买的软件包不能满足新的需求。如果Brigette在项目的早期识别出了这个风险，她随后参考了（如表7-5所示）Richard Fairley的4种COTS软件购买风险，其中的一个风险就是在针对不同应用进行数据格式的统一和数据交换时会非常困难。那么Brigette在选择购买软件的时候会要求产品支持一种通用的数据库（例如Oracle），从而使得集成变得比较容易。

表7-5 Fairley的四种COTS软件购买风险

集成	为不同的应用进行数据格式的统一和数据交换有困难
更新	当供应商更新软件以后，有可能不再满足用户最初的需求。坚持使用旧的版本意味着丢失了供应商的技术支持
没有源代码	如果想改进系统，会因为没有源代码导致无法进行改进
供应商问题	产品供应商有可能不再从事该项业务或者被竞争对手并购

参见R. Fairley（1994）发表的“Risk management for software projects”, *IEEE Software*, 11 (3), 57－67。

缓解风险与降低风险之间有时候是有所区别的。降低风险是指降低风险发生的概率；而缓解风险是指采取措施降低风险发生时造成的损失。例如，定期地为存储数据备份，会降低数据损坏造成的风险，但是不会降低数据损坏发生的概率。缓解与将要提到的应急计划密切相关。

7.7.4 转移风险

也就是说，风险被转移到另外的人或者公司那里。例如，在项目开发中某一部分的功能以合适的价格外包出去。供应商处理这个风险比项目自己处理它的时间要短。另一方面，一个好的供应商会比项目本身在这个部分的经验要丰富。而且由于竞争的关系，外包的价格也会比较低。

购买保险是一个很好的进行风险转移的例子。

7.8 风险管理

7.8.1 应急

对于有些风险来说，其缓解活动只能对发生概率产生很小的影响。例如，因为生病导致人员不能工作。尽管一些雇主鼓励他们的员工接受健康的生活方式，但还是会有员工因为一些小的疾病（如流感）而不能继续工作。这样类型的风险需要一个*应急计划*。该计划在特定的风险发生的时候实施。如果一个正在担任重要工作的员工生病，那么项目经理会指定另外的员工来代替他的工作。

在“降低风险”中讨论过，预防措施度量会因为风险是否发生的原因导致成本的忽略。当风险真的发生时，其应急措施才会导致成本增加。但是，为了使应急计划可用，还需要做一些附加工作。一个最明显的例子就是当数据库损坏以后，需要重装备份数据，这样必然会发生相关的成本。

练习7.4 *在上面的员工生病的例子中，需要提前采取什么样的措施才能保证风险发生的时候，别的员工可以替代生病的员工继续重要的工作？当考虑是否值得采取这种办法时，何种因素会影响到你所做的决定？*

7.8.2 风险应对措施的决策

上面提到了处理风险的五种通用方法。然而，针对每个实际的风险，需要为其做出特定的计划。很多例子中，专家提供了一系列步骤来处理特定风险发生的概率。例如，表7-1的Boehm的“风险前十列表”方法。

无论采取何种应对措施，一定要得到投资回报率。在这种情况下风险的影响可以通过公式：（可能的危害）×（发生概率）来进行计算（参见7.6节）。那么风险缓解效率（RRL）就可以用下面的公式来进行计算：

$$风险缓解效率=（RE_{before}-RE_{after}）/(风险缓解的成本)$$

RE_{before}是指采取缓解策略前风险的影响（参见7.6节）。RE_{after}是指采取措施以后的风险影响。RRL的值大于1表示通过缓解风险获得的价值大于缓解本身的花费。例如，我们花费了200 000英镑开发软件要用到的硬件配置。有1%的概率发生火灾（因为硬件所处位置的关系）。风险的影响是1% × 200 000英镑 = 2000英镑。如果花500英镑安装一个火警报警器，那么会将火灾发生的概率降低到0.5%，新的风险影响是1000英镑。RRL = (2000−1000)/500 = 2。也就是说安装报警器非常值得。

在本章的前面我们将风险影响与为火灾投保的钱数作过比较。进一步分析，保险公司会因为你安装了火警报警器而把保险费从2000英镑降低到1000英镑。火警报警器花费了500英镑，但是节省了1000英镑，所以安装火警报警器是划算的。

7.8.3 创建和维护风险记录

当项目策划者识别并且确定了项目的主要风险以后，应该对其进行记录。风险记录要包含的内容如图7-5所示。随着项目的进展，不断地会有新的风险识别并且添加到风险记录中。风险记录将定期地进行评审和更新，就像第9章中提到的项目生命周期监控那样。有一些风险可能实施一两个活动，当风险不存在时，该风险可以被“关闭”。在项目的整个生命周期中，风险的危害和发生概率都有可能发生变化。

7.9 评价进度风险

7.6节中有一张概率图（参见图7-3），一项工作花费的时间预测用可能性的数字范围图来表示；最可能的周期用图中的顶点来表示；其他可能的时间按照可能性大小依次排列在顶点周围。例如，一项工作完成的时间最有可能是5天，比较小的可能是4天或者6天，更小的可能性是3天或者7天，依次类推。如果一项任务花费的时间比计划时间长，那么我们希望其他的任务花费的实际时间比计划时间短，从而弥补延长的时间。下一节中，我们将介绍PERT技术，该技术考虑了项目中活动周期的不确定性。我们还会介绍蒙特卡洛仿真技术，这是一种处理不确定性的更加强大和灵活的方法。

使用PERT图的缺点是，在实际的工作中，开发人员倾向于使用完所有安排的时间，即使他们有可能提前完成任务。就算是任务提前完成了，项目经理也往往不能及时发现从而开始下面的任务。关键链管理方法将解决这个问题。

风险记录					
风险id		风险标题			
拥有者		识别日期		状态	
风险描述					
影响描述					
建议的风险缓解策略					

概率/影响值				
	概率	影响		
		成本	周期	质量
缓解前				
缓解后				

事件/活动历史			
日期	事件/活动	处理人	结果和注释

图7-5 风险记录页

7.10 应用PERT技术

7.10.1 使用PERT评价不确定性的影响

开发PERT来考虑对不确定的任务周期的近似估计。它是在昂贵的、高风险的、当前最新技术水平的项目环境中开发的，而不是与当今许多大型项目不同的项目。

PERT方法非常类似于CPM技术（确实有许多从业人员混淆术语PERT和CPM），但PERT 要求对每个任务的周期做三次估计，而不是一次估计。

- 最可能的时间　期望任务在正常情况下所花的时间。用字母*m*来表示。
- 乐观的时间　期望完成任务的最短时间（除非出现明显的奇迹）。用字母*a*来表示。

PERT（程序评价和评审技术）与CPM在同一年发布。它是为弹道导弹程序开发的，据说已经在开发北极星导弹时节省了相当可观的时间。

- 悲观的时间　考虑所有合理的可能情况下的最坏可能时间，但要排除“不可抗力和战争”（像人们说的最保险的不属保险范围的条款中）。用字母b来表示。

然后，PERT使用公式来组合这三次估计，构成一个期望周期t_e

$$t_e = \frac{a + 4m + b}{6}$$

练习7.5　表7-6为图6-29所示的网络提供了附加的活动周期估计。有新的估计a和b及原来的活动周期估计用作最可能的时间m，计算每个活动的期望周期t_e。

表7-6　PERT活动时间估计

活　动	活动周期（周）		
	乐观的（a）	最可能的（m）	悲观的（b）
A	5	6	8
B	3	4	5
C	2	3	3
D	3.5	4	5
E	1	3	4
F	8	10	15
G	2	3	4
H	2	2	2.5

7.10.2　使用期望周期

期望周期使用与CPM 技术相同的方法来对网络执行正向遍历。然而，在这种情况下，要计算的事件日期不是最早的可能日期，而是期望到达那些事件的日期。

练习7.6　在进一步阅读之前，使用你计算的期望的活动周期对网络（参见图6-29）执行一次正向遍历，并验证项目周期是13.5 周。13.5 周的期望按项目完成日期来看意味着什么？

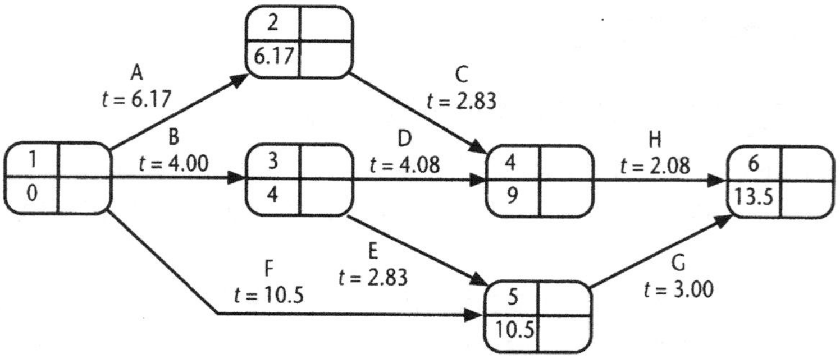

图7-6　正向遍历后的PERT网络

图7-6描绘的PERT网络表示我们期望项目花13.5 周时间。在图7-6中，使用了活动−箭头网络，因为这种表达形式更容易可视地从计算的数据（期望

完成日期和目标完成日期）中分离出估计的活动数据（期望周期及其标准偏差（后者））。当然，这种方法可很好地得到活动–节点图的等价支持。

与CPM方法不同，PERT 方法并不表示完成项目的最早日期，而是表示期望（或最可能的）日期。这个方法的一个优点是它强调现实世界的不确定性。最好说“期望在……日期之前完成项目”，而不要说“项目的完成日期是……”。

PERT方法关注活动周期估计的不确定性。要求对每个活动进行三次估计，强调了无法确定“将发生什么”的事实，即只能考虑估计是近似的。

这里采用的PERT事件标识约定来表示事件号、目标日期、期望时间的计算值以及标准偏差。

这个标准偏差公式的基础是：在统计分布的两极之间存在6个标准偏差。

7.10.3 活动标准偏差

活动周期估计的不确定性程度的量化度量，是通过计算活动时间的标准偏差s得到的，公式如下：

$$s = (b-a)/6$$

活动标准偏差与乐观值和悲观值估计之间的差成正比，而且可以用作每个活动的不确定性程度或风险的等级度量。示例项目的活动期望周期和标准偏差如表7-7 所示。

表7-7 期望的时间和标准偏差

活动	活动周期（周）				
	乐观的（a）	最可能的（m）	悲观的（b）	期望的（t_e）	标准偏差（s）
A	5	6	8	6.17	0.50
B	3	4	5	4.00	0.33
C	2	3	3	2.83	0.17
D	3.5	4	5	4.08	0.25
E	1	3	4	2.83	0.50
F	8	10	15	10.50	1.17
G	2	3	4	3.00	0.33
H	2	2	2.5	2.08	0.08

7.10.4 满足目标的可能性

PERT 技术的主要优点是它提供了估计满足或未达到目标日期的概率的方法。可能只有一个目标日期——项目完成，但可能要设置另外的中间目标。

假定必须在15周内完成项目。预计要花13.5周，但可能多点，也可能少点。另外，假定活动C必须在第10周之前完成，因为它由计划要到另一个项目工作的一名员工实现，而且事件5表示要交付中间产品给客户。这三个目标日期在图7-7的PERT网络中给出。

PERT技术使用以下三个步骤来计算满足或不满足目标日期的概率：

- 计算每个项目事件的标准偏差。
- 计算有目标日期的每个事件的z值。
- 转换z值为概率。

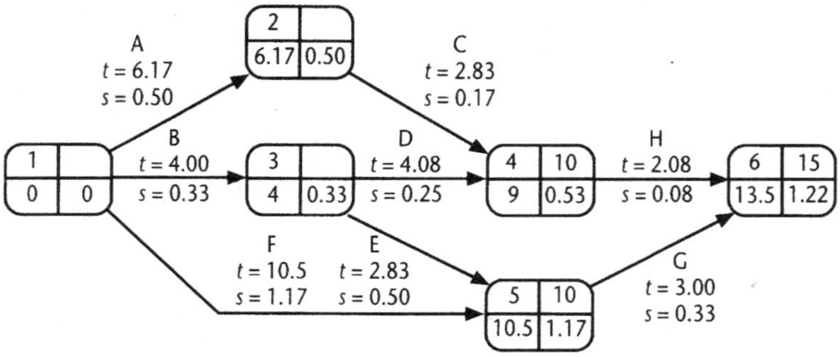

图7-7 有三个目标日期和已计算的事件标准偏差的PERT网络

7.10.5 计算每个项目事件的标准偏差

标准偏差的平方称作方差。标准偏差不能相加，但方差可以相加。

通过执行一次正向遍历计算项目事件的标准偏差，该正向遍历以期望周期所用的类似方法使用活动标准偏差。然而，有一点小的不同，即要把两个标准偏差相加，必须把它们的平方相加，然后计算和的平方根。练习7.7说明了这项技术。

该方法的一个实践结果是，如果将一系列的活动视为一个整体，分配的应急时间一般小于这些活动的各自的应急时间之和。这个方法还将使用在关键链管理中，我们将在接下来的内容中进行讨论。

练习7.7 事件3的标准偏差只取决于活动B的标准偏差。因此，事件3的标准偏差是0.33。

对事件5，有两条可能的路径B+E或F。路径B+E的总标准偏差是$\sqrt{0.33^2+0.50^2}=0.6$，而路径F的总标准偏差是1.17。因此，事件5 的标准偏差是两者之中的大者，即1.17。

验证项目中的其他事件的标准偏差是否如图7-7所示。

7.10.6 计算z值

z值是为每个有目标日期的节点计算的。它等价于节点的期望日期和目标日期之间的标准偏差的数量。可以使用以下公式来计算：

$$z=\frac{T-t_e}{s}$$

其中，t_e是期望日期，而T是目标日期。

练习7.8 事件4的z值是（10−9.00）/0.53=1.8867。

计算图7-7所示的网络中其他有目标日期的事件的z值。

7.10.7 转换z值为概率

z值可以通过使用图7-8中的图形转换成不满足目标日期的概率。

练习7.9 项目完成（事件6）的z值是1.23。使用图7-8，可以发现，这等价于大约11%的概率，即有11%的风险不能满足第15 周结束的目标日期。

找到不能满足事件4 或事件5 的目标日期为第10 周结束的概率。

第14 周完成项目的概率是多少？

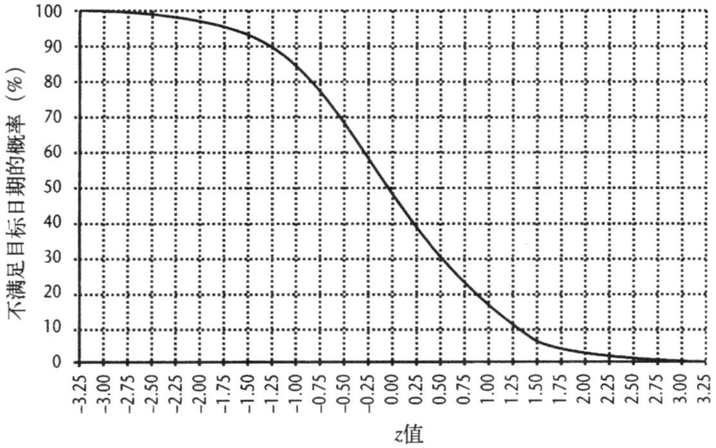

图7-8 正态分布在平均标准偏差值为z内的概率

这个图形等价于z值表，也称作标准正态偏离，可以在许多统计学教科书中找到它。

7.10.8 PERT的优点

通过估计多值的活动周期和计算期望日期，PERT进行了不确定性的预测。可以使用该技术来计算每个任务的标准偏差，并用这个标准偏差按照它们的风险度来排序。使用这种排序可以发现，例如，活动F是有最大不确定性的活动；而活动C在原则上应该只给予相对较少的关注。

如果对正向遍历网络使用期望的时间和标准偏差，可以估计任何事件或活动的完成满足所设置的目标的概率。特别是通过沿关键路径设置目标日期，可以集中于那些对项目的进度有最大风险的活动上。

7.11 蒙特卡洛仿真

作为PERT技术的替代技术，而且为了在指定可能的活动周期中提供更大的灵活性，可以使用蒙特卡洛（Monte Carlo）仿真技术来评价不能达到最终期限的风险。这个技术的原理是多次计算项目网络的活动完成时间，每次随机地从每个活动的一组估计中选择估计的活动时间。然后，把结果列表、总结并显示成如图7-9所示的图形。

活动周期估计可按多种形式来指定，这取决于可获得的信息。例如，如果有关于类似活动的可用的历史数据，可能会把周期指定为概率分布。假如缺乏可用的信息，至少应能像PERT 那样提供三次估计。

这个技术显然要求大量的计算，因为在获得可能的完成时间的有代表性的选择之前，可能不得不执行好几百次网络的正向遍历。幸运的是，有许多可用的程序包来执行蒙特卡洛仿真。有些能与项目进度应用程序交换数据，有些与标准的电子表格软件有接口。这些程序包中的大多数都可以应用蒙特卡洛风险分析法来对成本、资源和周期进行估计。

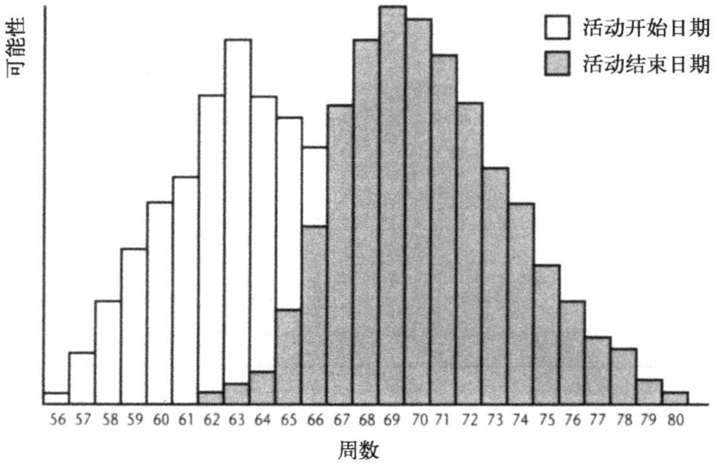

图7-9 使用蒙特卡洛仿真技术产生的一个活动的风险剖面图

7.12 关键链概念

在本章的前面已经提到对于活动周期的预测值不是一个固定的数值，而应该是一个时间范围，如图7-3所示。但是，我们还是需要在这个范围内选出一个值作为*目标值*。

选择*可能性最大*的值作为目标值。设想某人每天骑车上班，平均车程为45分钟，但有时可能多于或者少于这个平均时间。将这些时间值描绘在如图7-3的图中。如果某些天有一个重要会议需要参加，那么他可能会额外预留更多的时间，比如说15分钟，以保证能按时到达。那么根据PERT技术，最可能的周期是中间值，悲观的时间是45+15=60分钟。

当然，有些日子此人上班的车程正好是平均值45分钟。当项目实际执行的时候，项目经理的注意力将着重放在那些执行周期超出预期的活动上。那些在目标日期之前完成的活动往往被忽略。这些提前完成的活动如果善加使用的话，将会弥补某些活动导致的周期拖延，从而使整个项目按时完成。

图7-10显示的是一位研究人员Michiel van Genuchten的发现，在软件开发任务结束以后，分析了延期的原因。该图表明30%的任务按期完成，9%的任务提前一个星期完成，还有17%的任务拖后一个星期完成。按期完成的任务和提前完成的任务之间21%的巨大差距验证了帕金森定律：*工作总是趋向于用完所有安排的时间*。这一现象不能简单地归结于人的惰性。van Genuchten发现导致延期的一个普遍原因是有一些时间花在了非项目的工作上面。貌似开发人员将多余的时间用在了其他一些紧急工作之上。

参见L. P. Leach (1999) 发表的"Critical chain project management improves project performance", *Project Management Journal*, 30 (2), 39–51。该文对此方法进行了很好的介绍。

其中一种解决这些问题的方法是使用由Eliyahu Goldratt开发的*关键链概念*。为了实例化该方法的规则，我们将图7-7的例子调整为一张甘特图。图7-11描述了使用传统的方法开发出的甘特图，但是我们已经采用了最可能的时间周期。

关键链方法的通用步骤将在接下来的章节中介绍。

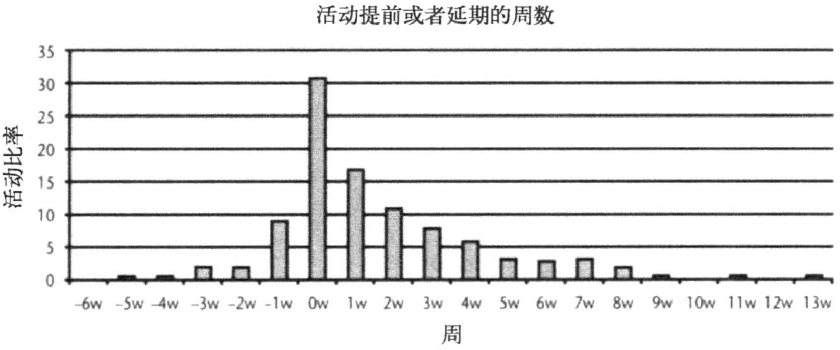

图7-10 提前或者延期的活动比率（Genuchten, 1991）

参见Michiel van Genuchten (1991) 发表的"Why is software late? An empirical study of reasons for delay in software development", *IEEE Transactions in Software Engineering*, 17(6), 582–90。

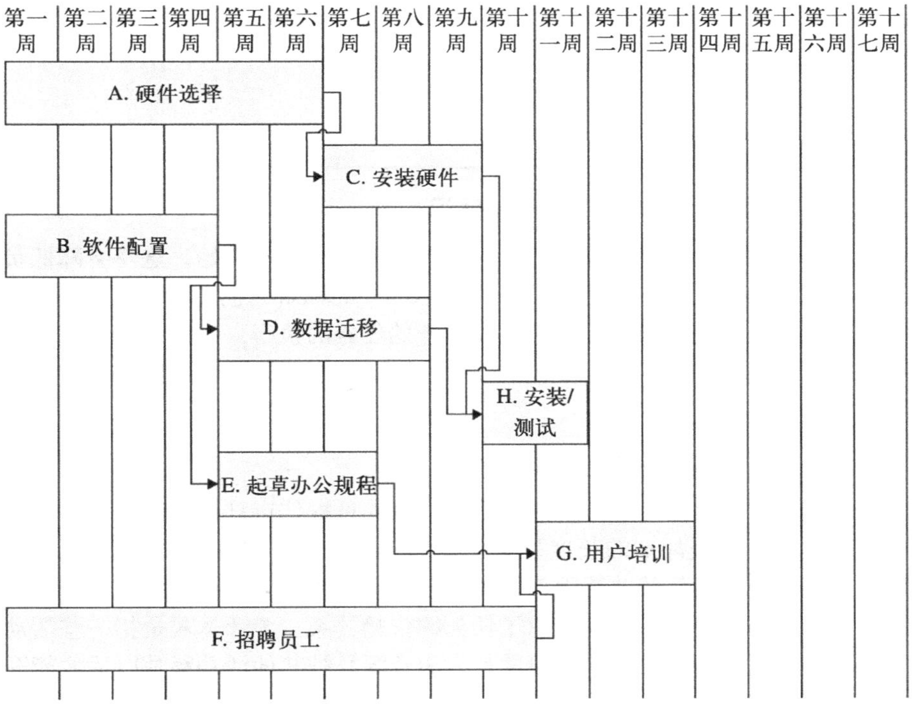

图7-11 甘特图——"传统"策划方法

7.12.1 获得最可能的活动周期

通过关键链策划方法产生的目标日期有50%的可能性可以按期完成，该时间接近于在PERT风险方法中标识的时间。在一些关键链项目计划的解释文档中，建议将提供的估算值减半作为最可能的活动周期。这个做法是基于假设这个估算值是相对可靠的，并有95%的实现概率。如图7-3所示，概率为95%时估算周期为9天，将9天减半为4.5天，这显然不是一个合理的目标时间，因为实现的概率仅仅只有10%。另外一个假设前提使概率分布呈现钟形的正态分布，如图7-3所示。如果分布如van Genuchten研究发现的那样（见图7-10），概率图呈现非钟形。在这种情况下，关键链专家建议用相对可靠估算值的

33%作为目标值，这样更加合理。

然而，简单地根据管理规定对估算值进行换算显然不利于激励员工士气，特别是对于那些提供初始估算值的员工。较好的方法是要求开发人员提供两个估算值，一个是“最可能的”估算值，一个是包含有安全余量或者缓和时间的估算值。接下来，我们假设已经按照这种方法收集了两个估算值，并用获得的数据更新了表7-6得到表7-8。

表7-8 最可能时间和缓和时间的估算（天）

活动	最可能的	包含缓和时间的	缓和时间
A	6	8	2
B	4	5	1
C	3	3	0
D	4	5	1
E	3	4	1
F	10	15	5
G	3	4	1
H	2	2.5	0.5

7.12.2 利用活动的最晚开始时间

从目标完成日期向后推算，每一个活动都尽量晚的开始，这将会降低员工从事项目以外工作的可能性。上述van Genuchten研究也证实了绝大多数的开发人员都倾向于在最晚开始时间点上开始任务的执行。然而，这会使每个活动都变得“关键”。如果某个活动推迟，那么整个周期就会推迟。这就需要接下来的步骤。

7.12.3 插入项目和汇入缓冲期

为了处理超出时间预算的活动，在项目的目标结束日期之前加入了一段*项目缓冲期*。该缓冲期的长度是*关键链*上的所有“缓和时间”总和的一半。考虑任务和资源的依赖关系因素，关键链是项目中最长的活动链。这区别于*关键路径*，因为关键路径只考虑了任务的依赖关系。*资源依赖*是指一些活动必须等待，直到所需的资源（通常是人力资源）被其他活动释放以后才能开始。如果某个在关键链上的活动延期，那么项目的完成日期将推迟到项目缓冲期之内。将缓冲期设定为所有关键链上活动的“缓和时间”总和的50%，这是建立在以下假设上的——假设有50%的活动的估算时间是正确的，那么仅需要为剩余的活动分配缓冲期。

另外一个方法是：计算所有活动缓和时间的平方和，再开平方。依据是每个缓和时间等于活动的标准差，具体说明可参见7.10节中的“*计算每个项目事件的标准偏差*”部分。这一方法的计算结果将小于所有活动的缓和时间之和。这是合理的，由于一组活动所需的应急时间小于每个活动的应急时间之和，因为某些活动的成功执行可以弥补其他活动应急时间的不足。

当有次要非关键活动链汇入到关键链以后，项目缓冲期也应该相应地增加。*汇入缓冲期*应该为次要非关键链或者*汇入链*上的所有“缓和时间”总和的一半。

7.12.4 一个样例

图7-12是这个过程的一个例子。在这个例子中，关键链的长度刚好等同于关键路径的长度。活动F和活动G分别拥有5周和1周的缓和时间，总共是6周，所以项目缓冲期为3周。

次要非关键链汇入到关键链中，也就是活动H加入到项目缓冲期里，与活动G相关的活动E是关键链的一部分。所以第一种情况下缓冲期应该是从活动A、C和H的缓和时间的一半，即（2+0+0.5）/2 = 1.25。有人会认为B、D、H也可以组成一个汇入链，它的缓冲期是（1+1+0.5）/2 = 1.25。在一个汇入链有两个可以相互替换的路径时，汇入缓冲期按照活动缓和时间最大的路径来计算。这是因为，如果一条或者两条路径都延期了，仍可以使用同一个缓冲期。（想象一个例子，有两个骑自行车的人，离办公地有45分钟路程，要参加同一个重要的会议。他们各自增加了15分钟缓冲时间骑车上班。这两个15分钟和7:45到8:00间的15分钟是等效的。）有人会认为汇入缓冲期和最终的项目缓冲期可以合并。但是关键链的解释，比如Larry Leach所认为的（参见前面），明确说明不能这样做。这也许是因为延误超过了汇入缓冲期不会影响项目的完成时间，但超过项目缓冲期就会有影响。

在第二种情况下，汇入活动链加入关键链，汇入缓冲期应该是活动B和E的缓和时间的一半，即1周。

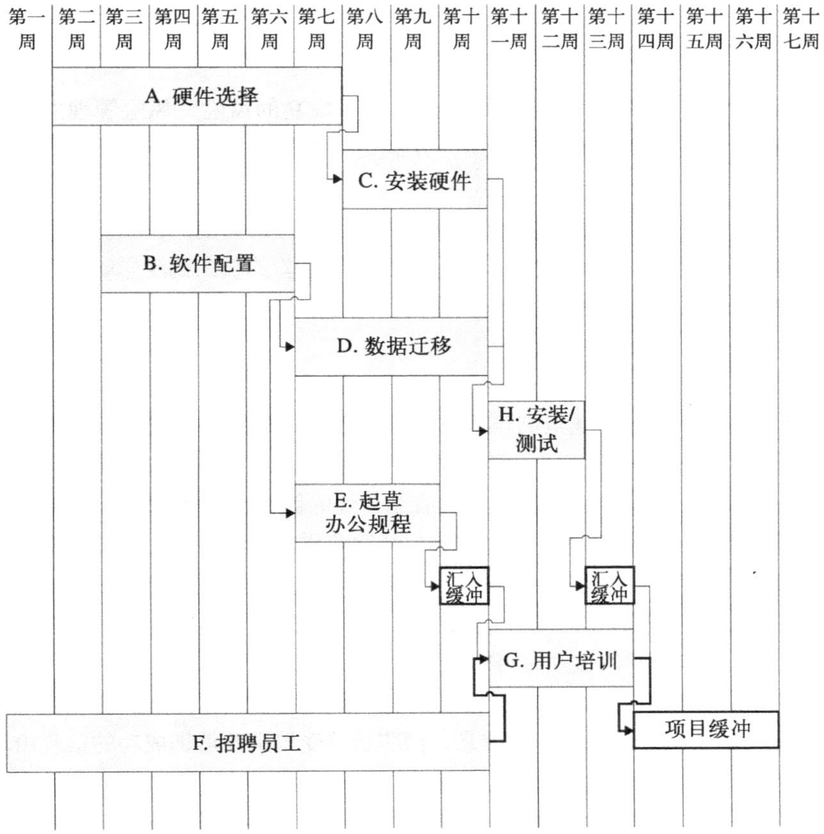

图7-12 甘特图——关键链策划方法

7.12.5 项目实施

在项目实施时，因该遵循以下准则：

- 任务链不能先于进度表开始，但是一旦开始，应该尽快完成——这里使用了*接力赛规则*，即开发者应该在前一个依赖任务完成以后马上开始自己的工作。
- 缓冲期分三种，即绿色、黄色和红色，它们拥有相同的大小（33%）：
  - *绿色*　如果项目的结束日期进入这一区域，那么不需要采取任何措施。
  - *黄色*　如果项目的结束日期进入这一区域，那么需要做出相应的活动计划。
  - *红色*　如果项目的结束日期进入这一区域，那么需要实施相应的活动计划。

致力于关键链策划概念的团体全力地支持它。然而，这个模型的全面应用也招致了各种争议。

我的个人观点是：

- 需要两个估算值：最可能的周期/工作量以及安全估算值，这个安全估算值包括处理由任务而引发的问题所需时间。
- 给共有的缓冲期设置应急时间，而不是单个任务。应急时间依据缓和时间来确定，即最可能的估算值和安全估算值之间的差值。

参见D. Trietsch（2005）发表的“Why a critical path by any other name would smell sweet”，*Project Management Journal*，36(1)，27－36；以及T. Raz等人（2003）发表的“A critical look at critical chain project management”，*Project Management Journal*，34(4)，24－32。

7.13 小结

本章讨论了如何标识和管理可能影响项目成功的风险。风险管理关注的是评估风险和对风险优先级进行排序，并制定处理风险（在它们成为问题之前）的计划。

本章还描述了估计风险对项目的活动网络和进度的影响的技术。

影响软件项目的许多风险可以通过分配更有经验的员工到受影响的活动上来缓解。在下一章，将更详细地考虑活动的员工分配问题。

7.14 进一步的练习

1. Fiona是一名计算机专业最高年级的学生，她从三年级开始就在一个保险公司的ICT部门担任支持分析员，继而成为网络经理。这一年是很繁忙的，因为公司认为ICT部门在商业上具有动态的有竞争性的优势。Fiona最后一年参与的项目的客户是这个保险公司。项目内容包括收集需求，记录用户对操作系统的需求变更然后寻找可以改进的过程。收集到足够的用户需求信息以后，她便开始设计、建造并实现这个系统。

   标识Fiona应该考虑的该项目可能的风险。
2. Mo是一名系统分析员，他负责收集关于一个系统的需求，该系统记录了消防局的消防员所接受培训的详细信息。消防员接受培训及培训成功的信息由培训者输入这个系统，培训者是高级的消防员。Mo需要对这些培训者进行访谈从而确定系统需求。因为高级消防员要外出执行任务，所以访谈工作被安排在2周完成。其中由于紧急情况的发生，高级消防员有20%的可能不能参加访谈。

项目每推迟一个星期，就会花费额外的1000英镑。

(a) 为高级消防员不能参加访谈的风险影响做一个估计（用费用表示）。

(b) 提出风险缓解建议。

3. 在练习7.2中曾经要求我们对IOE年度维护合同和Brightmouth学院的工资单项目两个场景，按照参与者、技术、结构和任务的分类标识风险。现在对它们按照成对的分类方式，例如参与者-技术、参与者-任务等进行风险识别。

4. Wet Holiday 公司提供度假服务，其中包括很多水上项目。其中有以下三种业务划分：

• 独木舟上的划船假期。

• 地中海各处的别墅假期，包括海上航行。

• 法国的独木舟假期。

Wet Holiday 公司认为年轻人是他们比较活跃的客户，所以为客户提供网上客房的预定变得很重要。他们邀请了ICT专家来给其IT策略进行评价。专家建议在开始网上预定之前，他们需要先建立一个基于ICT的客房预订系统来满足电话用户的要求。鉴于他们的特殊性，没有合适的现成商用软件可供选择，所以他们需要开发一个客户端-服务器结构的系统。系统的首要需求是提供假期客房预定功能，因为这一部分拥有最多的客户和最大的利润。

Wet Holiday 公司拥有一些内部的IT开发人员，但是他们没有客户端-服务器结构方面的开发经验，为了解决这个问题，他们雇佣了一些合同工。

开发超出了预期时间。多数的延期出现在验收测试阶段，因为用户发现了很多的错误、性能缺陷，这些都需要进行返工。其中一部分功能需要使用新的体系结构设计，这会严重影响到预定响应时间，这样的时间是原来进行电话预订的人员所不能接受的。合同工没有得到有效的监督和控制，所以他们提交的代码里面有很多不认真导致的错误，结构很弱并且文档混乱。合同工的合同到期以后，他们的代码修改和变更困难。

客房预订系统必须在度假旺季开始之前实现完成，而2002年到2003年的旺季已经错过了，所以项目推迟了12个月。时间的推迟刺激了用户提出更多的需求，这更增加了开发成本。

该项目的延期导致其他IT项目开发向后推迟。Wet Holiday 公司负责处理用户需求的经理建议所有的IT功能都应该进行外包。

(a) 标识Wet Holiday 公司所面临的问题，并且给出解决和减缓这些问题应采取的行动。

(b) 根据步骤 (a) 的结论，创建一张风险检查表供将来的项目使用。

5. 以下是项目信息，所有的时间单位是天。

活动	依赖	乐观的时间	最可能的时间	悲观的时间
A	—	8	10	12
B	A	10	15	20
C	B	5	7	9
D	—	8	10	12
E	D,C	3	6	9

根据以上活动时间：

- 计算每个活动的期望周期及其标准偏差。
- 标识关键路径。
- 应用关键链管理方法绘出活动图。
  - 标识需要缓冲期的地方。
  - 估计缓冲期大小。
  - 每一个活动都尽可能的晚开始。

6. 以下是项目信息，所有的时间单位是天。

活动	依赖	最可能的	包含安全时间的
A		10	14
B	A	5	7
C	B	15	21
D	A	3	5
E	A	8	12
F	E	20	22
G	D	6	8
H	C, F, G	10	14

(a) 分别根据（i）最可能的时间和（ii）安全估算值：

- 计算每个活动的最早、最晚的开始时间和结束时间，以及每个活动的缓冲期。
- 标识关键路径。

(b) 应用关键链管理方法绘出活动图。

- 标识需要缓冲期的地方。
- 估计缓冲期大小。
- 每一个活动都尽可能的晚开始。

7. 本章大力提倡在软件开发项目中应用风险管理。然而在实践中，项目经理经常不愿意进行这项工作。请说明产生该现象的原因。

第 8 章
资 源 分 配

目的

学完本章后，你将能够：

- 标识项目需要的资源。
- 在整个项目的生命周期中使资源需求更加均匀。
- 产生工作计划和资源进度表。

8.1 引言

第6章，已经介绍如何使用活动网络分析技术来计划活动应该何时发生。这是当作时间跨度来计算的，在该间隔期间应该发生一个活动——上下界由最早开始日期和最迟完成日期来确定。在第7章，我们使用PERT技术来预测完成活动期望日期的范围。在这两种情况下，都没有考虑资源的可用性。

本章将介绍如何使活动计划与可用的资源相符，必要时，要评估变更计划来适应资源的效益。图8-1 说明了在步进式方法中何处应用资源分配。

一般来讲，活动的资源分配导致要评审和修改理想化的活动计划，可能要修订阶段的完成日期或项目的完成日期。在任何事件中，很可能使被调度的活动的时间跨度缩短。

这些进度为项目的日常控制和管理提供了基础。这些将在第9章进行讨论。

资源分配的最终结果通常包括：

- *活动进度*　表示每个活动计划的开始日期和完成日期。
- *资源进度*　表示每个资源要求的日期以及要求的调度等级。
- *成本进度*　表示资源使用过程中计划的累积花费。

8.2 资源的性质

资源是执行项目所需要的任何项或人。这包括许多东西，从纸夹到关键人员，而且想要详细列举每个需要的资源是不可能的，更不用说制定它们使用的进度了。例如，文具和其他标准办公用品通常不需要项目经理关注，确保有足够的供应是办公室主任的职责。项目经理应该关注那些如果不进行策划，就可能在需要时不能充分可用的资源。

有些资源（如一名项目经理）在项目期间是需要的，而有些资源（如一名特定的软件开发人员）可能是某项活动所需要的。前者尽管对项目的成功是至关重要的，但并不需要与后者同样的调度等级。例如，个别程序员可能要为许多项目工作，而且事先预约他们的时间是很重要的。正如第2章提到的，项目经理可能无法自由地控制参与项目的开发人员，需要向开发人员所属的项目集级别的资源池提出资源使用申请。

一般来讲，资源分成以下七类：

- *劳动力*（labour）　这一类中的主要人员是开发项目组的成员，如项目经理、系统分析员和软件开发人员。同等重要的有质量保证组和其他支持人员以及承担或参与特定活动所要求的客户组织的任何雇员。

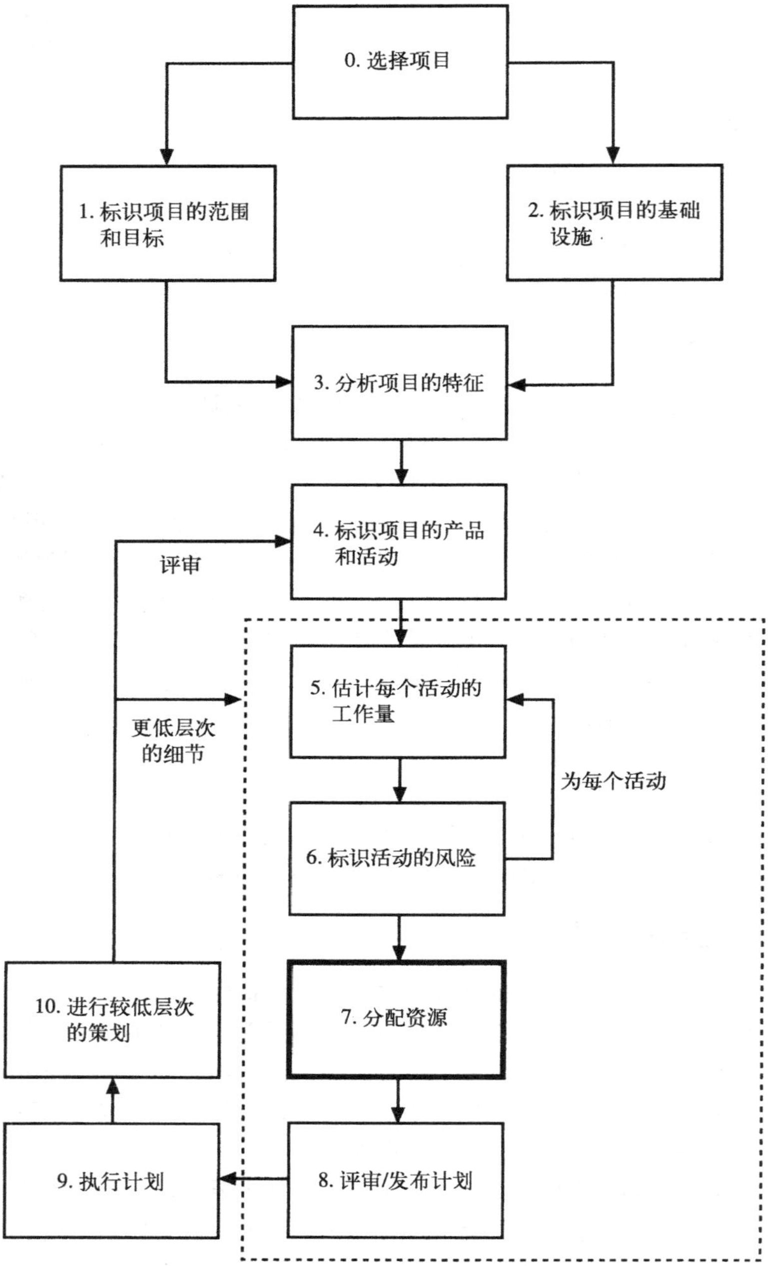

图8-1 资源分配在第7步执行

- 设备（equipment） 显而易见的设备包括工作站以及其他计算和办公设备。别忘记员工还需要使用桌子和椅子等设备。
- 材料（material） 材料是要消耗的资源，而不是要使用的设备。在多数项目中它们不是很重要，但对有些项目来讲可能是重要的，例如要广泛分发的软件可能要求提供专门购买的软盘。

- 场地（space） 对于由已有员工承担的项目来讲，场地一般容易得到。如果需要任何额外的员工（新招聘的或签订合同的），则需要寻找办公场地。
- 服务（service） 有些项目要求获取专门学科的服务，例如广域分布式系统的开发要求计划好长途通信服务。
- 时间（time） 时间是可由其他主要资源弥补的资源，有时可以通过增加其他资源来减少项目时间，而且如果其他资源意外减少，几乎可以肯定要延长项目时间。
- 钱（money） 钱是次要的资源，用于购买其他资源；当使用其他资源时就要消耗钱。类似于其他资源，钱要用一定的成本来获得，即利息。

作为资源的钱的成本在DCF评价中是要考虑的一个因素。

8.3 标识资源需求

产生资源分配计划的第一步是列出所要求的资源以及要求的期望等级。这一般通过依次考虑每项活动并标识要求的资源来达到。不过，有可能需要的资源并不是活动要求的，但却是项目基础设施的一部分（如项目经理）或是支持其他资源所要求的（例如，办公场地可能是内部签约软件开发人员所要求的）。

案例研究实例

Amanda已经为IOE 项目产生了一个优先网络（见图8-2），并使用这个网络作为资源需求列表的基础。该资源需求列表的一部分如表8-1所示。注意，在这个阶段，她没有为任务分配人员，但已经决定需要哪种类型的员工。活动周期假定活动将由“标准的”分析员或软件开发人员来执行。

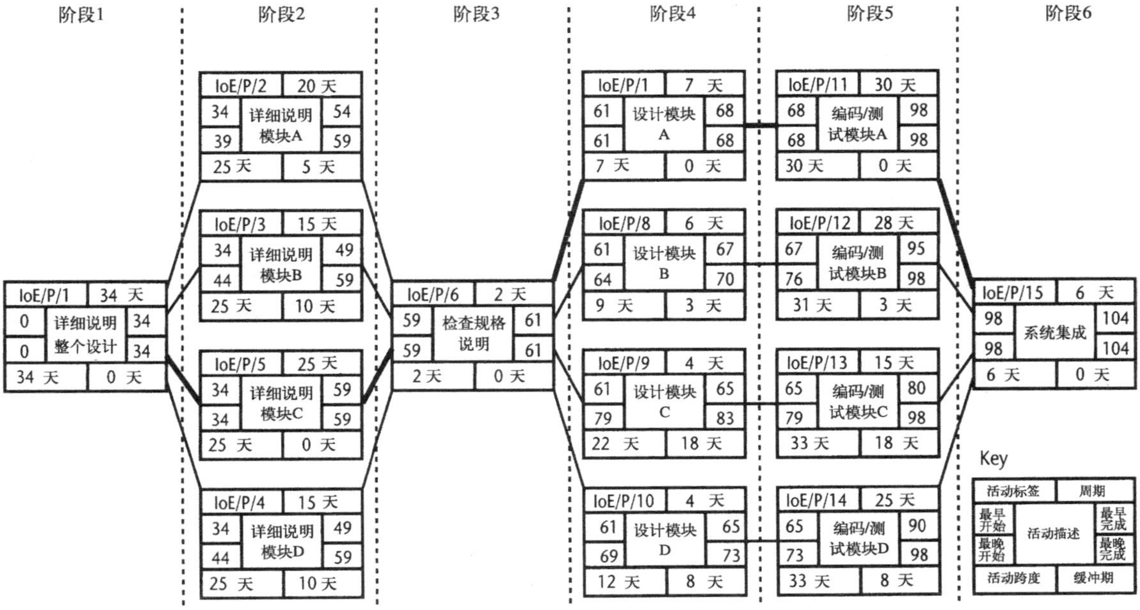

图8-2 IOE优先网络

表8-1 Amanda资源需求列表的一部分

阶段	活动	资源	天数	数量	附注
ALL		项目经理	104F/T		
1	ALL	工作站		34	检查软件可用性
	IoE/P/1	高级分析员	34F/T		
2	ALL	工作站	—	3	每人一台是基本的
	IoE/P/2	分析员/设计人员	20F/T		
	IoE/P/3	分析员/设计人员	15F/T		
	IoE/P/4	分析员/设计人员	25F/T		
	IoE/P/5	分析员/设计人员	15F/T		可能使用分析员/程序员
3	ALL	工作站		2	
	IoE/P/6	高级分析员①	2F/T		
4	ALL	工作站	—	3	与阶段2一样
	IoE/P/7	分析员/设计人员	7F/T		
	IoE/P/8	分析员/设计人员	6F/T		
	IoE/P/9	分析员/设计人员	4F/T		
	IoE/P/10	分析员/设计人员	4F/T		
5	ALL	工作站	—	4	每名程序员一台
	ALL	办公场地			如果使用签约程序员
	IoE/P/11	程序员	30F/T		
	IoE/P/12	程序员	28F/T		
	IoE/P/13	程序员	15F/T		
	IoE/P/14	程序员	25F/T		
6	ALL	全部机器访问	—		全系统测试大约16小时
	IoE/P/15	分析员/设计人员	6F/T		

① 实际上，一般通过在阶段2工作的所有分析员参与的一次评审来达到。

在这个阶段，资源需求列表必须尽可能全面，宁愿所包含的某些资源在以后不需要时再删除掉，也不要忽略某些必需的资源。因此，Amanda 已经因一项可能的需求（将要招聘签约软件开发人员）而增加了额外的办公场地。

8.4 资源调度

7.12节中关于尽可能晚开始活动的讨论在这里出现了。资源分配过程同样忽略了在这种关系中采用的策略。

产生资源需求列表后，下一步是将这个列表映射为活动计划，然后评估项目期间所需要的资源分布。最好将活动计划表示成条形图并使用条形图来产生每个资源的资源直方图。

图8-3将Amanda 的活动计划描绘成条形图和分析员/设计人员的直方图。每个活动已经计划了最早开始日期——这是明智的初始策略，因为在其他各方面都相同的情况下，保留缓冲期可以用来处理应急情况。就像在Amanda的项目中，最早开始日期计划往往创建一个以峰值开始然后逐渐变小的资源直方图。

在项目进展过程中，变更资源的等级（特别是人员的等级）一般会增加项目的成本。新招聘员工需要成本，甚至在内部调动员工，也需要花时间来熟悉新的项目环境。

白色矩形表示活动安排在何时进行；阴影矩形表示总缓冲期。

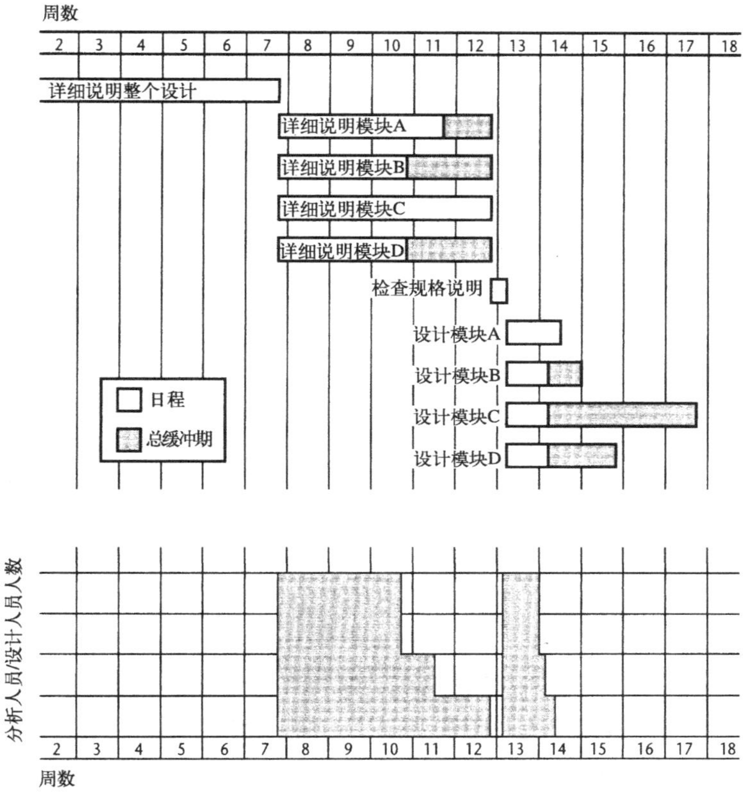

图8-3 Amanda条形图和分析员/设计人员资源直方图的一部分

图8-3的资源直方图引出了特定的问题，它要求在规格说明和设计阶段期间，两名分析员/设计人员空闲12天，一名空闲7天，一名空闲2天。IOE不可能有另外的项目在该时间段需要这些分析员/设计人员，这就引出了这样的问题：这个空闲时间是否该由Amanda 项目承担。理想的资源直方图将是平衡的，也许有初始时的增长和阶段式的减少。

不平衡的资源直方图的另一个问题是，可能使要求的资源更加无法获得。图8-4 描绘了如何在遵从诸如优先需求这样的约束条件下，通过调整一些活动的开始日期并将某些活动分开，使资源直方图变得平衡而且可在需要时获得所需要的资源。不同的字母表示在一系列模块测试任务中工作的员工，即一人在任务A上工作，两人在任务B和任务C上工作，等等。

在图8-4中，原始的直方图是以活动的最早开始日期来安排活动而创建的。资源直方图表明，按最早开始日期安排会导致典型的峰值形状，并且总共要求9 名员工，而项目只能得到5 名员工。

通过延迟某些活动的开始日期，就可能使直方图变得平衡，且可减少资源的最大需求程度。注意，有些活动（如C和D）已经被分开。在可以将非关键活动分开的情况下，可以提供有用的方法来填充资源需求图中对某一需求较少的凹槽，但在软件项目中，不增加所需要的时间而分开任务是困难的。

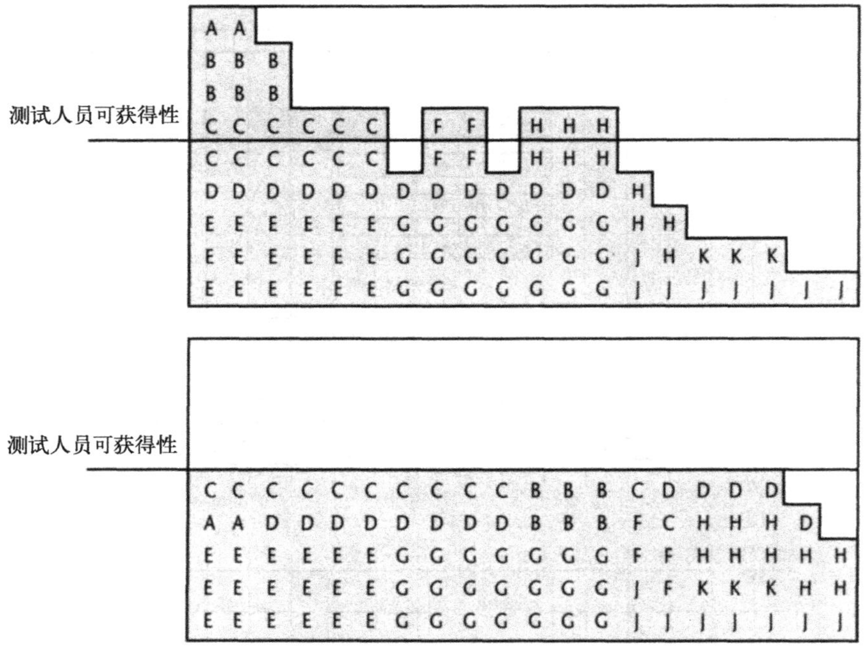

图8-4 一个展示平衡处理前后员工需求的资源直方图

有些活动一次要求多个单元的资源，例如活动F 要求两名程序员，每名程序员工作2周时间，可以重新安排这个活动为一名程序员花4周时间，尽管在这个案例中未曾这样考虑。

一些项目计划软件工具可以自动完成资源平衡处理，虽然不可能如同项目经理那样考虑到所有因素。大部分的项目计划软件工具可以生成基于活动的最早开始日期的资源直方图。

练习8.1 *Amanda已经决定在项目中只使用三名分析员/设计人员来减少成本。不过，她现在的资源直方图在阶段2 和阶段4 期间要求四名。提出建议，使Amanda 能平衡直方图并将要求的分析员/设计人员减少为三名。*

在实践中，资源是逐项活动地分配给项目的，而且找到“最佳”分配要消耗时间并且很困难。一旦项目组的一名成员分配给某项活动，该活动具有计划的开始日期和完成日期，那么该项目组成员在那段时间对其他活动来讲就变得无法得到。因而，分配某一资源给一项活动限制了资源分配的灵活性和其他活动的进度安排。

> 存在例外情况，例如当一些较大的活动依赖于某个较小的非关键活动时，那么这个非关键活动也会优先获得资源。

因此，设置活动的优先权有助于使资源能以某种合理的顺序分配给竞争的活动。优先权总是先分配资源给关键路径活动，然后分配资源给那些最可能影响其他活动的活动。用这种办法，使较低优先权的活动适应更加关键的已经安排的活动。

设置活动优先权的方法有很多，下面描述其中的两种：

- *总缓冲期优先权* 活动按总缓冲期排序，有最少总缓冲期的活动优先权最高。在这种方法的最简单的应用中，活动按总缓冲期的升序分配资源。不过，随着计划的进展，如果资源无法在最早开始日期获得，活动将被延迟，因而总缓冲期将减少。因此，每当有一项活动被延迟，都要重新计算缓冲期，因而要重排优先权列表。

- 有序列表优先权　用这种方法，可以同时进行的活动要按一组简单的准则来排序。这组准则的一个例子是Burman 优先权列表，该列表考虑了活动周期和总缓冲期：

1）最短关键活动。

2）关键活动。

3）最短非关键活动。

4）有最少缓冲期的非关键活动。

5）非关键活动。

参见P. J. Burman著的《Precedence Networks for Planning and Control》，McGraw-Hill，1972。

然而，资源平衡乃至包含可获得的资源要求，并不可能总是在计划的时间表内，用延迟活动来平衡资源峰值常常会推迟项目的完成。在这样的情况下，需要考虑增加可用的资源等级或改变工作方法。

练习8.2　Amanda发现，只有三名分析员/设计人员，将不得不延迟模块D 的规格说明（参见图8-3），直至完成模块B规格说明之后再开始，而这将使总的项目周期增加5天（致使总周期为109天）。她曾希望项目在100天内完成，而这更加令人失望。因此，她决定另行考虑计划。

必须记住，早期她曾决定在设计开始之前，应该同时检查所有的规格说明（活动IoE/P/6）。显然这将会导致严重的瓶颈，而延迟模块D会使问题恶化。因此，在折中考虑后她决定同时检查模块A、B和D的规格说明，然后开始它们的设计，而不用等待模块C规格说明的完成。当它完成时，再与其他活动对比检查。

她重画优先网络来反映这种情况，插入按其他活动检查模块C规格说明的新活动（活动IoE/P/6a），这在图8-5中做了说明。绘制一个新的资源直方图来反映这种变更。

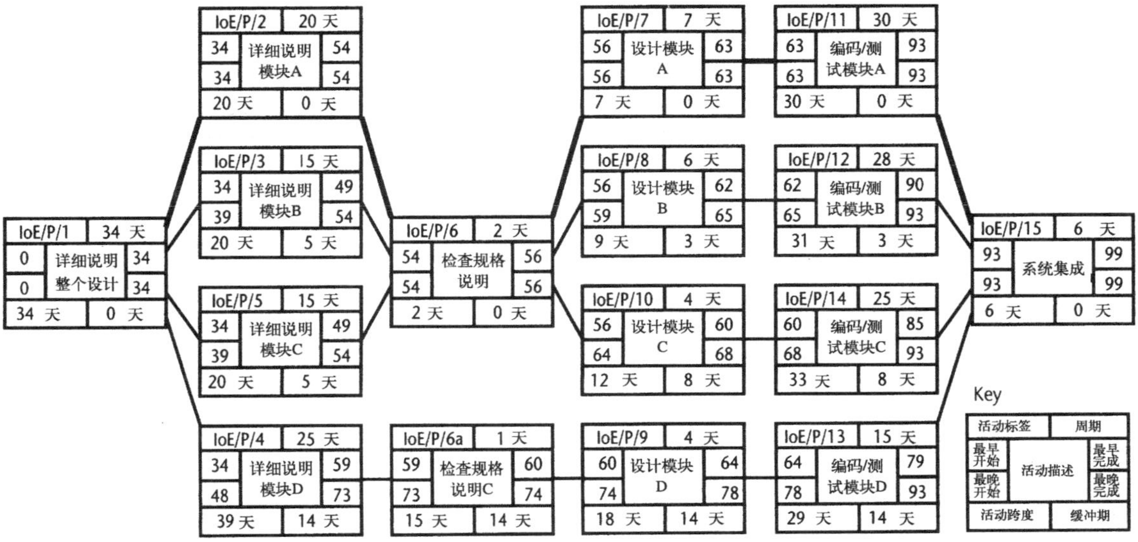

图8-5　Amanda 修订的优先网络

8.5 创建关键路径

资源调度会创建新的关键路径。因缺少资源而延迟活动的开始，会导致活动在用完缓冲期时变成关键的活动。另外，一个活动的完成的延迟，会导致延迟其后续活动所要求的可用资源。如果其后继活动已经是关键的，那么它的前趋活动现在可能通过关联它们的资源成为关键活动。

Amanda 修订的进度仍然要求四名分析员/设计人员，但只有一天，在练习8.2 的解决方案中对这种情况进行了描绘（如果你还没有做这个练习，请看本书后面的答案）。注意，在重新安排某些活动时，Amanda 引入了另外的关键活动。延迟模块C 的规格说明已经用完其所有缓冲期（同时用完沿那条路径的所有后续活动的缓冲期）。Amanda 现在有了两条关键路径：显示在优先网络中的一条以及新增加的一条。

在一个大型项目中，资源关联的关键程度是相当复杂的，通过下面的练习就可以意识到潜在的问题是什么。

练习8.3 Amanda决定再将模块C的规格说明延迟一天，以确保只要求三名分析员/设计人员。她修订的条形图和资源直方图的有关部分如图8-6所示。现在哪个活动是关键的？

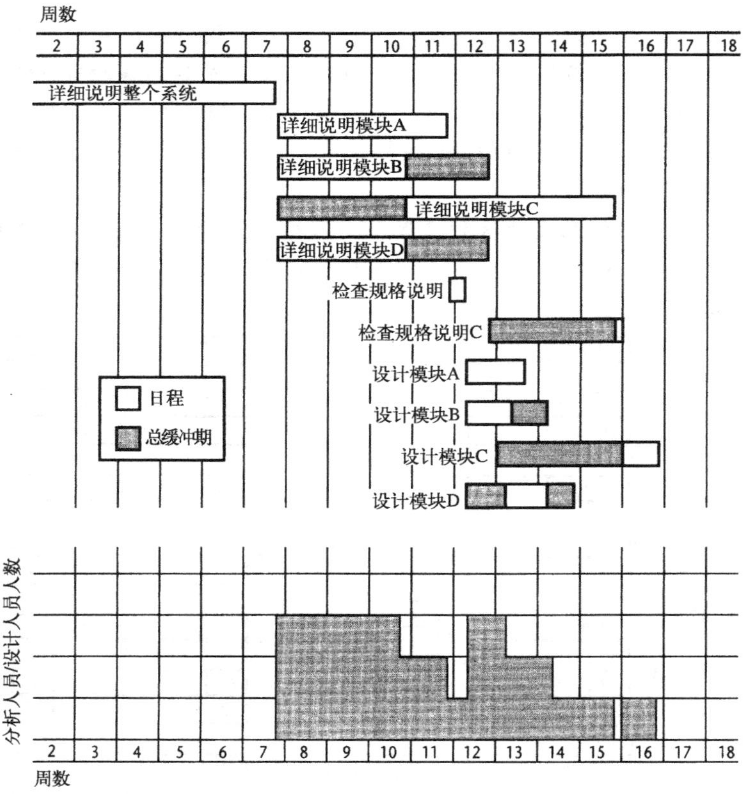

图8-6 要求三名分析员/设计人员的Amanda项目进度

8.6 计算成本

迄今为止，讨论的内容集中于设法以最少的员工数和最早的完成日期完成项目。我们已经知道这样做约束了活动何时要执行并增加了不能满足目标日期的风险。

另外，Amanda考虑了使用额外的员工或延长整个项目周期的替代方案。雇用额外员工的附加成本需要与延期交付和增加不满足计划日期的成本进行比较。这些因素之间的关系将在本章后面讨论。

8.7 特定的细节

分配资源和平衡资源直方图相对来讲比较简单，给定类型的所有资源在这种情况下或多或少是同等对待的。在一个大型建筑项目中，当分配劳动力给活动时，不需要区分人员之间的不同，即可能有许多劳动力，而且他们的技能和生产率是同等看待的。

对软件项目来讲，这种情况是很少的。第5章中，由于软件开发的特点，技能和经验在要花费的时间和最终产品的质量方面起着重要的作用。除非是极其大型的项目，否则尽早明确分配员工给活动是有意义的，因为这可以迫使我们修订对活动周期的估计。

在分配人员到任务时，有许多需要考虑的因素，主要包括：

- 可获得性（availability） 需要知道特定的人员在需要时是否可以获得。参考部门工作计划来确定这一点，但精明的项目经理总是会研究可能包含的风险，例如，初期的项目可能会超出进度并影响人员的可获得性。
- 关键性（criticality） 将更有经验的人员分配给关键路径上的活动，这通常有助于缩短项目周期或至少缓解超期的风险。
- 风险（risk） 在上一章中知道了如何着手活动的风险评估。标识那些具有最大风险的活动并了解影响它们的因素，这有助于分配员工。分配最有经验的员工到最高风险的活动可以最有效地缓解整个项目的不确定性。不过，更有经验的员工总是更昂贵的。
- 培训（training） 如果采取积极的措施给初级员工分配合适的活动，例如，有充足的缓冲时间来培训和开发初级员工技能的非关键活动，这对组织是有益的。对特定的项目来讲，这甚至是可以直接受益的，因为这些项目的有些成本要分配给培训预算。
- 团队组建（team building） 人员的选择还应该考虑项目组的最终形式以及他们在一起工作的方式。这个问题以及人事管理的其他方面问题将在第12章讨论。

关键路径的重新评价和PERT或者蒙特卡洛风险分析可能需要与员工分配任务并行执行。

练习8.4 Amanda已经决定，无论谁编写模块的规格说明都应该产生设计，因为她相信这将促进三名分析员/设计人员Belinda、Tom和Daisy的参与和动力。

Tom是一名新的分析员/设计人员，Amanda让他进行模块D的规格说明和在这里“活动跨度”是指一个活动的最早开始日期和最晚结束日期之间的时间段。

设计，因为这两个活动相对于活动跨度来讲有较大的缓冲期（分别是其跨度的6/21和9/13）。由于模块C的规格说明和设计是在关键路径上，因此她决定分配这两项任务给特别有经验和能力的员工Belinda。

做了这些决策之后，在分配其他的规格说明和设计活动时，Amanda几乎没有机动的余地了。参考练习8.2解决方案的一部分所产生的活动条形图（如图8-6所示），试问她要分配谁去做余下的规格说明和设计活动？

8.8 发布资源进度表

在分配和调度资源中，使用了活动计划（本章中的示例是一个优先网络）、活动条形图和资源直方图。尽管作为策划工具是优秀的，但它们并不是发布和交流项目进度表的最佳方式。为此，需要某种形式的工作计划。工作计划常常是以列表或图表发布的，例如图8-7 所描绘。在这个案例中，Amanda选择不包含活动缓冲期（用条形显示），因为她担心如果一两名项目组成员知道他们的活动不是关键活动就会缺乏紧迫性。

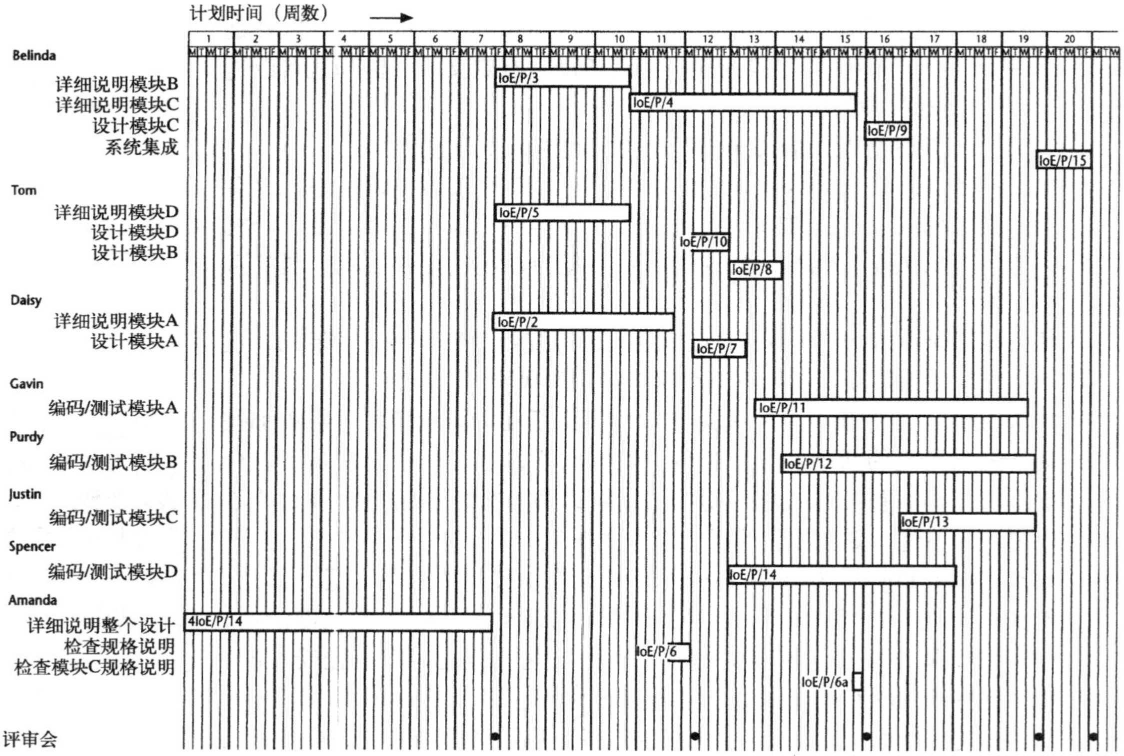

图8-7 Amanda的工作日程

注意，有点不寻常的是，这里假定在项目的100天期间没有公共假期或其他非生产周期，而且项目组在这段时间毫无假期，都显示为在工作。

Amanda还明确规定不允许员工请病假。

Amanda现在把来自工作进度表的某些信息转换成优先网络。特别地，她修改了活动的最早开始日期和任何已经引入的其他约束（如需要资源变得可用而修订最迟完成日期）。她修订的优先网络的副本如图8-8 所示。注意，她已经突出显示了所有关键的活动和路径。

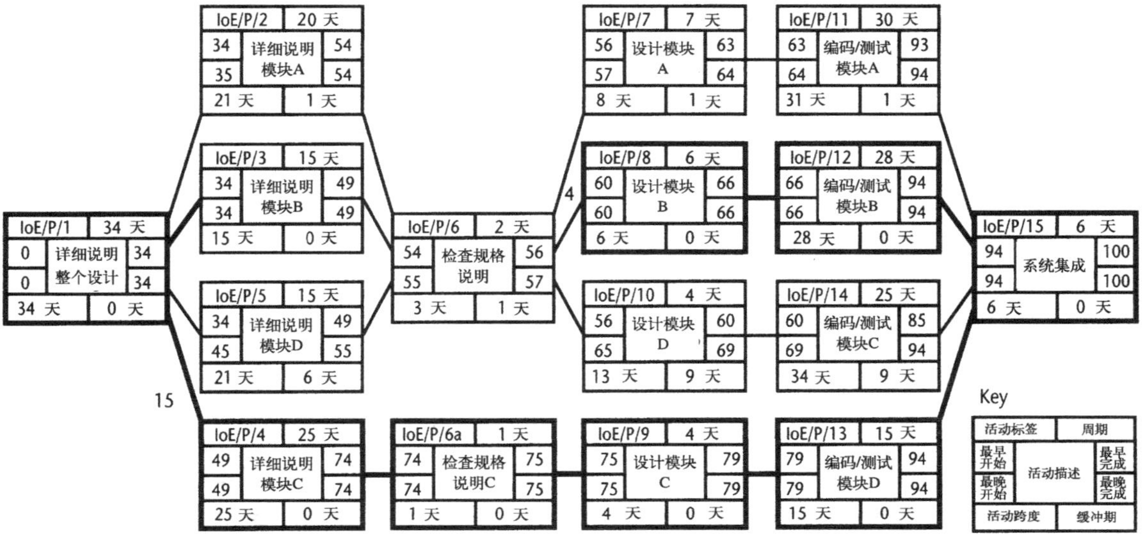

图8-8　Amanda修订的优先网络，给出了计划的开始日期和完成日期

8.9 成本进度

现在要产生详细的成本进度，以给出项目生命周期中每周或每月的成本。这将提供更详细、更准确的成本估计，并且作为监控项目进展的计划。

在组织有标准的员工和其他资源的成本数字的情况下，计算成本是很简单的。如果不是这种情况，那么项目经理不得不计算成本。

一般来讲，成本分为以下几类：

- **员工成本**　包括员工工资和其他直接的雇佣成本。例如，雇主要交付的社会保险金、养老金计划缴款、假日津贴和疾病补助金。这些常常要基于员工完成的周工时记录按小时由项目支付。记住，签约的员工通常是按周或按月支付的——即使他们在空闲时也是如此。
- **日常开支**　日常开支是由组织承担的支出，不可能直接与个别项目或工作有关，包括场地租金、利息费和服务部门（如人事）的成本。日常开支成本可以通过制定开发部门的固定支出（通常表示为项目的周支付或月支付）或通过直接员工雇佣成本的额外的百分比来计算。这些额外的支出或间接成本很容易等于或超过直接的雇佣成本。
- **使用费**　在有些组织中，项目要直接支付诸如计算机时间（它们的成本不是作为日常开支回收）这样的资源的使用费。使用费通常按照“实用实收”的原则计算。

练习8.5　*Amanda发现，在IOE的时候尽管其他日常开支是按项目每天支付固定的200英镑回收，但有些日常开支是作为直接员工成本的间接成本*

回收的。员工成本（包括日常开支）如表8-2所示。除了工作计划（见图8-7）承担的义务外，Amanda估计要花额外的10天时间用于项目策划和执行后续的项目评审。

以此为基础计算Amanda项目的总成本。在项目的生命周期中支出是如何分布的？

表8-2 Amanda项目组的员工成本（包括间接成本）

员 工 名	每日成本（英镑）
Amanda	300
Belinda	250
Tom	175
Daisy	225
Gavin	150
Purdy	150
Justin	150
Spencer	150

图8-9给出了20周的Amanda 期望花在项目上的周成本。这是一个典型的成本剖面图——慢慢地增长到一个峰值，然后在项目结束时相应地逐渐减少。图8-10 描绘了项目的累积成本，它通常用作成本控制。

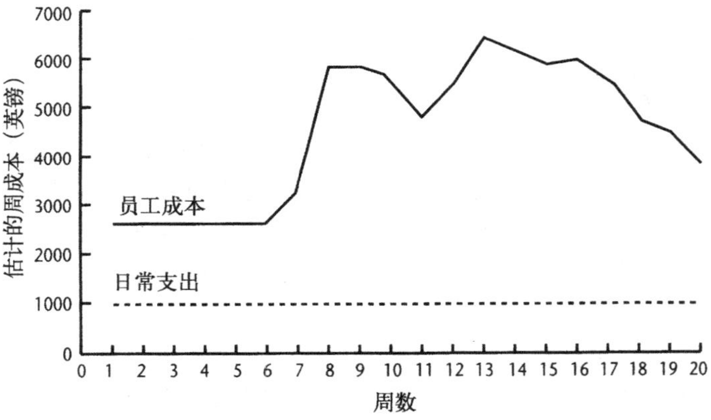

图8-9 IOE 项目的周项目成本

8.10 调度顺序

与传统的瀑布生命周期模型类似，从理想化的活动计划到成本进度可以表示成顺序化的步骤。在理想的世界中，从活动计划开始，并以活动计划作为风险评估的基础，活动计划和风险评估为资源分配和进度提供了基础，而从资源分配和进度产生了成本进度。

在实践中，就像通过研究Amanda项目所看到的，成本的资源分配通常需要对活动计划进行修订，而活动计划依次影响了风险评估。类似地，成本进度可能指出重新分配资源或修订活动计划的需要或愿望——在成本进度比最初预计的成本更高的情况下，尤其是如此。

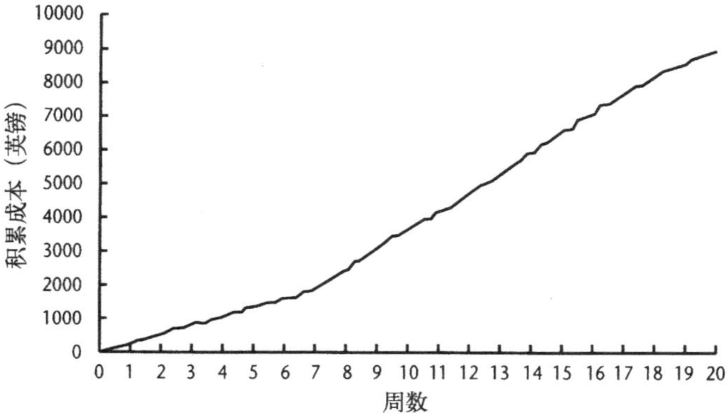

图8-10 IOE项目的累积项目成本

计划和进度之间的相互影响是复杂的——对其中任何一个因素的任何变更，都会影响其他的每一个因素。有些因素可以直接用钱来衡量，例如，雇用额外的员工的成本可以按延迟项目结束日期的成本来平衡。不过有些因素难以用钱来表示（例如增加的风险的成本），并且包括了主观的因素。

尽管优秀的项目策划软件会极大地辅助论证变更的影响和保持策划的同步，但成功的项目进度安排主要取决于项目经理在判断所涉及的许多因素的技能和经验（见图8-11）。

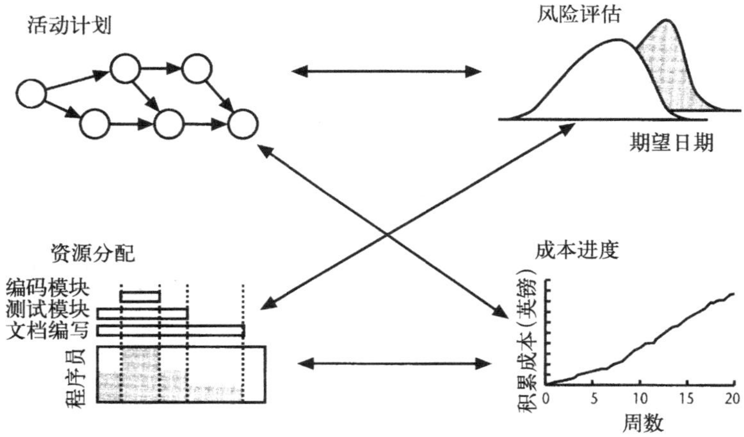

图8-11 成功的项目调度并不是一个简单的顺序

8.11 小结

本章已经讨论了给项目的活动分配资源以及把活动计划转换为工作进度表的问题。特别地，已经看到以下几点的重要性：

- 标识所有需要的资源。
- 协调活动的开始日期来极小化整个项目期间的资源等级的差异。
- 以合理的优先权顺序给竞争的活动分配资源。
- 注意把合适的员工分配给关键活动。

8.12 进一步的练习

1. Burman给活动分配资源的优先权顺序考虑了活动周期和总的缓冲期。为什么认为这是优点？
2. 如果你在使用项目策划软件，请使用它来为Amanda项目产生一个活动计划，包括每项活动的员工资源需求。研究该软件的功能，并回答以下问题：
   - 你能建立资源类型并让应用程序把人员分配到任务吗？
   - 你的软件允许指定单个员工的生产率（以便活动周期取决于由谁来执行）吗？
   - 你的软件执行资源平衡或提供最小成本解决方案吗？
   - 你能重复Amanda的工作进度表（参见图8-7）或产生一个更好的工作进度表吗？
3. 在一个大型项目中，通常由团队负责人负责分配任务给个人。为什么完全由团队负责人进行这种分配可能不会令人满意呢？
4. Amanda在调度项目时，忽略了因员工生病而缺席的风险。要估计这种情况出现的概率，她可能要做些什么？在调度项目时她可能如何考虑这种风险？
5. (a) 绘制以下项目的活动网络图并且计算最早结束日期。

活动	周期（天）	依赖	资源类型
A	3		SA
B	1	A	SD
C	2	A	SD
D	4	A	SD
E	3	B	SC
F	3	C	SC
G	6	D	SC
H	3	E,F,G	SA

SA=系统分析人员 SD=系统设计人员 SC=软件编码人员

(b) 在每一个活动尽早开始的条件下，绘制一个表列出每天项目需要各类型资源的个数。在确保整个项目的最早完成时间的条件下，需要招募各类型的人员多少个？

(c) 如果只有两个系统设计人员，这将对项目有什么样的影响？

(d) 如果只有一个系统设计人员和三个软件编码人员，这将对项目有什么样的影响？

(e) 假设在项目整个周期内都雇佣系统设计人员，那么计算（c）和（d）情况下系统设计人员的使用百分比。

6. (a) 为以下活动绘制活动网络图并且标识关键路径。

活动	周期（天）	依赖	资源类型
A	2		S
B	10	A	SD
C	2	A	SD
D	2	C	SC
E	3	C	SC

（续）

活动	周期（天）	依赖	资源类型
F	2	C	SC
G	4	B,D,E,F	SA

SA=系统分析人员 SD=系统设计人员 SC=软件编码人员

(b) 绘制一个表列出每天项目需要各类型资源的个数，并且假设只有一名系统设计人员。

(c) 标识修改计划的最佳方法以解决资源冲突的问题。

第 9 章 监督与控制

目的

学完本章后，你将能够：

• 监督项目的进展。
• 评估偏离的风险。
• 可视化和评估项目的状态。
• 修订目标以纠正或抑制偏离。
• 控制项目的需求变更。

9.1 引言

工作进度表一经公布，项目就开始进行了，此时关注的重点是要确保项目的进展。这就要求对所发生的事件进行监督，将实际完成情况与进度表进行比较，必要时修订计划和进度表，以尽可能使项目回到原有的目标。

在前几章中，已经强调了制定一个可以监督的计划的重要性。例如，在项目计划中一定要清晰地定义活动，要规定可见的完成点。本章将讨论如何收集项目进展的信息以及必须采取何种行动，以确保达到项目的目标。

本章最后讨论如何处理来自外部要求的变更（即需求变更）。

9.2 创建框架

对项目进行控制以保证达到其目标是常见的监督问题，这样可以查明实际情况，并将其与当前的目标相比较。如果实际情况与计划不符，则需要重新制订计划以避免偏离目标，或者需要改变目标。图9-1 说明了项目控制周期模型，并说明了初始项目计划一经公布，项目的控制将是一个按照计划持续监督进展、考虑偏差并在必要时修改计划的过程。该图还说明了在项目完成之后必须采取的一些重要步骤，以便把在任何一个项目中所获得的经验用于未来项目的计划阶段，从过去的错误中吸取教训。

有关软件质量的讨论见第13章。

在实施过程中，我们关心四个方面的不足：工期拖延，质量不过关，功能不合适，成本超出预算。本章主要关心其中的第一个和最后一个方面。

9.2.1 责任

项目指导委员会或项目管理委员会，也就是PRINCE 2定义的项目委员会（Project Board）通常担负着确保项目进展满足要求的全部责任。日常工作是项目经理的责任，在所有小型项目中，这些工作都由组长负责。

报告层次结构概念在第1章中进行了介绍。

图9-2表示了大中型项目典型的报告结构。在小型项目中（少于6个组员），每个组员通常直接报告给项目经理。但是在大多数情况下，组长将核对、汇总其进展报告并交给项目经理，依次地，又将这些项目级报告呈报给指导委员会，再将该项目级报告纳入（或者直接作为）客户的进展报告。

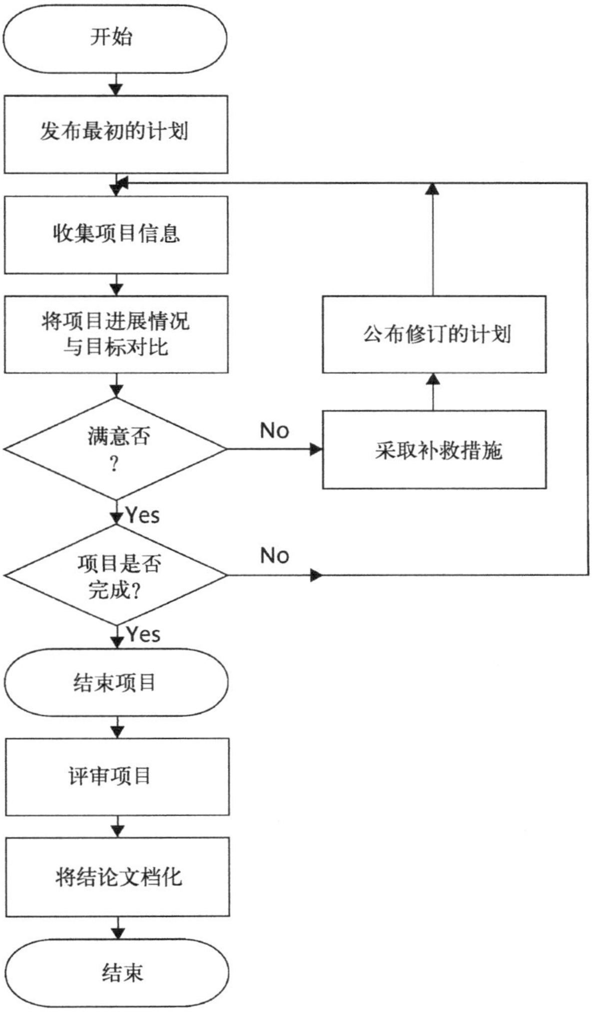

图9-1 项目控制周期

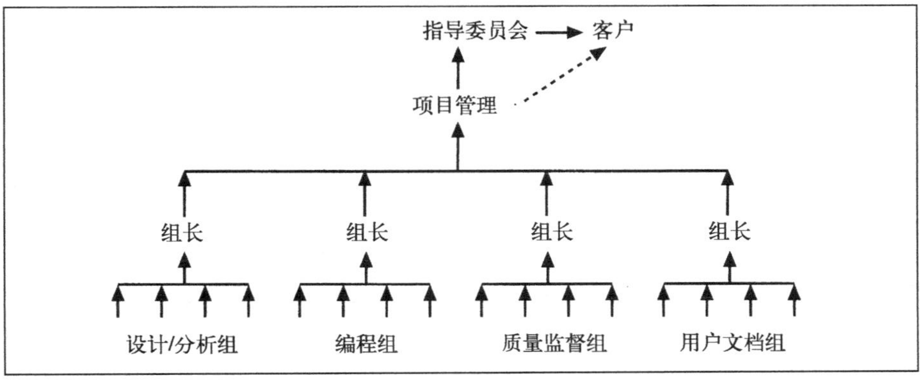

图9-2 项目报告结构

在PRINCE 2环境中，有一个向项目董事会报告的项目保证功能，而且不受项目经理约束。

第12章中将探讨在更通用环境中的沟通。

报告可以是口头的或书面的，正式的或非正式的，也可以是常规的或者是特定的，参见表9-1。非正式的沟通是必要而且重要的，但任何非正式的项目进展报告都必须由正式的报告规程来补充，这正是本章所要关心的内容。

表9-1 报告分类

报告类型	例子	注释
定期口头正式报告	每周或每月的进展例会	虽然报告可以是口头的，但应有正规书面记录
特定口头正式报告	阶段结构评审会	主要是口头的，可能要求有书面报告
定期书面正式报告	作业表格，进展报告	通常是周报所用的格式
特定书面正式报告	异常报告，变更报告	
特定非正式口头报告	饭间讨论，人际交流时	常提供早期警告，必须通过正式报告进行备份

9.2.2 进展评估

用于评估进展情况的信息需要定期或者事件触发地进行收集和整理。无论在什么情况下，收集的信息都必须是客观且真实的，例如是否已经递交了一份精确的报告。然而，评估不得不依赖于对目前已完成活动比例的估计。

9.2.3 设置检查点

附录A中详细描述的PRINCE2标准有其自己的术语。

在初始活动计划中必须设置一系列的检查点，它们可以是：

- 定期的（例如每月一次）。
- 依赖于特殊的事件，比如递交了产品报告或其他可交付物。

9.2.4 取快照

进展信息的频度依赖于项目的规模和风险级别。例如，组长需要每天对进展情况进行评估（当雇用没有经验的员工时尤其如此），而项目经理也许每周或者每月见到适当的报告就可以了。通常，级别越高，报告的频度越低，需要的细节也越少。

让我们回想一下第4章，Beck建议在XP环境中使用一周作为工作周期。

然而，对是否赞成每周从执行活动的员工处正式收集信息存在着很大的争议。周末收集数据可以确保在记忆还较新时提供信息，并为个人评审和反映他们过去几天里的进展情况提供了一种机制。如果报告频度为一周，那么基本的工作单元的周期设置为一周左右是比较合理的。

主要的（或者项目级的）进展评审通常发生在项目生命周期的特定点上，通常称为*评审点*（review point）或者*控制点*（control point）。例如，PRINCE 2指定了一系列检查点，在这些检查点要对项目工作状态或者团队工作状态进行评审。在每个项目阶段结束时，PRINCE 2规定一个结束阶段评估，对项目进行评估并考虑项目未来的打算。

9.3 收集数据

通常项目经理把长时间的活动分解为周期为1～2周的更加可控的任务。然而仍然需要收集部分完成活动的信息，特别是要对还剩下多少工作进行预测。要想准确地作出这种预测可能是相当困难的。

练习9.1 Amanda项目的一名软件开发人员用Java 语言编写了一个估计需要500 行代码的程序的前250 行代码，请问为什么不能说已经完成了50%的工作量。如何才能合理地估计出近似的完成量是多少？

对于系列产品，活动的局部完成量比较容易估计。例如，统计规格说明的记录数或者统计产生屏幕版面的记录数，都可以给出一个合理的进展度量。

在某些情况下，中间产品可以作为活动期间的里程碑。比如，程序的第一次成功编译可以看成是一个里程碑，尽管这还不是活动编码和测试的最终产品。

9.3.1 局部完成报告

很多组织使用标准的统计系统，用周时间表指出员工在各自的个人作业上所花费的工作时间。登记到该项目的员工时间指出所执行的工作及其相应的费用，但没有告诉项目经理已经生产了什么或者任务是否按时完成。

周时间表是关于所用资源的宝贵信息来源。它通常用于提供有关完成了什么的信息。然而客观的度量并不能对局部完成量进行估计，从而要注意综合征兆的问题，即直到完成99%才报告任务进展是按时的，然后保持在99%的报告不变，直到全部完成。

因此通常都要修改或增强现有的统计数据收集系统，以满足对项目进行控制的需要。例如，周时间表经常要根据将作业分解到活动级以及根据所花时间和所做的工作来进行修改。图9-3 给出了一个典型的报告格式，该表要求填写对完成日期的可能拖延的信息以及对完成量的估计。也可能有其他格式的报告模板。例如，有的项目经理要求报告任务实际已经花费了多少个小时和估算要完成此任务还需要多少个小时，而不需要估算完成百分比。

时间表

员工 John Smith　　　　周结束 30/3/07

有效工时

项目	活动代码	描述	本周花费的时间	完成量（%）	计划结束日期	估计结束日期
P21	A243	编码模块 A3	12	30	24/4/07	24/4/07
P34	B771	编写文档	20	90	6/4/07	4/4/07

有效工时总计	32

非有效工时

代码	描述	本周花费时间	解释与授权
Z99	替他人工作	8	由RB批准

有效工时总计	8

图9-3 周时间表和进展评审表格

9.3.2 红黄绿交通灯报告

> 交通信号灯技术有很多变种，这里描述的是IBM采用的版本，参见A.Down、M. Coleman和P. Absolon著的《Risk Management for Software Projects》，McGraw-Hill，1994。

克服局部完成报告缺陷的一种流行方法就是，不去询问估计完成的日期，而是询问组员达到计划的目标日期的可能性有多大。

这样做的一种方法是交通灯方法，它包括如下步骤：

- 确定在一件工作中评估的关键要素（第一级）。
- 将这些关键要素分解为分量元素（第二级）。
- 评估第二级的每个元素，“绿色”（Green）表示“满足目标”，“黄色”（Amber）表示“不满足目标但可挽回”，“红色”（Red）表示“不满足目标而且挽回很困难”。
- 要达到第一级评估，需要评审全部的第二级评估。
- 要产生整体评估，需要评审第一级和第二级的评估。

例如，Amanda 决定用交通灯方法来评审IOE 项目的活动。她把每个活动分成许多分量元素（在这种情况下，没有必要再进一步细分），并且让组员每个周末反馈一个报告。图9-4 展示了第16 周末Justin 的评估报告。

> 注意，这个表格只提到未完成的活动。Justin仍需要报告活动的完成情况以及花在活动上的时间。

活动评估表

员工 Justin

Ref: IoE/P/13　　活动：编码和测试模块C

周	13	14	15	16	17	18	
活动概要	G	A	A	R			
构件							注释
屏幕处理程序	G	A	A	G			
文件升级程序	G	G	R	A			
内务管理程序	G	G	G	A			
编译	G	G	G	R			
测试数据运行	G	G	G	A			
程序文档编制	G	G	A	R			

图9-4 IoE/P/13 的交通灯方法评估

交通灯评估方法仅指出未达到目标的风险，它不估计工作的完成情况或者量化预期的延迟。

在所有活动的评估表格完成以后，项目经理以此为依据估计整个项目的状态。任何被归为“A”或“R”的关键活动将需要进一步考虑，并且经常会导致项目进度的修改。非关键活动如果被归为“R”，尤其是在所有这些活动的偏差没有消除的情况下，则很可能被认为是个问题。

9.4 进展可视化

如果收集到了项目进展的数据，经理需要用某种方法以最好的效果呈现这些数据。在本节中，讨论显示项目及其前景的图形方法。其中一些方法（例如甘特图）提供静态图，即一个快照，而其他方法（例如时间线图）则设法显示在整个项目期间项目是如何进展和变化的。

9.4.1 甘特图

一种最简单也是最早的跟踪项目进展的方法就是甘特图。本质上，这是一种活动条形图，它指出计划的活动日期以及随着活动的浮动而频繁增大的周期。图表中记录着所报告的进展（通常活动条形涂有阴影），而且“当日指针”对哪些活动超前或落后于进度计划给出直接可视化指示。图9-5显示了截止到第17周星期二的Amanda的甘特图，“编码和测试模块D”已经超前进度计划完成，“编码和测试模块A”看来也要超前进度计划，而另外两个模块的编码和测试则落后于进度计划。

Henry Gantt（1861—1919），工程师，其研究方向为有效的工作组织。

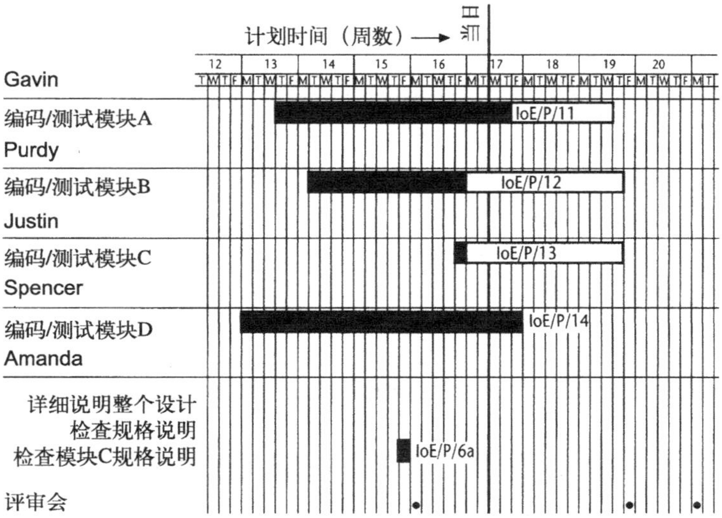

图9-5 Amanda 的第17 周带有“当日指针”的部分甘特图

9.4.2 延迟图

延迟图（见图9-6）是另一种非常类似的图，有些项目经理喜欢用这种图。他们认为这种图对于那些没有按进度计划进展的活动，提供了更加醒目的可视化指示：延迟线越弯曲，对计划的偏离就越大。经常需要添加延迟线，

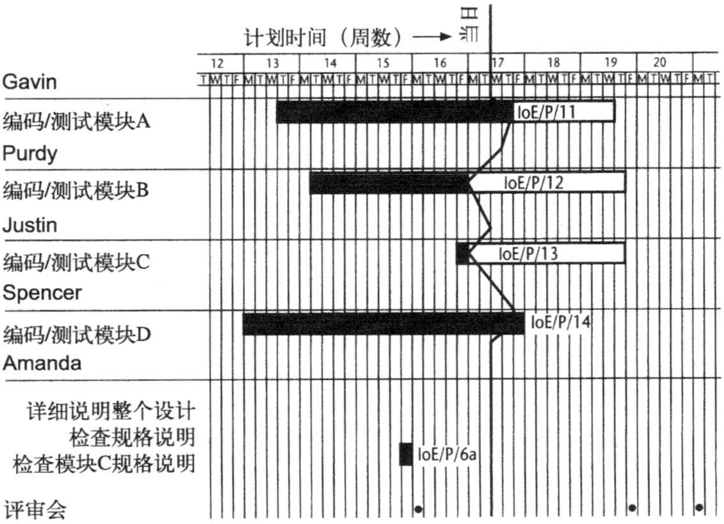

图9-6　延迟图强调每个活动的相对位置

每当建立起这些线时，项目经理就会了解到项目是在改进（后继的延迟线弯曲小）还是没有改进，锯齿严重的延迟线指出需要重新制定进度表。

9.4.3 时间线

到目前为止，描述的所有图都存在一个缺点，即不能清楚地显示贯穿整个项目生命周期的项目完成日期的拖延情况。分析和理解迄今为止的趋势能预测项目未来的进展情况。例如，如果项目进度延迟是因为目前生产率未达到计划阶段预计的水平，那么除非采取措施提高生产率，否则可能需要推迟计划完成日期。

时间线图是记录和显示在项目期间目标变更的一种方法。

图9-7显示了Brigette 的项目在第6周周末的时间线图。计划时间用横轴表示，经过的时间用纵轴表示。图中曲折向下的线代表了活动的预计完成日期。在项目开始时，活动“分析现有系统”安排在第3周的星期二完成，活动“获得用户需求”是在第5周的星期四完成，最后一个活动“发布标书”是在第9周的星期二完成，等等。

Brigette的时间线图只含有其项目中一些关键的活动；“•”标出了活动的实际完成日期。

为了清楚起见，必须限制时间线图中的活动数目。利用颜色来区分活动，尤其是在线段交叉之处。

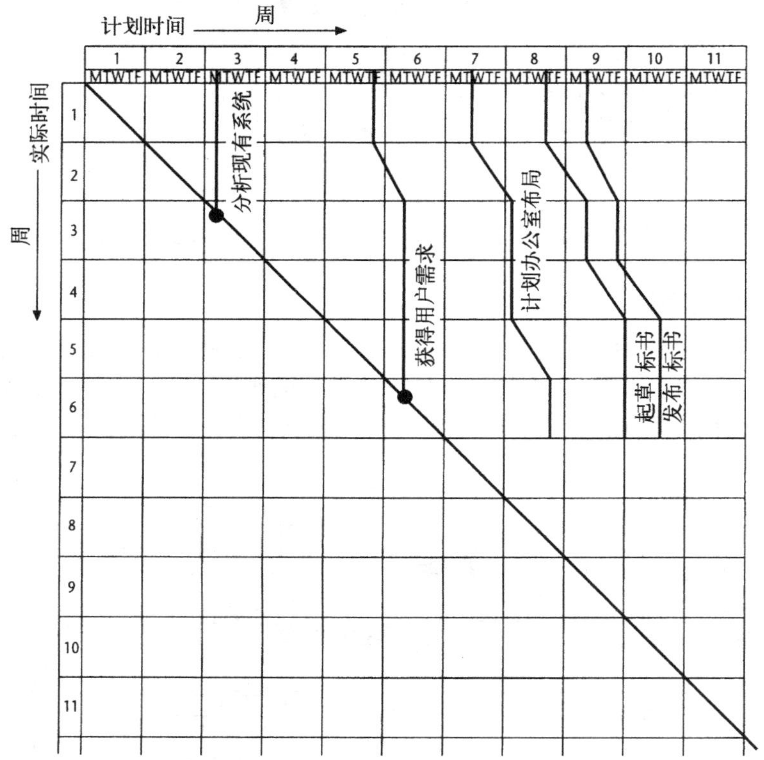

图9-7 第6周的周末Brigette的时间线图

在第1周的周末，Brigette评审这些目标日期，并保持原样不动。所以，在实际时间轴上画的线是从目标日期垂直向下直到第1 周的周末。

在第2周的周末，Brigette觉得“获得用户需求”在第6 周的星期二之前不可能完成，因此她斜着延长活动线来反映这种情况，其他活动的完成日期也要相应地推迟。

在第3周的星期二，“分析现有系统”完成了，Brigette在斜的时间线上放上一个实点表示已经发生了的活动。在第3周的周末她决定保持现有的目标计划。

在第4 周的周末，她又加了另外3 天用来“起草标书”和“发布标书”。

注意，截止到第6 周的周末，两个活动已经完成，另外三个正在进行中。此时她在三种场合修改了目标日期，作为整个项目来说，进展推迟了7 天。

练习9.2 *在第8周的周末，Brigette已经完成了办公室布局的计划，但发现起草标书要比预期多花1周时间。*

在第8周的周末，Brigette的时间线图看起来会是什么样的？

如果剩下的工作可以按计划完成，当项目完成时，Brigette的时间线图看起来会是什么样的？

时间线图在项目执行期间以及作为后期实现部分的评审都是有用的。时间线图的分析和变化的原因可以指出估计过程的失误或者其他可能的错误，有了这方面的信息，将来就能避免这些失误。

9.5 成本监督

成本监督是项目控制中的重要部分。不仅因为花费自身的重要性，而且还因为花费指示了项目所需要的工作量（或者至少是项目的要价）。项目也许会按时完成，不过只是由于在活动上的花费超出了最初的预算。如图9-8所示，累积的花费曲线图提供了简单的方法，即将实际花费与预算相比较。就图本身来说，没有什么特别的意义。作为一个例子，图9-8 除了可以显示实际的成本结余外，还能说明目前进行的项目是延期了还是如期进行着。在解释所记录的花费之前，需要先考虑项目活动的当前现状。

项目的成本可以由公司的财务系统进行监控，成本本身提供不了关于项目状态的信息。

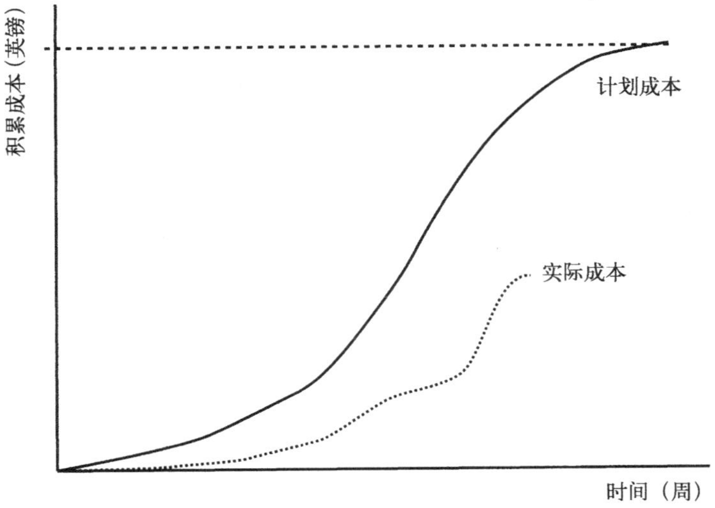

图9-8 跟踪累积的花费

要是在图中加入计划的未来成本，那么成本曲线图就会更加有用。未来成本的计算是通过将估计的未完成工作的成本加到已经付出的成本之中，以此得出未来预计的成本。在使用基于计算机策划工具的地方，通常情况下，

由项目监控得到的增大的项目成本，可以用来生成对未来成本的预测。

实际的花费一经记录，成本一览表的修订便自动给出。图9-9说明了一旦包含修订的成本一览表（如果是这样，显然项目延期了并且超出了预算），便可获得附加信息。

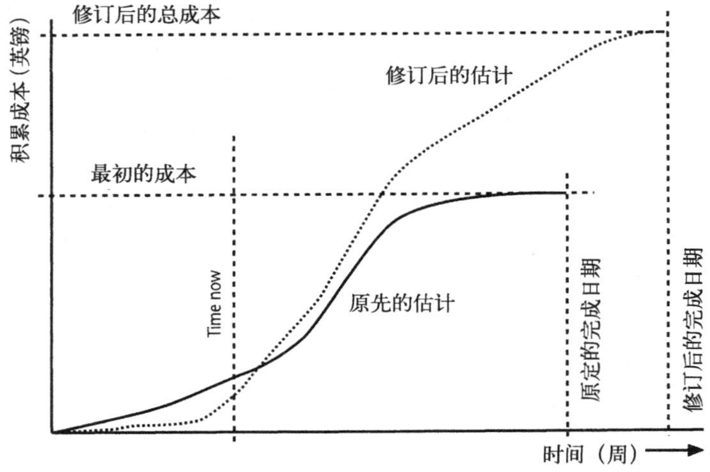

图9-9 累积的花费曲线图也可以显示成本和完成日期修订后的估计

9.6 挣值分析

挣值分析也称BCMP（已完成工作的预算成本），由美国和澳大利亚国防部推荐使用。在BS 6079中也推荐使用挣值分析。

挣值分析近年来得到了广泛的使用，并可将其看成是对前一节中讨论的成本监督的细化。挣值分析源于由美国国防部（DOD），作为一整套用于控制采购项目的管理方法的一个组成部分。挣值分析基于对初始花费的预测，赋予每个任务或者工作包（在WBS 中确定的）一个“值”。看待这个问题的一种方法是这个“值”就等于供应商愿意承接此项任务的合同价格。赋给任务的值是其初始预算成本，称之为*计划价值*（Planned Value, PV）或者*已计划工作的预算成本*（Budgeted Cost of Work Scheduled, BCWS）。一个任务在尚未开始之前用零作为初值，当该任务完成时，则用任务的赋值记入任务的得分（因而也是项目的得分）。项目在任何点得到的总值称之为*挣值*（Earned Value, EV）或者已执行工作的预算成本（Budgeted Cost of Work Performed , BCWP)，可以表示为一个货币价值、工时数或者表示为PV 的一个百分比形式。因此，EV就是一旦工作完成后，付给承包商的一个定好的价格。

在任务已经开始但尚未完成的情况下，必须采用某种一致的给挣值赋值的方法，在软件项目中，常见的方法有：

- 0/100*方法* 只要任务未完成，便赋其值为零，一旦完成任务，便将预算值的100%赋予它。
- 50/50*方法* 任务一开始执行，就赋予任务预算值的50%，一旦任务完成便给予任务100%的赋值。当承包商要开始工作时，先得到谈好价格的一半，或许用来购买原材料，当完成任务后，得到全部剩余款。
- 75/25*方法* 任务一开始执行，就赋予任务预算值的75%，任务完成后再给予任务25%的赋值。这个方法常用于购买一项大型设备：交付设备时支付75%，当安装调试完成之后支付其余货款。

- **里程碑方法**　任务获得的值是基于里程碑的完成情况，而在里程碑点已经作为初始预算计划的一部分赋过值了。
- **完成百分比方法**　有些场合，可以客观的度量工作完成情况。例如，数据记录作为信息系统开发的一部分，有时候必须人工导入到数据库中，截至目前实际完成的导入数据记录的数量是可以客观计算的。

在上面提到的方法中，我们更倾向于在软件开发中使用0/100 方法。50/50 方法会给人一种安全假象，因为活动开始时的报告过高估计了。至于里程碑方法，看起来适合持续时间较长的任务，但是对于这种情况最好还是将活动分解成多个子活动。

9.6.1 基线预算

挣值分析的第一阶段是建立基线预算（baseline budget）。基线预算基于项目计划，表示整个项目期间挣值的预测增长。挣值可以用货币值度量，但是对于人力密集型项目（比如软件开发项目）通常使用“人时”或者“工作日”来度量。Amanda 的基线预算基于图8-7所示的计划，在表9-2 中进行了说明，在图9-10中用图解法进行了展示。注意，她建立了工作日的基线预算，并采用0/100方法记入项目的挣值分值。

表9-2　Amanda的基线预算计算

任　务	预算工作日	计 划 完 成	累计工作日	累计挣值（%）
详细说明整个设计	34	34	34	14.35
详细说明模块B	15	49	64	27.00
详细说明模块D	15	49		
详细说明模块A	20	54	84	35.44
检查规格说明	2	56	86	36.28
设计模块D	4	60	90	37.97
设计模块A	7	63	97	40.93
设计模块B	6	66	103	43.46
设计模块C	25	74	128	54.01
检查规格说明C	1	75	129	54.43
设计模块C	4	79	133	56.12
编码/测试模块D	25	85	158	66.67
编码/测试模块A	30	93	188	79.32
编码/测试模块B	28	94	231	97.47
编码/测试模块C	15	94		
系统集成	6	100	237	100.00

Amanda 项目直到第34个工作日才完成详细说明整个系统这个活动，在此之前不要期望记入挣值。该项活动预计花费34 个工作日，因此当活动完成时，将为此项活动记入34人日。基线预算图中的其他各个阶段同其余活动的计划完成日期相符合。

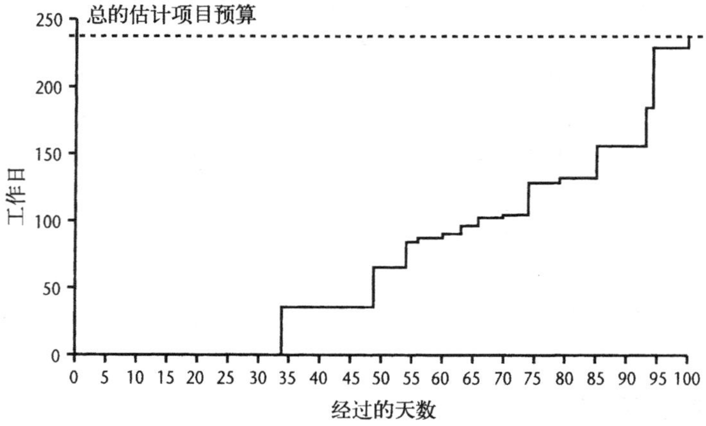

图9-10 Amanda 的基线预算

9.6.2 监督挣值

在建立了基线预算后，下个工作就是按照项目的进展情况对其挣值进行监督，即对任务的完成情况进行监督（如果使用其他计分方法，则对活动的开始和里程碑的完成进行监督）。

练习9.3 图9-11给出了项目在第12 周开始时Amanda 的挣值分析。该挣值（EV）显然是滞后了基线预算，这表明项目滞后计划。

对照图9-12，你能正确地说出她的项目何处出了问题，以及可能导致什么后果吗？

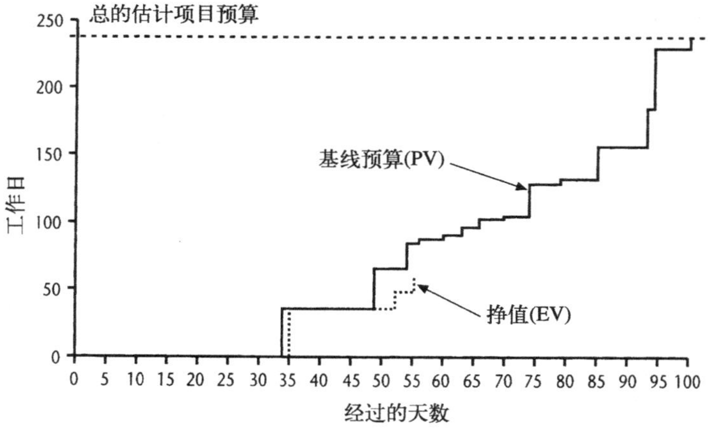

图9-11 在第12 周开始时Amanda 的挣值

如同记录挣值（EV）一样，每一项任务的实际成本称为实际成本（Actual Cost, AC），也可以称为已执行工作的实际成本（actual cost of work performed），如图9-12 所示。图中的值按占总预算成本的百分比来表示。

图9-12 也说明了如下一些性能统计数据，这些数据可以从图中直接看到或者可以从挣值图中导出。

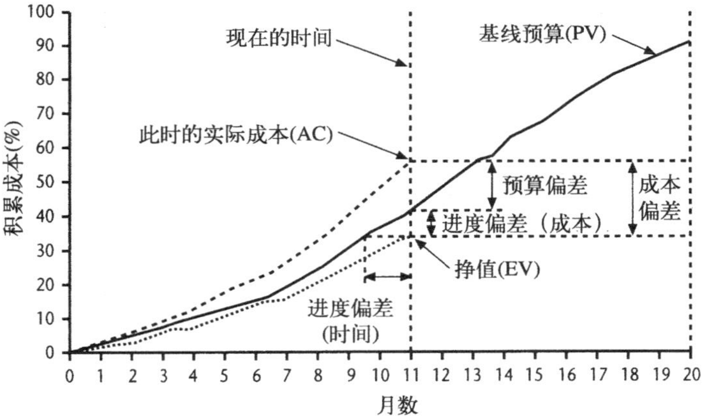

图9-12 挣值跟踪图

9.6.3 进度偏差

以成本术语来度量进度偏差（Schedule Variance, SV）为：EV−PV，表示已完成的工作值与计划的工作值不同的程度。例如，按照计划截至目前应该完成40 000英镑的PV，实际上由于一些工作尚未完成，目前的EV为35 000英镑，所以SV等于35 000−40 000，也就是−5 000英镑。负的SV值表示项目进度滞后。

9.6.4 时间偏差

图9-12也说明了*时间偏差*（Time Variance, TV），它是指完成目前已实现的挣值的计划时间和实际时间之间的差异。在上图的例子中，目前所获得的挣值原计划应该在9月初完成，但是实际上在11月完成的，所以时间偏差是−1.75个月。

9.6.5 成本偏差

成本偏差（Cost Variance, CV）计算为：EV−AC，表示已完成工作的预算成本与已完成工作的实际成本之间的偏差；例如，按照前面的例子计算出SV是−5 000英镑，为了获得EV目前已经花费了55 000英镑，那么CV应该是35 000−55 000，即−20 000英镑。它也是初始成本估计的精确度的指示器。负的CV值表示超出成本。

9.6.6 性能比

一般跟踪两个比率：一个是*成本性能指标*（Cost Performance Index, CPI）（CPI = EV/AC），而另一个是*进度性能指标*（Shedule Performance Index, SPI）（SPI = EV/PV）。沿用以上的例子，CPI是35 000/55 000，即0.64，SPI是35 000/40 000，即0.88。可以把性能比看成是一种“货币值”指数，若该值大于1，则表示完成的工作比计划的要好；若该值小于1，则意味着工作的耗费比预计的要大和/或工作的进行比计划的要慢。

CPI可以用来修正项目的成本预算（或者*完成估计*EAC）。EAC计算公式为BAC/CPI，其中BAC（Budget At Completion, BAC）是项目当前计划的预算。如果BAC原来是100 000英镑，那么修订的EAC将是100 000/0.64即156 250英镑。同样，可以通过目前的SPI修正估计的项目周期。例如项目的计划周期是23个月，在挣值分析中称作SAC（Schedule At Completion, SAC）。完成的时间估计值（TEAC）计算公式为SAC/SPI。这个例子中为23/0.88，即26.14个月。这仅是一个近似的指导值，正如我们在第6章所看到的，因为一般项目可能有多个并行执行的任务链，项目的周期依赖于项目的关键路径上的延迟程度。

按照图9-8中采用的增大花费分析以显示修订后的花费预测同样的办法，可以用如图9-13所示的预测，增加简单的挣值。

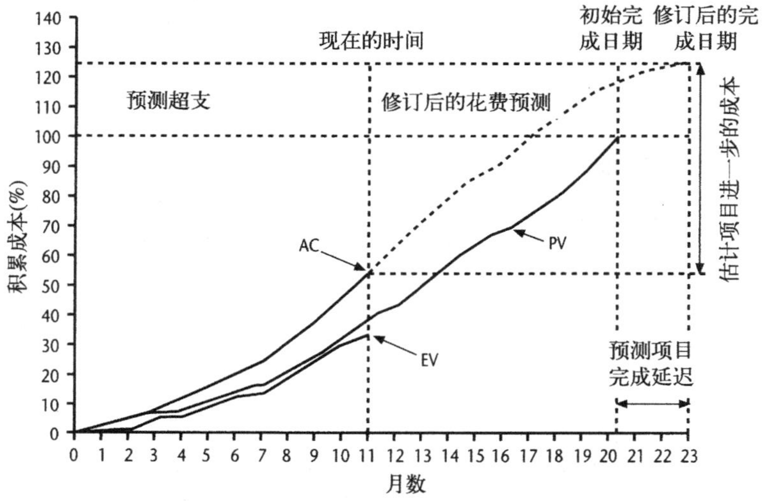

图9-13 具有修订预测的挣值图

挣值分析方法在软件开发项目上并没有得到普遍认同，这很大程度上是由于看法上的差异：完成一半的软件项目实际上不具有任何价值，而盖了一半的房子，其价值可以根据已投入的人力、物力反映出来。这就误解了挣值分析方法的目的，正如我们所见到的，该方法是一种跟踪项目中已经取得了些什么的方法——根据完成的任务或产品的预算成本进行度量。

9.7 优先级控制

目前为止，在实施监督级别方面，一直假设项目的所有方面都受到同等对待。然而，一定不要忘记监督要花时间，并且耗费资源，这些资源有时会有更好的安排和使用。

在本节中，将列出优先级，可以根据以下优先级决定监督级别。

- *关键路径活动* 关键路径活动的任何滞后将会导致整个项目完成的拖延；因此为了密切监督关键路径活动，可以考虑给予关键路径上的活动很高的优先级。

自由浮动是指在不影响后继活动的情况下，一个活动可以拖延的时间量。

- *无自由浮动的活动* 虽然任何无自由浮动的活动的延迟至少会造成某些后继活动拖延，但如果该延迟少于总的浮动，也许不会拖延整个项目的完成日期。但这些后继拖延可能对资源调度造成严重后果，因为一个后继活动的拖延，可能意味着在该活动完成之前，那些资源已经分配到其他地方，该项活动要用的资源已经不可用了。

- *少于规定浮动的活动*　如果任何活动几乎没有浮动时间，那么在常规活动监督提出问题给项目经理关注之前，该活动可能用完了这个浮动时间。通常的做法是密切监督那些自由浮动少于一周的活动。
- *高风险活动*　一组高风险活动应该已经标识为初始风险剖面的一部分，如果采用的是PERT三次估计法，应把具有高的估计持续时间偏差的活动指定为高风险活动，要高度关注这些活动，因为它们很可能超出限度或者超支。
- *使用关键资源的活动*　活动可能成为关键的，这是因为活动的花费很高（比如像专业合同程序员的情况），尤其是在员工或者其他资源受控于项目组之外时，人员和资源可能仅在有限时间段可用。无论如何，需要关键资源的活动要求高级监督。

关于PERT方法和活动持续时间偏差的重要性在第7章进行了描述。

9.8 使项目返回目标

几乎所有项目都会延期和遭遇意外事件。项目经理的任务之一就是及时识别这些情况（如果可能，在正要发生时就要识别），并且努力减轻问题的影响，使其对项目所造成的延迟和干扰降到最低程度。在大多数情况下，项目经理都会设法保证计划的项目结束日期不受影响。要做到这一点，可以缩短剩余活动持续时间或者缩短余留项目的整体持续时间，下一节将描述这些方法。

当然，风险应对计划已作为风险分析方法（参见第7章）的结果而存在。

然而，需要提醒大家的是，上述方法对于计划中断的响应可能并不总是奏效的。如果客户不太关心产品的交付期限，而且项目一经完成，小组成员没有什么其他值得做的工作，那么为了加快项目进度而支付一笔不菲的加班费是没有什么意义的。

只要计划是恰当、划算的，就应该坚持这个计划，但项目计划并不是神圣不可改变的。

考虑何时追赶计划以便使项目返回目标，有两种主要策略，即缩短关键路径或者改变活动优先需求。

9.8.1 缩短关键路径

当前的关键路径决定了项目总的周期。所以，加速非关键路径上的活动不会使项目的完成日期提前。但是还是有一些方法可使用的。

1）*增加资源，特别是人力资源*。虽然经常要求更加正面的行为（比如为某个关键活动增加可用资源），但激励员工更勤奋地工作也会有一些效果。例如，通过增派一名分析人员与用户进行交流，也许会促进实事求是。然而，一个小型模块的编码不太可能通过增派一个程序员的办法来缩短时间，因为增派人员需要额外的组织工作、分配任务以及相互沟通的时间开销，有时甚至还会起反作用。增加人力资源可能会加快项目进度，但是也会增加项目成本，用EV来看，负的进度偏差SV可能减少，但是负的成本偏差CV可能会增加。

权衡时间/成本的一般规则是，资源买得越多（或越贵），时段变得越短；有时这是真的。

2）*增加目前资源的使用率*。使资源更长久地可用，可以增加资源的级别。因此，在活动周期可能要求员工加班工作，并且计算资源可能在有些时候可用（如晚上和周末），然而在另外的时间可能不能使用。

3）*为关键任务重新分配人力资源*。如果这些方案仍解决不了问题，项目经理可以考虑在活动的关键路径上分配更有效的资源，或者在关键路径活动和非关键路径活动之间交换资源。这种办法用于员工上特别适合，一个有经验的程序员应该远比一个初来乍到的组员效率更高。

4）*减小范围*。可以通过减少交付的功能来减少需要开展的工作数量，保证项目进度。客户宁愿接受按时交付已承诺的主要功能，尤其这些功能是他们最常用的功能，也不会愿意接受为了完成所有的功能而使系统延期交付。

5）*降低质量要求*。一些与质量相关的活动可以被缩减，例如系统测试。但是这可能导致在系统使用之后，有更多的纠正活动需要去进行。

通过上述手段，可以设法缩短关键活动的时段，直到项目赶上进度，或者直到进一步的工作证明没有结果，或者直到没有成本效益为止。不过要记住，缩短关键路径常常引起另外的路径成为关键的（参见第6.14节）。

9.8.2 重新考虑优先需求

如果试图缩短关键活动的时段仍然不能解决问题，下一步便是考虑施加某些约束，即一些活动不得不拖延，直到其他一些任务完成。最初的项目网络很有可能是在假设的“理想”条件和“正常的”工作实践下绘制的。为了避免项目交付延期，现在有必要询问一下，是否现在还没开始的活动一定要等别的活动结束后才能开始。在一个特定的组织里，在开始用户培训之前要先完成系统测试，这也许是“正常的”。然而，为了避免项目延期，也许可以修改“正常的”实践，即早一点开始培训。

避免优先约束的一种方法是，将活动细分为可以立刻开始的部分，而且其约束仍与以前一样。例如，在系统规格说明书编写期间，就可以开始起草用户手册，然后在今后有所变更时再进行修订。

如果确实决定要改变优先需求，重要的是知道这样做会使质量打折扣，而且对在何处需要权衡质量要慎重地作出决定。同等重要的是，要评估工作实践的变更对风险增加的程度。例如，可能在详细设计完成之前便开始了模块编码，但通常认为这样做是很莽撞的，因为这会增加最终设计完成之后需要重新编码并从而影响质量的风险，因此会更加使项目拖延。

9.8.3 维护业务案例

在做项目管理决策时，项目赞助商也就是为项目提供财务资源的利益相关者主要关心的问题是项目的业务案例是否能维持。我们可以回想一下第2章提及过的内容，项目的收益必须要高于项目的成本，项目才可行。项目成本增加，将导致最终的项目的收益减少；项目的延期或者交付的功能减少，也意味着项目的收益将减少；有时候成本超出收益，导致项目失去了可行性，那么需要做决策来终止此项目。

9.8.4 异常计划

项目经理通常是可以变更项目计划细节的，只要能够按时并且在预算之内提交项目产出物。有时，计划的改变可能会对其他利益相关者造成影响。例如，如果用户验收测试的时间必须变更，那么项目经理必须获得这些利益相关者的同意。

一些变更可能会影响最终的项目交付日期、项目范围或者成本，相应的这些可能会影响到项目的业务案例，这时候项目经理需要获得项目发起人的批准。上面我们已经看到项目发起者的利益一般由项目委员会（在PRINCE 2中）、项目管理委员会或者项目指导委员会所代表。

PRINCE 2中采用的方法是要求项目经理编写一份*异常报告*，来解释偏离计划的原因；还需要详细描述偏差的后果，如有可能还要确定多个解决问题的备选方案，阐述每个备选方案对于业务案例的可能影响，以及推荐的行动方针。项目委员会或者对等机构评审异常计划并批准选定备选方案的执行之后，一般会要求项目经理进一步细化*异常计划*。如果异常计划被批准，将取代现有的项目计划。

9.9 变更控制

本章到目前为止，假设所执行的这些任务的特性都是没有变更的，但是对于项目负责人，像Amanda或Brigette，都会由于环境改变或者由于用户对真正的需求有了更清晰的想法因而修改了需求。例如，Brigette正在实现的工资单系统需要调整，因为大学的员工结构重新编组了。

项目内部也会产生一些变更。也许到了编码阶段，Amanda 才发现存在与程序规格说明不一致的现象，此时就需要回去修改规格说明。

当开发（如用户需求等）文档时，在整个开发和评审周期中，可能会生成许多版本的文档。这个时候的任何变更都是非正式和灵活的。假设在某个时刻确定了文档的最终版本，那么该版本即被基线化并且被有效地冻结。基线化的工作产品是后续开发的基础，例如依据基线化的用户需求来开发接口设计文档。因此，任何对于基线化文档的变更对项目其他的部分都会有连锁反应。产品流程图（参见第3 章的解释）指出了项目的各种产品之间的关系，此处正是这种情况。因为对于基线化文档的后续变更需要进行收敛的控制。

练习9.4 *在程序规格说明中的一个变更，通常会使程序的设计随之变更，然后变更编码。请问还有其他的产品需要修改吗？*

9.9.1 变更控制规程

一般来说，操作系统的简单变更控制规程有如下几步：

1）一个或者多个用户也许认识到需要修改系统，并且要求将变更请求交给开发者。

2）用户管理部门对该变更请求给予考虑，如果同意，就将该变更请求交到开发管理部门。在客户团体和开发管理部门之间，建立单一的授权渠道来管理*变更请求*（RFC）是很重要的。并且对于客户团体进行了过滤以保证变更请求是真正有益的。

3）开发管理部门委派一名开发人员审查该变更请求，并报告该变更的实用性和实现该变更的花费。作为其中的一部分内容，管理部门还要评估可能受变更影响的产品。

4）开发管理部门根据调查结果，再报告给用户管理部门，由用户管理部门根据成本报价，决定是否实施该变更。

5）代表了主要的利益相关者的个人和团体，用户、开发人员以及项目发起人有权为变更请求排定优先级别，这个最终将由项目委员会或者对等机构审批。大部分的变更请求相对较小，如果这样的变更请求也需要由最高管理层进行审批将会造成项目的瓶颈。由一些利益相关者代表组成一个小组，指派他们负责商定和批准一定费用水平的变更。这个小组扮演了*变更控制委员会*的角色，虽然有的情况下不用这个称呼。进一步处理方式是可以给项目经理一些空间可以处理一些小的变更，只要不超出项目的计划成本和交付目标日期。因此处理变更的一般原则是越大的变更需要报告给越高的管理层。然而，这不是简单通过变更规模就可以衡量的。庞大数量的而又看似细微的变更可能对项目进展造成严重的累积影响，必须报告较高管理层从而引起他们的重视。对于一系列大的变更可能会触发项目经理制定异常报告（参见上文）。

6）一旦变更请求被批准，一个或者更多的开发人员被授权获取主产品的副本进行修改。这一活动需要通过配置库完成（参见下文）。

7）修改副本。如果是软件构件，将涉及代码的修改、重新编译和测试。

8）当产品的新版开发完成后，要通知用户管理部门，并将该软件副本发布给用户进行验收测试。

9）产品通过用户测试后，要授权软件的运行发布，替换配置项中的原版副本。

练习9.5 *上述步骤涉及运行系统的变更，请问如何对其修改使之处理开发中的系统？*

9.9.2 系统范围的变更

有时称为范围蠕变。

在IS 开发项目中，经常发生系统规模不断增大的情况。原因之一在于用户提出了对需求的变更请求。

练习9.6 *考虑还有什么其他原因使系统具有范围蠕变的趋势。*

项目范围需要谨慎地加以监督和控制，一种方法是在关键里程碑处按照SLOC 或者功能点重新估计系统规模。

9.9.3 配置库管理员的职责

变更的控制和记录应该是称作配置库管理员、配置经理或项目库管理员的人的职责。其职责如下：

BS EN ISO 9001: 1994（以前的BS 5750）要求有正式的变更控制规程。

- 标识所有要变更控制的配置项。
- 建立和维护所有项目文档和软件产品的原版副本的中央存储库。
- 建立和执行一组处理变更的正式规程。
- 维护配置项的访问记录和每个配置项的状态（例如是处于开发中、测试中还是已发布）。

回头来看，建议在Brightmouth学院的Brigette要做的第一件事应该是建立变更控制规程。

9.10 小结

本章讨论了对项目进行连续监控的需求和使项目进展情况可视化的必要性，其重点如下：

- 如果不监督计划的执行，则策划就毫无意义。
- 太长的活动需要细分，使之更容易控制。
- 理想状况下，应该通过项目产品的交付来度量进展。
- 为了有效地交流信息，要以醒目的可视化方式显示进展，比如通过条形图。
- 成本需要进行监督，耗费时间也同样需要进行监督。
- 延迟的项目常常可以通过缩短关键路径上的活动时间，或通过放松一些优先约束来使之返回到原先的进度计划。

9.11 进一步的练习

1. 参照图8-7 所示的Amanda 的项目计划，找出那些计划持续时间在三周以上的活动，并描述她如何每隔两周或者每隔一周监督这些活动的进展。
2. 从Amanda 的项目在第17周结束时的甘特图（如图9-5所示）中可看出，有两个活动延迟了，这将会对剩下的项目有什么影响？Amanda 该如何减轻该延迟带来的影响？
3. 表9-2给出了基于工作日的Amanda的挣值计算。根据练习8.5中所用的成本数据，尝试利用货币值修改这张表，仔细思考，如何控制Amanda作为项目经理以及日常管理开支的成本，并且解释你这样做的理由。
4. 如果你在用项目策划软件，试一下它对挣值分析提供支持的程度。如果该软件不直接提供这项功能，看它提供了哪些手段帮你生成基线预算（PV）并跟踪挣值（EV）。
5. 给出一组变更控制规程，使之适合于Brigette在Brightmouth学院的实施。

第 10 章
管理合同

目的

学完本章后，你将能够：

• 区分不同类型的合同。
• 概述产品和服务合同的内容。
• 对建议和产品的评估进行计划。
• 从合同签订开始到项目完成的最终验收对合同进行管理。

10.1 引言

一个大型组织将6~12个月的时间以及采购和实现总预算的40%花在对主要客户服务和支持应用程序的软件包进行评估上并不稀奇（Demian Martinez, Decision Drivers Inc., *Computing*，1998年7月23日）。

在Brightmouth 学院的场景下，学院的管理人员做出了从外部供应商获取他们所需要的软件的决定。考虑到他们自己开发新的可靠的软件方面能力不足，这个决定看起来很明智。此时，在IOE，Amanda 已经拥有一个软件开发团队，其成员都是IOE的雇员。然而，随着项目的进行，对软件开发的工作量的要求并不稳定。IOE 管理层可能决定使用外部软件开发力量进行新的开发，使用较少的内部软件开发力量进行维护并对现有系统的用户给予支持，这是更加合算的。

在资金足够而其他资源不那么灵活（尤其是员工的时间）的情况下，购买商品和服务而不是“自己做”的方法变得越来越具有吸引力。然而，采取这种方针的组织也会有危险。许多潜在危险都是由于成功管理外包项目仍然需要相当的员工时间和关注。但在本质上，像Brightmouth 学院和IOE 这样的客户组织，在计划任务开始之前，需要事先制定出准确的需求，而且还需要保证所外购的商品和服务是实际所需要的。

例如，据报道由Sema和EDS分别领导的两个联盟，两年多花费了400万英镑，投标一个英国政府更新监狱服务ICT基础设施的项目。最终工作估计值为3.5亿英镑（*Computing*，1998年8月13日）。

而且，毫无疑问，任何供应商在签约之前都会比签约之后更好通融，尤其是在合同规定了价格的情况下。所有这些要求预期的项目和内部项目一样，需要进行充分地考虑和计划。

本章的其余部分将讨论不同类型的合同，介绍签订合同时应当遵循的一般步骤以及起草合同时应当考虑的问题，最后描述在合同实际执行时需要做些什么。

值得注意的是，如果客户的交易额很可观，那么他们在讨价时就会处于更加有利的地位。如果你要在当地的商店购买一个打折的计算机游戏，就不可能按供应商的标准销售合同进行商议！确实，因为当事人之间的不平等关系，在这种情况下，销售活动将取决于特殊的消费者保护法。由于可能的供应商在获得最终合同的问题上并没有保证，所以，他们仔细地估计自己愿意在客户的要求上所花的时间和金钱是很合理的。

10.2 合同的种类

外部资源的需求是通过服务这种形式提供的，例如使用签订了短期合同的临时员工来进行某些项目的开发。在Brightmouth 学院，Brigette 可能使用临时员工来录入数据即为新的系统建立工资册所需要的人员的详细资料。然而IOE 可能做出用内部开发的方法来构建所需要的系统的决定，但是在项目进行期间由于需要合同编程人员增加了长期员工的数量。例如，假设Brightmouth学院放弃购买软件包的想法，取而代之的是让工资服务代理商来代替他们进行所有的工资发放工作。

另一方面，在提供完成的软件包方面也可以签订合同。这些方面可能是：

- 定制的系统，一种特地为一个客户从头开发的系统。
- 买来就用的商用软件包，有时指简易包装（shrink-wrapped）的软件。
- 定制的商用软件（COTS），这是一种对基本的核心系统进行修改以满足特定客户需要的软件。

练习10.1 Amanda会选择这三种系统中的哪一种作为IOE维护组账户系统呢？她需要考虑什么因素？

在英国的法律中，把供应设备的情况看作是商品供应合同。在供应软件的情况下，则看作是提供服务（用于编写软件），或者看作提供使用该软件的许可证（或者许可），但供应商仍然是该软件的所有者。这些差别都具有法律上的含义。

我们极力推荐David Bainbridge著的《Introduction to Computer Law》，第6版，Longman, 2007。本书可以作为IT合同法律方面的指南。

另一种区分合同的办法是通过对供应商所得到的报酬的计算方法来区分，比如说：

- 固定价格合同。
- 时间和材料合同。
- 每单位固定价格合同。

评估供应商付酬部分大量参考了Paul Radford和Robyn Lawrie提供的资料，他们来自Charismatek Software Metrics，澳大利亚墨尔本。

10.2.1 固定价格合同

顾名思义，在这种情况下，当合同签订时价格已经是确定的了。客户知道，如果合同的条款没有变化，这就是项目完成时应该支付的价格。为了让这种机制更加有效，在开始时必须让承包商知道客户的需求，并且这些需求不能改变。用另一种说法就是，如果这个合同是为了构建一个软件系统，则必须完成详细的需求分析，一旦开始开发，客户就不能在没有重新商定价格的情况下更改他们的需求。

这种合同的优点是：

- *知道客户的花费* 如果需求是明确的而且不变更的，客户有明确费用。
- *供应商的动机* 供应商以成本效益为动机。

其缺点是：

- *意外情况下的价格较高* 供应商承受任何估算错误所带来的风险。为了减少这种风险的影响，供应商将在投标书中计算价格时留出足够的余地。

费用仍然比自行开发要低，因为供应商能够衡量价值等级并且拥有从事类似工作的专业人员。

- *修改需求困难* 在开发过程中，有时需要修改需求的范围，这有可能造成供应商和客户之间的摩擦。
- *增加修改成本的压力* 在和其他投标商竞争时，供应商不得不给出尽可能低的价格。一旦合同签订了，当给出进一步的需求时，供应商就会提出很高的修改价格。
- *对系统质量的威胁* 为了满足固定的价格，软件的质量可能得不到保证。

10.2.2 时间和材料合同

在这种合同中，客户必须为每一个单位（例如每一个员工时）的工作量付出一定的报酬。供应商通常会基于他们当前对客户需求的理解给出成本，但是这并不是最终报酬的基础。供应商通常会定期（例如每月）向客户列出已完成工作的清单。

这种合同的优点如下：

- *改变需求容易* 需求修改很容易处理。如果项目有一个研究方向，但随着项目的深入，项目的研究方向会发生变化，那么这可能是恰当的计算报酬的办法。
- *没有价格的压力* 没有价格的压力能创造出更高质量的软件。

这种合同的缺点是：

- *客户的义务* 客户要承受与需求定义不妥和需求变更相关的所有风险。
- *供应商缺乏动力* 在以合算的方式工作或者在控制交付系统的范围方面，供应商没有动力。

因为供应商似乎得到了一张空白支票，所以这种方式并不受到客户的欢迎。然而，开发人员聘用合同事实上采用了这类合同。

10.2.3 每单位固定价格合同

功能点计算在第5章中进行了讨论。

这经常与计算功能点相关。在项目开始时，已经计算或者估计好要交付的系统的规模。交付系统的规模可以通过代码行数来估计，但是可以从需求文档中更容易、更可靠地获得功能点（FP）数。每一个单位的价格都会清楚地注明，最终价格就是单位价格乘以单位数量得到的。表10-1 是典型的价格表。

本表引自David Garmus和David Herron著的《Measuring the software process》，Prentice-Hall，1996。

表10-1 每个功能点价格表

功能点统计	每个功能点的功能设计成本（美元）	每个功能点的实现成本（美元）	每个功能点的总成本（美元）
2 000以下	242	725	967
2 001~2 500	255	764	1 019
2 501~3 000	265	793	1 058
3 001~3 500	274	820	1 094
3 501~4 000	284	850	1 134

讨论的公司是美国的RDI技术公司。这些数据是几年前的数据。

制作这个表格的公司对规模较大的系统的每一个FP 收取较高的费用。例如，一个需要完成2600个功能点的系统，总的费用应该是：$2000\times967+500\times1019+100\times1058$。

我们已经注意到了应用系统的范围可能会随着开发的进行而增长。所以要求供应商为开发项目所有的阶段给出单一报价。这可能不大现实，因为在需求还没有明确的情况下，不能估算出所需的构造工作量。为了解决上述问题，可以协商签订一系列的合同，每个合同覆盖系统开发的不同阶段。

或者，软件供应商可能首先进行软件设计，从这个设计中就能导出FP的数量。然后根据“每个FP的功能设计成本”这一列的数据，计算出设计工作所需要的费用。如果设计的系统有1000个FP，那么费用就是1000×242=242 000美元。如果设计实现了，就构建并交付实际的软件，则将再增加收取1000×725=725 000美元。如果用户有了新的需求，该系统的范围也要增长，其新需求将根据设计和实现相结合的收费率来收费。例如，如果新的需求加起来有100个FP，那么，多余工作的费用将是967×100=96 700美元。

练习10.2 一个将要设计和实现的系统有3200个FP。根据表10-1，这个系统总的费用将是多少？

这种方法的优点如下：

- **客户的理解** 客户可以清楚地知道价格是如何计算的，并知道修改需求之后价格如何变化。
- **可比较性** 不同的价格表可以进行比较。
- **产生新功能** 供应商不承担增加功能的风险。
- **供应商的效率** 与时间和材料合同不同，供应商仍有以合算的方式交付所需要的功能的动力。
- **生命周期的范围** 需求不需要在开始时明确，因此，开发合同既能覆盖项目的分析阶段，又能覆盖项目的设计阶段。

这种方法的缺点是：

- **软件规模度量有困难** 代码行数很容易由于采用较为冗长的编码风格而膨胀。对于FP而言，可能在FP的数量上产生分歧——在某些情况下，FP的计算规则可能对供应商或者客户不公平。特别是，用户几乎不熟悉FP的概念，因而需要特殊的训练。这个问题的解决方法就是使用一个独立的FP计算器。
- **修改需求** 有一些修改可能会严重影响现有的事务处理，却不会对FP的数量有什么影响。因而必须就如何处理这些修改做出决定。开发末期的修改几乎总要比开发前期的修改费力。

后期变更的影响将会在有关软件质量的第13章中讨论。

为了减少最后一个困难，澳大利亚人给出了依据修改出现的时间来确定价格的建议（参见表10-2）。

表10-2 变更功能点的额外费用举例

	验收测试前的移交	验收测试后的移交
新增功能点	100%	100%
变更功能点	130%	150%
删除功能点	25%	50%

这个表格是“Acquisition of Customised Software Policy”文档草案，由国家开发部颁布，Victoria，1996。

练习10.3 合同规定设计、构建和交付计算机应用程序的成本是每个

FP600美元。验收测试之后，客户要求修改系统的某些功能，总计有500个FP，并要求增加一些新的功能，总计有200个FP。请用表10-2计算附加的费用。

还有一些其他的选择方案或经修改的选择方案。比如，规格说明的实现可能采用固定价格，同时还附有进行添加或修改所需要的收费的条款（按每个FP 进行收费）。另一个例子是，当承包商必须购买大量的设备时，价格也会波动。在这种情况下，就有可能达成一个谈判的合同：其中劳动按固定价格计算，而所使用的某个特定组件则按其实际成本计算。

练习10.4 很容易看出，把设备成本加入合同对承包商是有利的。但是这种合同是否对客户也有好处呢？

这个分类方法是以欧盟的规定为基础的。

另外一种合同分类方法是根据选择承包商的方法来确定（至少是初步的区分方法），可分为公开的、受限制的和谈判的。

10.2.4 公开的投标过程

投标邀请(ITT)与申请建议书(RFP)是可以互换的概念。

在这种情况下，任何供应商都可以进行投标来争取提供商品和服务，而且，所有和投标邀请中列出的原始条件相适应的投标，都必须用同一种方法进行考虑和估计。如果一个项目有很多投标者，那么估计过程将是一项很耗时的工作，而且很昂贵。

近几年，出现了一个全球性的、排除不同国家之间相互提供商品和服务的人为障碍的运动。例如WTO和欧盟等团体确保消除地方保护主义。WTO监督的协议里面包括政府采购，其中的一个要素是制定执行投标过程的规则。在某些情况下，这要求采用公开的投标过程。

10.2.5 受限制的投标过程

在这种情况下，只有那些受客户邀请的供应商参加投标。与公开投标不一样，客户可以在任何时间减少他们所考虑的供应商。这经常是能采取的最好的方法。

10.2.6 谈判规程

在一些特殊情况下，总会有一些原因使得受限制的投标不一定是最佳的选择。比如说，发生了火灾，毁坏了部分办公室（包括ICT 设备）。这时的关键问题是尽快获得代用设备，并使开发重新走上正轨，而且也没有时间重新进行一次冗长的投标过程。另一种情况可能是，一个新软件已经由他人成功地实现，但是其客户决定要在原有系统上再进行一些扩展；由于原先的供应商有非常熟悉现有系统的人员，因此，再重新进行一次完整的投标过程来选择潜在的供应商也是很不方便的。在这些情况下，直接接受一个供应商的方法也许是对的。然而，可以想象，直接接受一个供应商，客户就很难得到优惠的费用，所以仅在有清楚判断的情况下才能这样做。

10.3 合同部署阶段

10.3.1 需求分析

在选择可能的供应商时，必须有一系列明确的需求。当用户每天都有许多压力而没有时间思考将来的发展时，很有可能忽略这个阶段。在这种情况下，引进一个外部的顾问来起草需求文档是很有用的。即使这样，用户和他们的经理也需要详细地阅读需求文档，以保证该文档准确地反映了他们的需要。就像David Bainbridge 所说的那样：“规格说明书中的缺漏或者错误，总是由计算机设备和软件的采购所造成的纷争的中心。”

这里的讨论假设可行性研究已经暂时标识了待开发软件的需要。

需求文档通常具有表10-3 中所展示的几个部分。

表10-3 需求文档的主要部分

1 引言
2 现存系统和当前环境的描述
3 客户的未来战略和计划
4 系统需求
• 强制性的
• 期望的
5 期限
6 可能的供应商要求的附加信息

需求文档有时被称为操作需求(OR)。

需求中仔细地定义了应用程序所需要执行的功能以及这些功能的输入和输出。这些需求还应该陈述任何需要遵循的标准以及新系统需要与其兼容的现有系统。除了功能需求之外，还需要陈述诸如与新系统的响应时间、可靠性、可用性和可维护性等相关的操作需求和质量需求。

第13章讨论了如何度量质量的各个方面。

总的来说，需求文档应该尽可能准确地说明需要，而避免陈述可能的解决方案的技术规格说明。确定解决方案的技术规格说明是潜在供应商的责任，他们要确信其方案能满足客户的需要。总之，他们是掌握当今最新技术信息的专家。

每一个需求条款都要标识为强制性的或者是期望的：

- 强制性的　一旦提议不能满足这项需求，则应该立即否决这个提议。
- 期望的　这个提议可能在某些方面有缺陷，但可以用其他方面的特点来弥补。

例如在Brightmouth学院的工资发放项目中，Brigette可能会把新系统要实现旧系统的所有功能这一项作为强制性需求。然而，一个期望的特征可能是新的工资软件应该以电子格式生成详细的员工成本清算账目，而且能够让学院的账目计算机系统直接读取。

有人认为，选择软件产品准则和供应商准则的权重应该是50：50（Demian Martinez，Decision Drivers Inc.，*Computing*，1998年7月23日）。

除此之外，在发布给潜在供应商的需求文档中，还应包括用来帮助我们判断组织本身状态的信息，包括财务报告、以前客户的参考书以及主要开发人员的简历。

10.3.2 评估计划

起草完一系列的需求文档之后，我们需要起草一份对提交的建议书进行评估的计划。如果合同是为了编写与某种商用应用程序竞争的系统而特地签订的话，情况就有可能不同。在后面的情况下，评估的对象是应用程序本身，而前一种情况其对象则是提交的建议。

需要确定一种检查所有的强制性需求是否都得到满足的机制。接着要仔细考虑应该如何评估期望的需求。这里的问题是把不同的质量进行相互比较。将在第13章中讨论的ISO 9126 标准可以用于判断一个系统的质量是不是“高于”另一个，但是如果二者之间有价格差异，我们就需要估计质量的提高是不是值得付出额外的价格。因此，金钱价值经常是关键的判断准则。例如，在上述Brightmouth学院的工资发放项目中，工资和员工成本清算账目建立联系，是否也应该考虑经济价值呢？如果假定文书工作的成本是每小时20英镑，已知每个月需要花4个小时把人员的花费输入到计算机账目系统中，可以得出结论——4年时间内可以节省$20 \times 4 \times 48 = 3840$英镑。如果系统A 有这种功能，但是比没有该功能的系统B贵1000英镑，于是我们会选择系统A。

还必须着重指出的是：需要考虑的成本是所建议的系统在整个生命周期中的所有花费，而不是购买该系统的花费。而且，如果和供应商的关系很有可能继续的话，我们应该对供应商作出和产品一样完善的评估。

练习10.5 *在每一个工资年度之初，自动把人员的工资等级提高一档是Brightmouth 学院工资管理系统的一个期望的功能。现在必须手工输入新的等级，并且要仔细地进行检查。这项工作每年需要花费大约20个小时的员工工作量，每小时为20英镑。系统X有这个功能但是系统Y没有。系统X还有另一个功能，就是能自动生成显示每一个部门的工资费用的条形统计图。这种报告现在需要每年手工写两次，每次都要用12个小时的工作量才能完成。而系统Y中，部门名字的更换不需要对代码作出任何修改，但是系统X却至少需要客户支付300英镑。学院负责人估计，在系统四年的生命周期中，有50%的可能性发生这种情况。系统X要比系统Y贵500英镑。在以上信息的基础上，哪一个系统更有金钱价值？*

10.3.3 邀请投标

完成了需求文档和评估计划之后，就可以开始招标了，主要工作是给供应商提供需求文档和一封说明如何应标的信。在这个过程中，要指定一个提交包含价格提议的截止日期。

> 在英国法律中，除了特殊情况，合同并不需要是纸制的。只有在需要的时候，才有必要把它写下来。

在英国的法律中，合同存在的前提是一方同意提出邀请，而另一方需要接受这个邀请。邀请投标需要向可能的供应商发出邀请信才行。

现在出现了新的问题。可能以不同的方式满足制定的需求。客户不仅需要知道供应商提出的价格，而且还要知道他们满足需求的方式。对一个要从头开始建造的新系统的合同来说，这一点尤其重要。

在一些相对简单的情况下，只要在投标后进行一些说明和协商，就可以解决供应商提议中的问题。对一些比较复杂的项目来说，则需要更加精细的方法。一种获得供应商提议的细节的方法就是进行两个阶段的投标。

第一个阶段，潜在的供应商需要给出一个技术建议书，但没有必要提出价格。如果建议不能满足强制性的需求就会被驳回。然后与其他供应商的代表进行讨论，以澄清和确认其技术建议。可能要求供应商对他们建议中的某些方面进行论证。如果发现建议书中的缺陷，则要求供应商就此进行修改。

与每一个潜在的供应商的讨论结果，都要有一个协议备忘录（Memorandum of Agreement, MoA）。这表示客户验收了供应商提出的能够满足客户需求的建议（可能在讨论的过程中修改了）。

英国政府推荐使用这种方法签订政府ICT合同。

第二个阶段，所有签订了协议备忘录的供应商都会被邀请进行投标。投标者必须和MoA相结合进行讨论，并且提出合同的财务条款问题。

如果设计必须作为供应商为了投标而做的提议的一部分，就会出现供应商不得不花大量时间考虑一项不一定有意义的详细设计的工作问题。减少这种负担的办法是客户选择一小部分供应商，付给他们一定的资金让他们设计提议。然后比较各个提议，选择最具吸引力的那个签订合同。

10.3.4 评估提议

需要有条理、有计划地进行提议评估。我们已经提到需要制定评估计划，描述如何检查每一个提议，看看它们是否满足需求。这样将减少遗漏需求的风险，并保证所有提议都进行了一致地处理。如果不是这样，就有可能由于某个提议拥有原先需求中没有提到的功能而受到不公平对待的风险。

前面提到，应用程序可以是从头开发的定制软件（bespoke）、商用软件（off-the-shelf）或者定制的商用软件（COTS）。在商用软件包的情况下，需要评估的是软件本身，并可能把部分评价与验收测试结合起来。在从头开发的情况下，需要评估的是提议。而在COTS 的情况下，软件和提议都要进行评估。所以，不同的情况要用不同的计划方法。

评估的过程可能包括：

- 对提议文档进行详细审查。
- 与供应商的代表进行会谈。
- 演示。
- 参观开发现场。
- 实际测试。

可以详细审查供应商提供的提议文档，以了解它是否满足所有的原始需求。在某些地方，可能需要进一步明确的说明。如果供应商所做的任何实际陈述与客户和供应商签订的合同有关，则他要对这些陈述在法律上作出承诺。因此，一个书面的、经双方同意的会议记录是很重要的。这里，客户应该主动进行会议记录，然后把记录发给供应商对记录的准确性进行确认。在最终的合同文件中，供应商可能对签订合同前的讨论所做出的承诺提出异议。因此，需要对合同条款进行详细审查。

当要交付的产品是基于现有的产品时，可能需要观看演示。演示的危险在于其演示是由供应商控制的，而作为一个被动的观看者，通常很难保持半小时以上（比如说）集中精力来观看演示。因此，客户应该提出一个需要观看什么演示的计划，以保证在演示中能看到所有重要的性质。

对商用软件来说，应该有可能运行该应用程序。例如可以获得一个能在30天之后自动关闭的演示版本。再一次说明，需要有一个测试计划，以确保所有的性质都是以完整、统一的方式进行评估的。一旦出现某个最有可能被选中的软件，就需要详细地进行考察，以了解是否有先前没有预见到的因素使该软件不能成为合适的选择。

一个常见的问题是，现有的应用程序经过一定的处理之后，虽然能够在某个平台上很好地运行，却不能在客户要求的所有平台上运行，或者不能实现客户环境所要求的吞吐量。通常演示不会暴露这些问题。参观使用该系统的现场可以在这方面提供更多的信息。最后一个办法可能需要进行特定的容量测试。

练习10.6 如何评估一个提议的下面几个方面？

1）现有的软件应用程序的可用性。

2）一个待设计和构建的软件应用程序的可用性。

3）需要提供的硬件的维护成本。

4）响应软件支持所需要的时间。

5）培训。

当涉及大量金钱时，合同条款中的法律建议是很重要的。

最后需要决定和哪一个供应商签订合同。使用结构化且尽可能客观的方法进行评估的主要理由之一是，能够表明决定是在公平的情况下做出的。在大部分大型组织中，签订合同通常是有该组织的第二级组织参与的，比如说合同部，他们能够检查是否执行了正确的规程。而且，合同的最后的合法格式几乎总是需要某些法律方面的专门知识。

既需要将决定通知成功的候选者，也需要将决定通知不成功的候选者。这不仅仅是礼貌问题：在WTO或EU的条例中，有些情况下这样做是法律所要求的。如果对不成功的投标者清楚、客观地说明没有接受他们提议的理由，就比较容易与不成功的投标者打交道。

10.4 典型的合同条款

在类似本书这类教材里，不可能描述ICT商品或服务合同的所有必要的内容。然而，可以概述其中部分主要领域。

10.4.1 定义

合同文档中所用到的术语都应该定义，例如“客户”和“供应商”这些词指的是哪些人。

10.4.2 协议的形式

例如，是销售合同、租借合同还是许可证合同？再如，合同的主体（如使用软件应用程序的许可证）是否可以转移给另一个团体？

10.4.3 供应的商品和服务

供应的设备和软件包括要交付的实际设备的清单，并注上特定的型号。

提供的服务包括的内容有：

- 培训。
- 文档。
- 安装。
- 现有文件的转换。
- 维护协议。
- 过渡期的安全。

10.4.4 软件的所有权

谁拥有软件的所有权？这里有两个关键问题：第一，客户能不能把软件卖给别人；第二，供应商能不能把软件卖给别人。对商用软件而言，供应商通常只是给你一个使用该软件的许可证。如果软件是为某个客户特地编写的，则该客户就不会允许其他人使用该软件，他们不会同意把能够使他们具有竞争力的软件卖给其对手。通过直接拥有软件的版权，或者声明他们对软件有专用权，就可以防止这类情况的发生。这些都必须写进合同。当供应商把核心系统定制后，客户获得专用权的范围就变小了。

如果软件是雇用合同雇员来编写的，就默认软件的版权归其雇主所有。如果客户和外部供应商签订合同来编写软件，合同就要说明谁拥有软件的版权（在这种情况下不能自动默认客户拥有软件的版权）。软件交付以后，客户可以决定承担维护和进一步开发的责任。在这种情况下，客户需要获得软件的源代码。在另一种情况下，如果供应商拥有软件的源代码，那么用户就需要和供应商协商才能对软件进行修改。这种情况有很多潜在的危险，最有可能的是供应商有可能歇业。合同中可以包括有条件转让协议，把最新的源代码放在第三方那里。在英国，国家计算中心提供有条件转让的服务。

所有的版权指定都需要是纸制的。

10.4.5 环境

安装物理设备时，必须规定供应商和客户之间有关膳宿、电力供应等的责任划分。提供了软件之后，必须确认该软件与现有硬件和操作系统平台的兼容性。

10.4.6 客户承诺

即使工作是由外部承包商完成的，也还是需要客户参与项目的开发。客户必须为供应商提供膳宿以及诸如电话线等其他设施。

10.4.7 验收规程

最好是在用户验收测试之后再接收一个交付系统。合同的这部分需要规定客户进行测试的时间、对那些可交付物进行的验收测试以及测试结束之后的签字等细节。

某些客户发现，在供应商发布之前，特地为他们编写或修改的软件通常没有进行充分的测试。某些供应商认为，让客户为他们进行测试会更便宜。

10.4.8 标准

这包括商品和服务所需要遵循的标准。例如，客户可以要求供应商遵循ISO 12207关于软件生命周期和文档的标准（很可能是定制的该标准的子集）。

在欧盟内部，法律规定，任何在特定阈值之上签订项目合同的政府客户，都必须保证其工作符合某些标准。

10.4.9 项目和质量管理

必须在项目管理的安排上取得一致意见，其中包括进展会议的频率和性质、提供给客户的进展信息。合同要求很好地遵循ISO 9001 系列标准。

10.4.10 时间表

这是为项目关键部分的完成时间提供进度表。进度表必须由供应商和客户双方来承诺。例如，供应商要在双方协商的时间之前安装软件，只要客户在那时之前把需要的硬件平台搭建起来就行。

10.4.11 价格和付款方式

很明显，价格是很重要的；同时，还必须商定付款的时间。在付款之前，供应商的期望是在成本和客户的需求之间取得平衡，以保证客户对商品和服务满意。

10.4.12 其他法律上的需求

这是法律上的附属细则。合同通常都有处理应用于合同的法律权限的条款，什么条件将用于合同的转包，对第三方赔偿所应负的义务以及赔偿金清算等。*赔偿金清算*是指，当供应商不能完成自己的义务时，对客户所蒙受的资金损失的估计。在英国的法律中，惩罚条例中所规定的惩罚必须反映出客户实际承受的损失，而且惩罚不能是不实际的和仅仅是惩罚性的。在某些情况下，就供应商所考虑的，这种限制仍然是不够的。因为计算机系统在许多组织中承担了越来越多的重要任务，而且在安全关键的系统中，错误地操作计算机系统可能会带来致命的影响，其破坏性后果可能是很大的。供应商不能勉强地限制这种义务。英格兰和威尔士的法庭对这种限制义务的企图越来越重视了，从而使供应商在主要的合同中都对这些义务进行保险。

如果发生了争执，采用诉讼来解决。虽然这可使介入的律师赚钱，很耗时而且昂贵。另一种解决纠纷的办法是*仲裁*。所有的纠纷都提交第三方专家，他根据事实作出决定，这种方法也并不迅速、不便宜。另一种方法是第三方仅仅作为提建议的调解人，提出*可选的纠纷解决方案*，他的任务是力图作为双方有关该协议的代理。

10.5 合同的管理

ISPL标准为如何进行决策点策划提供了指南。

我们已经提过这个项目过程中供应商和客户之间的交流的形式可能会在合同中进行规定。如果让供应商继续完成项目的话一般能满足所有的问题。然而，在某些*决策点*（或者*里程碑*）上，客户需要检查已经完成的工作，并就项目未来的方向做出决策。项目要求供应商和客户的代表在开发周期中的许多点上进行交互。例如，需要用户提供进行有效的详细接口设计的信息。

标识决策点的一种方法是将大型系统分割成多个增量，每一个增量可以是一个接口设计阶段，在增量构建之前需要客户来批准这个设计，在不同的增量之间都有一个决策点。

在每一个决策点，需要对供应商给出的可交付物、客户所做的决策以及决策点的输出进行定义。如果给供应商的报酬是基于这些决策点的，那么它们的重要性就更加显著了。供应商和客户对这些决策点都负有责任。例如，供应商在等待客户批准某些中间交付物时，不应该有不必要的耽误。

第4章讨论了增量式交付。

当工作合同签订以后，需要考虑工作的质量。ISO 12207标准提出了雇用独立于供应商或者客户的代理商的可能性，由他执行验证、确认和质量保证工作。这也允许对项目的过程和产品进行联合评审。在讨论合同时，这些过程和产品的性质需要得到双方的同意；否则，供应商的工作可能会遭到没有保证的干涉。

就像前面说的那样，某些需求变更会改变合同的条款。当出现矛盾需要添加或改变合同的条款时，口头证据是不算数的，商定的变更需要很好地文档化。因此需要一个有效的变更控制规程，对变更请求、供应商已经同意以及额外工作的费用等进行记录。

有时，供应商可能不满足法律义务。这可能不是他们的过错，例如，由于客户对中间产品做出同意时的拖拉行为。当出现这种过错时，如果不采取行动，就意味着客户容忍了错误的发生，并失去合法的要求补偿的权利。因此，当发现了错误时，客户应该及时地、正式地通知供应商，以保护他们的合法权利。我们还记得英国法律要求的赔偿必须以实际的损失为基础。因此，从问题发生的地方开始，客户必须对由于发生失职事件而随之带来的实际损失进行准确的记录。

10.6 验收

工作完成以后，客户必须进行验收测试。合同可能对验收测试的时间长度作出了规定，因此，客户必须组织好这一测试，并在所规定的验收测试截止期之前，提出更正请求。

我们已经提到，有些软件机构在验收前的测试中比较草率，这意味着他们宁愿让用户而不是他们自己花时间进行测试。要求批准供应商的内部测试计划可以减少这种情况。还有另一个相关的问题，一旦完成了主要的开发工作，供应商很自然地就会把最主要的开发人员转移到其他项目。客户会发现，他们的问题报告都是由供应商的相对年轻的、对交付的系统不太熟悉的成员来处理的。

给供应商的一部分或全部付款是根据验收测试来给的。有时，会扣留部分最终报酬，直到达到合同规定的可靠性等级才付清。通常会有一段担保时间，在此期间，供应商应该修改任何差错，却不收报酬。供应商可能建议一个很短的担保时间，例如限制在30天之内。而就客户的利益而言，他们更倾向于商定一个实际的担保时间，比如说至少120天的时间。

10.7 小结

本章中的几个重要问题是：

- 成功地制定工作合同需要大量的管理时间。
- 要使供应商作出让步，在签订合同之前要比签订合同之后容易。
- 在需要评估可选建议时，只要可能，要比较整个系统生命周期的成本而不仅仅是获取成本。
- 合同对供应商和客户都施加了义务。
- 合同的讨论应该包括在项目执行期间供应商和客户之间关系的管理。

10.8 进一步的练习

1. IOE管理层想用外包来维护账户系统，也就是说，请外部的专门组织负责运行、维护以及与该系统相关的支持工作。请写一个简短的备忘录给管理层，说明这样做的利弊。
2. 第1章中的练习4中提到了一个软件机构为客户开发了一个定制的订购处理系统。现在他们需要为用户提供培训。假设现在你是该机构选定的进行着项培训的一个独立培训机构的人员。你原则上接受了该活动，现在处于合同洽谈阶段。
   (a) 列出你想在合同中明确的条款。
   (b) 在完成了合同项列表以后，从软件机构的角度检查该合同项列表。还有哪些条款是该软件机构应该增加的？
3. 针对以下每一种情况，讨论所采用的应用软件的类型属于从头开发的定制软件、商用软件包还是定制的商用软件（COTS）？
   (a) 一所学院需要一个学生收费软件。并建议这种应用系统所需要的过程类似于账单系统的过程，但要添加一些专门用于高等教育管理的需求。
   (b) IOE需要一个基于计算机的应用程序来管理所雇用的人员的信息。
   (c) 国家政府机构需要一个有关个人所得税的计算、记录并通知赋税人员的系统。
   (d) 某医院需要一个基于知识的系统来诊断眼部疾病的原因。
4. 表10-1显示了每个功能点在不同阶段的费用，系统规模越大，收费率越高。讨论为什么这样做可能是正确的？为什么这样做又可能是不正确的？
5. 表10-2指出，处理一个应用程序的删除功能的收费是普通收费的25%或者50%。如果只是删除代码，这样的收费好像高了。请问在功能删除时做了什么工作才可认为这样的收费是合理的？
6. 假设IOE 决定以COTS 解决方案来代替现有的账户维护系统，而不是插入若干附加模块来处理年度合同。试写一份报告说明供应这个系统的合同应该具有的重要条款，这样Amanda 可以送交IOE 的法律部门。

第 11 章 人员管理

目的

学完本章后，你将能够：

- 标识在项目环境中影响人员行为的因素。
- 为项目挑选和吸收新的人员。
- 增进员工的积极性。
- 采取措施减少对健康和安全的不必要的压力和威胁。

11.1 引言

下面将讨论Amanda和Brigette在与组内成员打交道时可能会遇到的问题。如果可能，将看看组织行为（OB）的作者能否给我们提供忠告。我们将特别关注和软件开发环境相关的问题。有些人文关怀（human consideration）会影响作为个体的员工，这些是本章的议题。有些是开发和实施ICT系统时在与他人合作过程中而产生的个人需求。这些涉及团队和组织的问题是下一章（第12章）的议题。因为一个团队是由个人组成的，所以虽然这是两类需要关注的事项，但是第11章和第12章的内容还是有重叠的部分。

本章主要涉及四个方面：人员选择、人员发展、人员激励和在项目过程中不断改善人员的福利。

本章提出的问题影响项目策划和执行的所有阶段，尤其是下面这些（见图11-1）：

- 项目期间有些目标是为了解决健康和安全问题的（第1步）。
- 虽然项目负责人对组织级结构只有很少的控制权，但他们必须明白这一点（第2步）。
- 活动的范围和性质应该以能够增进员工积极性的方式来建立（第4步）。
- 项目成功的许多风险都与人员有关（第6步）。
- 在给人员分配任务时，应该考虑人员的素质（第7步）。

11.2 理解行为

具有项目实际经验的人员，都认为人员管理是项目管理的一个重要方面。而Amanda和Brigette等人则更希望弄清楚高效的和灵活的人员管理是纯靠经验还是更得益于专家们的建议。如果这些建议是以各种调查研究为依据提出的，那么将更加令人信服。

对处于软件环境和ICT开发环境中的个人和团队行为进行的调查研究需要使用社会科学研究方法。这类调查研究需要使用软件开发人员的思维模式。虽然系统开发通常是基于用户需求，这种需求可能有多种描述方式，但是最终的系统是按照统一方式运行的。这类系统的开发人员看待事物时都不可避免地将事物视作一个确定性系统，即已知输入序列，能确定地推测输出。

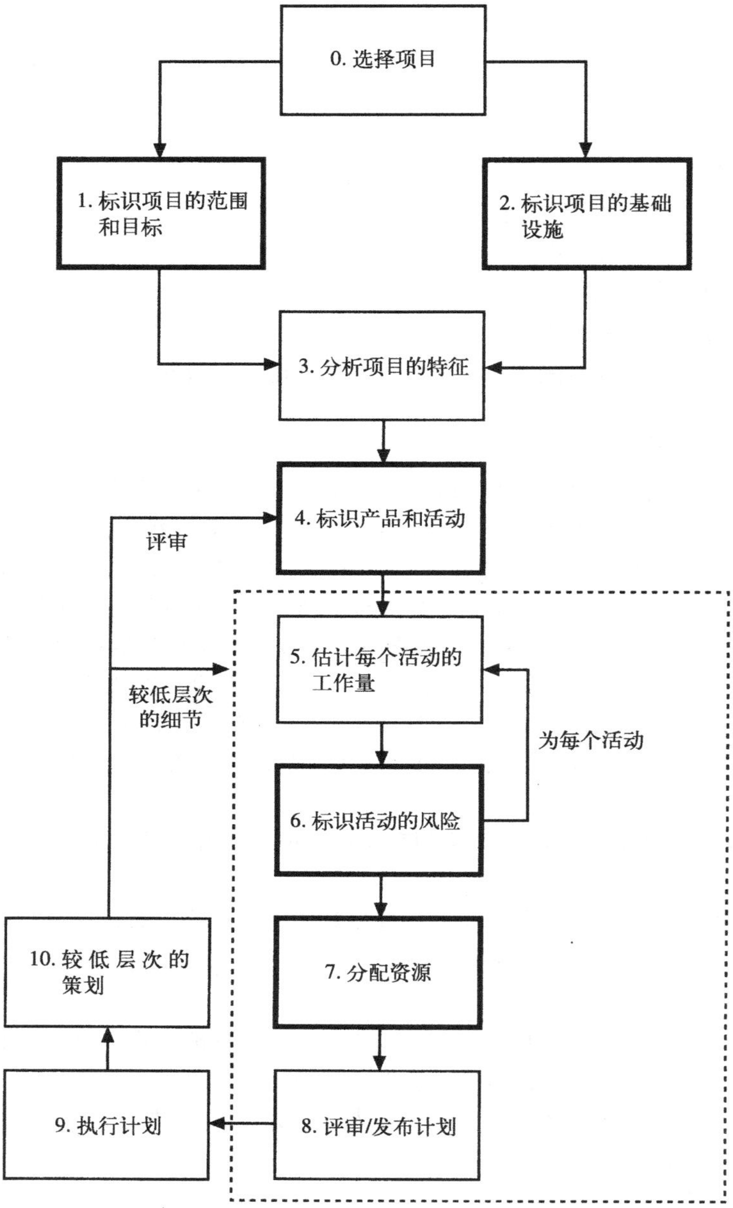

图11-1 在步进式框架中的某些地方，人员的合理分配显得极为重要

这些系统被视作运用机械原理管理，例如自然科学中的化学。这种思维模型倾向于使用实验的方法来建立输入和输出之间的关系。它常常被称作实证主义。试着将这种模式的使用延伸到社会系统。然而，因为社会系统（包括商业组织）是复杂的，所以准确地预测输出是不可能的。我们如何才能发现这些能被表述为广义模型和理论的系统之间的统计关系？

组织行为（OB）这一门学科为解释人员的行为提供了许多理论。这些理论经常表现为这样一种结构：如果情况是A，则B很有可能是结果。人们试图观察变量A和变量B的行为并发现两个变量之间的某种统计关系。与自然科学不同（即使相同也很少），可以认为，B必须总是A的结果。

*解释主义*思想流派和实证主义恰恰相反，特别是涉及将定量和实验方法的使用从自然科学扩展到人和组织中时。解释主义认为许多概念不是客观存在的而是人类主观创造的。例如，本章后面我们将研究成功的软件工程师所具备的个人特质。有的研究发现某些个人特质和成功的软件工程师之间有明显的相关性，但是有的调查结果却并非如此。这里存在着一个问题就是我们如何定义“软件工程师”。从事商用软件的客户化或者安装工作的人员是否可以视作软件工程师？软件工程师的描述是否覆盖了ICT业务分析人员？此外，如何定义“成功”？是编码速度快？还是能够找到现成的软件来完成工作？解决以上问题的一种方法就是仔细了解ICT环境，观察不同类型的角色以及这些角色相关的工作任务和所需技能。对于已经清楚描述了这些方面的组织，可以采用的典型方法是深入研究组织的某种特定类型的少数实例（可能仅仅有一个实例）。

解释主义和实证主义这两种观点都是有用的。在对本章所关注的内容（工作环境中的人员）进行调查研究时，使用定量方法（或者实证主义）更加适合。在对第12章的内容（团队管理）进行调查研究时，更适合使用定性的并且基于解释主义的案例分析。

在现实世界中，影响一种情况的因素非常多，其中很多因素是不可见的。因此，要确定哪些研究结果相关是很困难的。一种危险是：我们所信奉的一组准则仅仅比迷信好一点点。然而，通过研究这些问题，人们可以在这方面变得更加敏感、更有创造性。

下面我们以组织行为（OB）领域中Taylor、McGregor和Herzberg等人的工作为参考。在本书后面的“进一步阅读材料”中，我们将为对这一领域感兴趣的读者推荐一些读物，而不是在此介绍大量的参考书，我们所提到的参考书都是与ICT环境特别相关的。

> 参见J. Arnold, C. L. Cooper和I.T. Robertson著的《Work Psychology》，第4版，Prentice Hall, 2004。此书是关于这个论题的一本很好的通用教材。

11.3 组织行为：背景

OB的研究源于19世纪末20世纪初Frederick Taylor所做的工作。Taylor尝试分析人力工作的最有效方式，然后再去训练开发人员用这种方式进行工作。

> Frederick Winslow Taylor（1856—1915）被认为是“科学管理”之父，OB是其中的一个内容。

Taylor有三个基本的目的：

- 选择最适合工作的人员。
- 用最好的方法指导他们。
- 通过给最好的开发人员最高的报酬来激励员工。

Taylor理念代表了最原始而且机械的人员管理的概念，但确实是当时的一种最佳实践。在软件开发领域中，结构化和敏捷方法的发展则是一个很突出的最佳实践的实例。Amanda和Brigette都考虑用合适的方法完成任务。虽然Amanda和Brigette的许多同仁都坚持Taylor的按劳取酬的重要性，但Taylor强调金钱是员工积极性的唯一因素是有争议的。可是，Amanda和Brigette在给予员工报酬方面没有什么权力。然而他们应清楚的是，员工的积极性并不仅仅取决于这种奖励。

获得这些结论的研究是在芝加哥的西部电气公司的Hawthorne工厂进行的，因此称作“Hawthorne效应”。

20世纪20年代，OB研究者开展了一些在现在看来非常著名的测试，即环境对员工工作绩效的影响，从中发现，不仅环境的改善能影响效率，而且，如果有一个控制组，即使条件不变也能提高生产率。这是一个能够影响员工开发效率的例子，说明了人的思想状态如何影响他们的生产率。

因此，可以把一些经理的以金钱为导向的观点，与考虑人们工作环境的更宽泛的观点进行对比。这两种观点被Donald McGregor演化为X理论和Y理论。

X理论认为：

- 普通人天生都不喜欢工作。
- 因此，有必要强制、引导和控制。
- 人总会倾向于逃避责任。

Y理论认为：

- 工作和休息、玩耍同样是天生的。
- 外部的控制和强制不是引导人们为了组织的最终目标而努力的唯一方法。
- 对目标的承诺是与绩效奖励相关的。
- 多数人都可以学会接受并进一步寻找责任。
- 可以从多方面来激发人的想象力和创造力。

“奖励”并不一定是金钱上的奖励，也可以是一种成就感。

可以通过一个有效的办法来判断一位经理是支持X理论还是支持Y理论——当老板缺席时，观察他的职员如何反应：如果看不到有什么变化，则是Y理论；如果每个人都明显地松懈了，则就是X理论！McGregor对这两种理论的阐释，引起了人们对“期望影响行为”的折中（管理）方法的重视。想想看，如果一位经理（或老师）说你在努力工作而且做得很好，你很可能在试图满足他们的期望。

11.4 为工作选择合适人选

B. W. Boehm在构建COCOMO软件成本模型时认为，员工的素质对生产率有最大的影响（见第5章）。

Taylor强调了选择合适人选的重要性。很多因素，诸如软件工具和方法的使用，都会影响编程的效率。然而，软件开发能力中最大的差别便是开发人员的技能差异。早在1968年就有数据显示，同样是经验丰富的专业程序员，在进行相同的编程工作时，最短和最长的编码时间之比是1∶25，更有甚者，最短和最长的调试工作时间之比是1∶28。因此，Amanda和Brigette尽可能地选择合适的人员为他们工作。

参见P. M. Cheney发表的“Effects of individual characteristics, organizational factors and task

但是他们应该寻找具有什么特点的人员呢？难道有经验的编程人员一定比有一流数学学位的刚毕业的学生好吗？显然一概而论是很危险的。但是，美国的研究人员Cheney在观察“行为特征”时发现：似乎经验是最能影响编程人员生产率的因素，所以在第5章介绍的Boehm的COCOMO模型中把经验影响作为软件生产率的最重要的因子也就不足为奇了。Cheney发现数学方面的能力的影响显得很微弱。

Amanda和Brigette希望员工相互之间保持良好的沟通，同时也希望他们与用户也能很好地沟通。然而，美国研究者Couger和Zawacki发现，比起其他领域的人士来说，信息系统（IS）领域的人士的“社交需求”非常少。他们引用Gerald Weinberg的话来说：“*如果要问，绝大部分编程人员很可能会说，他们更喜欢在不受打扰的地方自己单独工作。*”我们也看到许多迷恋编程而且擅长编写软件的人，在他们后来的事业中却不适合做一个好的经理。

然而，后来的调查并没有发现IS人员与其他人之间有什么明显的不同，可能是因为近年来IS变得很普及并且已经多元化发展的原因。

characteristics on computer programmer productivity and job satisfaction”, *Information and Management*, 1984年7月。

参见J. D. Couger和R. A. Zawacki (1978) 发表的“What motivates DP Professionals?”, *Datamation*, 24。

招聘过程

需要强调的是，项目负责人对于成员的可选择余地通常很小——他们必须设法应付“手头的人员材料”。招聘通常是组织级的职责——招聘来的人在一段时间中可能会在组织的不同部门工作。

Meredith Belbin有效地区分了*合格的*（eligible）和*合适的*（suitable）两种候选人。*合格的*候选人会有这样的简历（CV），即过去在某些岗位有“一定的”工作年限，并获得了“恰当的”资格证书。而*合适的*候选人却能够出色地完成任务。人们往往会犯这样的错误，即选择了合格的候选人，而该候选人却不是合适的候选人。相反，不是那么合格但却是合适的候选人可能是很理想的人选，因为一旦上任，他们会更加忠诚。Belbin认为应该设法评估实际的技能而不是以往的经验，并提供必要的培训来缩小专业技能方面的差距。避免对种族、性别、年龄或不相关的因素的歧视在这里已经不仅仅是社会责任问题，而且也是一个很明智的招聘策略。

参见R. Meredith Belbin著的《Team Roles at Work》，第2版，Butterworth-Heinemann, 1996。

比较常用的方法有：

- *创建岗位要求*　因为官方文件是有法律含义的，所以常常需要通报。然而，不论是正式的还是非正式的，对于岗位需求和任务类型描述都应该发文并获得认可。
- *创建岗位说明*　岗位说明用于构造执行该项工作所需人员的一个简表。要在简表中列出品质、任职资格、受教育程度和需要的经验等。
- *招聘*　通常采用广告的形式，要么在组织内部，要么在当地新闻媒体中。岗位说明要被仔细地检查来确定最合适的媒体，以便以最少的成本获得最多的潜在职位申请者。例如，若需要一个专业人士，则在相关的专业杂志上刊登广告是比较明智的。另一种原则是在广告上给出足够的信息让不满足条件的人员自动退出，给出诸如工资、职位、工作范围和基本条件等，这样申请者就会限制在更理想的候选人中。
- *检查CV*　简历应该仔细阅读，并与岗位说明比较——没有比这样的事更令人恼火的了，即简历明显说明申请者不能胜任所申请的工作，而该申请者还要求面试。
- *面试等*　选择的方法包括能力测验、人品测验及以前工作的抽样检查。每种测验都是针对岗位说明中的特定品质而制定的。面试是最常用的方法。最好一个申请者有多个面试会议，而每个会议不应该超过两个

列出每一个候选人的选取准则，每一个候选者评分的标准应该确保一致性和公平性。

面试人员，否则会影响后续问题和讨论。应该为技能和素质面试设计一些正式的考题，而且面试人员应该能够独立地被测试并能进行比较。面试要么是评估候选人实际经验的技术面试，要么是综合的全面面试。在后一种情况下，面试的主要部分是评价和确认CV内容——例如，要检查受教育程度和工作经历的时间差距，而且要考察以前工作的性质。

• 其他规程　必要的话，要联系推荐人，有时要进行体检。

练习11.1　IOE的Amanda组要招聘一个分析员/程序员，目的是要招聘到有工作经验的人。请列出该分析员/程序员所要做的工作内容类型，并作为工作职责的基础。

11.5　用最好的方法进行教育

需要对新手是否能够更有效地获得工作有关的技术专长或正式的培训课程进行决策。

这是我们从Taylor那里学到的第二个问题。当雇用新的小组成员时，小组负责人需要仔细地计划，使他们加入到小组中。当项目已经顺利地展开以后，这并不是一件很容易的事情，然而，必须努力这么做——其目的是使新雇用的成员能够更快地成为一名有效的组员。

小组负责人应该知道需要不断地评估小组成员的培训需要。就像你在考虑一个新的系统之前要先考虑用户需求以及招聘员工之前必须有岗位说明一样，当考虑特定的课程时，需要为每位员工起草一份培训需求描述。有些培训可能是商业培训公司提供的。当资金很紧张时，要考虑其他培训资源，但不能放弃培训，可以是小组成员找到新的软件工具，然后向同事做演示。当然，外部课程的好处是能够和其他公司的同行进行交流——但参加当地的计算机相关协会（如BCS）的会议也能达到同样的目的。

当然，学到的方法应该应用到实际中去。评审和审查有助于确保这种应用。

下一章将从外部人员融合到新的团队环境的观点再次讨论这个议题。

11.6　激励

Taylor考虑的第三个问题是如何激励人们进行工作。下面介绍几种激励的模型。

11.6.1　Taylorist模型

计件工资率是指按员工开发的产品数量付给工资，每个产品应该付给的工资都是相同的。日工资率是指根据工作时间来付给工资。

Taylor的观点体现在制造业中的计件工资率和销售人员的销售奖金的应用上。如果新的系统将改变工作习惯（work practice），那么使用计件工资率（piece-rate）会有问题。如果新的技术提高了生产率，如何调整计件工资率以反映这一变化是很敏感的问题。通常，工作习惯剧烈变化时必须先将计件工资率改为日工资率（day-rate）。正如后面将看到的，分散办公或者“虚拟项目”成为时尚，也就是说距离组织办公场所有点远的员工可以在自己家里工作，而不是按工作时间来计报酬。

即使在工作习惯很稳定、产出和报酬很容易挂钩的情况下，按产出量获取报酬的人也不会积极主动地增加产量来获得更多的收入。产出量经常会因为所谓的“组内标准”——同事之间关于开发数量的非正式的甚至是口头的协议而受到限制。

组内标准在组决策制定中会进一步讨论。

以计件工资率为基础的付酬方式需要直接和产出量挂钩。在开发计算机应用程序的情况下，要分离和量化每个人所做的工作是很难的，因为系统开发和支持常常是一种团队工作。就像一名研究软件支持工作的人所说的那样：*“这个支持部门工作得很好，因为我们是一个团队，而不是单个的个体。”*我想这就是这个支持组之所以能够成功的关键。

摘自Wanda J. Orlikowski著的《Groupware & Teamwork》，Claudio U. Ciborra编辑，Wiley & Sons, 1996。

在这种环境下，如果在合作者之间过于清楚地区分报酬，就有可能降低士气和生产率。组织有时采用在项目成功结束后给项目组成员发放奖金的方法来解决这个问题，尤其是在员工“自发”地为了使项目完成而进行大量无酬劳的加班时。

练习11.2 *某软件开发部门通过鼓励重用现有软件组件的方法来提高生产率，已经提议通过财务奖励来达到。你认为这种方式可以进行到什么程度？*

11.6.2 Maslow的需求层次

不同人的激励措施不同，例如你破产了，那么金钱是一种有力的促进因素；然而如果对金钱的基本需要得到了满足，就有可能出现其他的促进因素。Abraham Maslow，一个美国的心理学家，提出了需求层次的理论——当较低层次的需求得到满足之后，较高层次的需求就会出现；如果这些需求也得到了满足，就会出现另一个层次。基本的需求包括食物、住房和个人安全，按Maslow的说法，最高层次的需求是“自我实现”，即完全实现了自身潜能时的成就感。

实际上，在人生的不同阶段，人们还可能因不同的事而受到激励。例如，工资的增加尽管总是很受欢迎，但对于一些已经有很高工资的较为成熟的员工来说，就没有像对低收入的新手那样有那么大的影响力。年纪大的组员更注重工作的品质，他们更欣赏能给予他们自主权，以示对他们的判断力和责任感的尊重。

不过，工资水平对于即将退休的员工来说是很重要的，因为养老金的数量是以此为基础的。

有些人仅仅由于个性的不同而有不同的激励因素。有些员工有“成长需求”——他们对自己的工作感兴趣而且想发展自己的工作角色，而其他人只是把工作看成是谋生的手段。

练习11.3 *报纸经常报道许多公司的高层主管有巨额的收入。这是否意味着这些人处于Maslow工作热情层次的底层？他们真的需要这么多钱来激励自己吗？你认为这些工资收入的真正意义是什么？*

11.6.3 Herzberg的双因素理论

有关工作的某些事情可能会让你感到不满，如果这种不满的原因解决了，并不会使这个工作变得令人兴奋。Herzberg和他的助手通过对工作满意度的研究发现了关于工作的两组因素：

- *环境卫生或维护因素* 如果这些因素不合适，你就会感到不满，例如对报酬多少和工作条件问题。

- 工作热情 使你觉得工作是值得的，例如工作本身的成就感和挑战性。

Brightmouth学院的Brigette可能处于这样的环境，即难以跟IOE这样的大型组织所提供的高水平的维护能力相竞争。但是，与用户有更紧密联系的小型组织能提供更好的促进因素。

练习11.4 说出三件让你感到特别高兴或愉快的与你的工作或学习有关的事。说出三件让你对自己的工作或学习特别不满意的事。比较你和你的同事所得出的结果，试着找出其中相似的地方。

11.6.4 工作热情的期待理论

Amanda和Brigette想知道日常的系统开发的起伏不定会对工作热情产生什么样的影响。Vroom及其同事一起开发的激励模型对此做了说明。该模型标识了三种影响工作热情的因素：

- 期望（expectancy） 坚信更努力的工作会获得更好的成果。
- 助益（instrumentality） 坚信好的成果会获得好的回报。
- 回报（perceived value） 所得到的奖励。

如果三个因素都很高的话，人们的工作热情也就很高。如果任何一个因素是零，那么就会失去工作热情。

假设你试图获得一个由第三方提供的软件产品。你明白因为这个软件产品有缺陷，无法使它工作，所以你就放弃了。因为不管你怎么努力都不会成功（零期望）。

你在为用户修改一个软件，虽然你知道自己能够完成这个任务，但你发现用户已开始用另一个软件产品而不需要这个了，你会觉得你在浪费时间并放弃（零助益）。

假设用户真的需要这个软件产品，你获得的可能仅仅是帮助了自己的同事之后的感慨以及他们的感激；而事实上，当用户用了该软件产品之后，他们只是抱怨，并把所有缺点都归罪于你，如果他们后来要求你开发一个不同的软件产品，你就会很自然地抵触再参与进去（低回报）。

11.7 Oldham-Hackman工作特征模型

经理们应该对需要完成的工作进行分工，以便使任务分工变得有意义。Oldham和Hackman认为工作所给予的满意度基于五个因素，前三个因素使得做该项工作的人感觉是“有意义”的：

- 技术的多样性 工作人员有机会应用不同技术的数量。
- 任务的鉴别 你的工作及其成果能被确认为属于你的程度。
- 任务的重要性 你的工作对他人工作的影响程度。

另外两个因素是：

- 自主权 你对自己工作方式的决定权。
- 反馈 你所获得的关于你的工作结果的信息。

Oldham和Hackman还指出了工作人员的个人成长需要和工作环境一样影

响着他们对工作的理解。一些作者指出，如果人们因为其他的原因而对自己的工作感到快乐，他们很可能处于Oldham-Hackman维数的较高位置。如果是这样，出发点和结果可能就正好相反了。

在现实工作中，需要任务合理分工，以便在可能时让员工能够跟随特定产品的开发进度，并感到自己和这个产品息息相关。

提高工作热情的方法

为了提高工作热情，经理们可能需要做以下这些工作：

- 制定特定的目标　这些目标在保证严格的同时也需要能被员工所接受。让员工们参与制订目标，这样能够让他们更容易接受这些目标。
- 提供反馈　不仅要设定目标，而且员工们应该定期对目标的进展状况进行反馈。
- 考虑任务合理分工　可以让他们更加感兴趣所分配的工作，并且增强员工们的责任感。

有两种方法可以增强任务分工的有效性——扩充工作范畴并执行工作。

- 扩充工作范畴　执行工作的人参与更广泛的各种活动，这和增加需求不是一回事。例如，维护小组的软件开发人员可能有权去负责较小的变更并执行实际的代码变更。Couger和Zawacki发现程序员/分析员对工作的满意度要高于单纯的程序员。
- 执行工作　工作人员执行的一般是管理层或监督层做的工作。对于维护小组的程序员来讲，他们可能在不需要经理批准的情况下就有权接受变更请求，条件是这种变更只能少于五个工作日的工作量。

关于软件开发人员工作热情的综合调查研究可以参阅Sarah Beecham等在2008年发表的论文。

扩充工作范畴和执行工作是基于F.Herzberg的工作成果。

参见Sarah Beecham等人（2008）发表的“Motivation in software engineering”，*Information and software technology*，50，860－78。

11.8 压力

项目的目的在于克服障碍并实现目标。自然，项目经理和组员都会承受一定的压力。我们引用一个美国项目经理的话来说就是：“一旦开始了项目，你就会希望你的组员每星期至少投入60小时……项目负责人肯定期望投入尽可能多的时间……”

摘自Edward Yourdon著的《Death March》，第2版，Prentice-Hall, 2003。

有些压力实际是健康方面。厌倦能让许多工作看起来都是那么的枯燥。然而，一旦超过了一定的压力负荷，工作的质量就会下降，这种健康就会受到影响。我们知道当每周工作超过40小时之后，生产率和产出的质量就会下降。早在1960年，一项美国研究发现每周工作48小时以上的45岁以下的人患冠心病的危险是常人的两倍。

Kent Beck提倡在极限编程实践中每周工作时间上限为40小时，参见第4章。

人们希望软件开发者能够无偿地加班工作。在这种情况下，如果员工的工作能有一定的自由度的话，生产率的下降就能得到更多的弥补。

显然，有时候做额外的工作来解决一些临时的障碍或者处理紧急情况是必需的，但是如果加班成了一种生活方式，就会产生长久性的问题。

好的项目管理人员能通过对需要的工作量和消耗的时间进行更实际的估

计来减少对加班的需要。当然，这种估计是以对以前项目的性能的详细记录和分析为基础的。好的策划和控制还能帮助减少“意料之外”的问题，这些问题会产生不必要的危机。

如果员工不明确自己的工作要达到的目的，不知道别人所期望的是什么以及他们的责任的确切范围的话，也会造成压力。这称作*角色不明确*（role ambiguity）。这种情况下，项目经理明显地会碰到困难。

角色冲突（role conflict）也会增加压力。也就是一个人在两个角色的要求间左右为难。例如，小孩的父母会在照顾生病的孩子和参加能给自己带来新业务的会议之间难以抉择。

有些经理可能声称自己在采用威吓策略促进项目发展上取得了成功。他们必须创造危机感，来判断这种策略的使用是否正确。不过，这是与以理性的、有序的和细致的方法而开发复杂产品为目标的专业项目管理思想相对立的。

11.9 健康和安全

健康和安全问题在建筑和其他重工程项目中比ICT开发更重要。不过，有时办公系统的实现可能要求在具有一定危险性的物理基础设施中创建。例如，在未竣工的建筑物内安装ICT基础设施。

本节，我们并不讨论ICT设备相关的一般安全问题，这是任何使用这类设备的组织都需要知道的，也不讨论在软件开发过程所生成的产品是否安全的问题。这里只简要讨论与项目开发过程相关的健康和安全问题。

参见M. F. Bott等人著的《Professional Issues in Software Engineering》，第3版，Taylor and Francis，2001。该书对这些问题进行了详细的解释。

有许多与安全政策相关的法律条例，其细节可参考适当的文献。在英国，法律要求超过5个雇员的组织要有成文的*安全政策*（safety policy）。项目经理必须要清楚各种适用于现行的项目环境的发文内容。

就项目经理而言，安全性目标在适当时应该和其他的项目目标（例如，已完成程序的可靠性等级或项目的总成本等）同等对待。因此，安全管理应该包含在项目的综合性管理内容之中。

安全管理的责任必须在各个层次上都给出明确的定义。一些需要考虑的问题有：

- 高层管理人员必须对安全政策做出承诺。
- 安全责任的分工必须很清楚。
- 工作描述必须包含与安全相关的责任定义。
- 负责安全的人需要理解责任而且必须同意该规定。
- 应该指派专门的安全人员，并在特殊的技术领域得到专家的支持。
- 必须有安全顾问。
- 安全成本要有足够的预算。

安全规程应该受到雇员的重视，并在需要时进行培训。

这只是对这个领域的问题进行了简单的描述。如果想知道更多，可以参考一些专门的书籍。

11.10 职业道德注意事项

如上所述，法律要求采取措施减少工作对雇员的健康和安全的威胁。然而即使没有这样的法律，大家对于防止工作中可以预见的伤害都有道德义务至少是口头上的。这可能是一种道德判断。可以肯定，在某些情况下如果有人的行为对其他人造成潜在的危害，即使法律还未明确禁止这些行为，我们也会认为那是不道德的。

有些道德责任由团体的所有成员共同承担，不论所处地位如何。比如，当严重的交通事故发生时，去叫急救。有些道德责任影响特定的组织和属于这些组织的人，还有些责任与个人的职业技能有关，比如软件工程师或者IT从业者。

虽然一般认为，组织比个人承担更大的道德责任，因为他们比个人对危害有更大的影响力，尤其在他们实施各种大型开发项目时。然而，也有观点，特别是经济学家Milton Friedman 指出，那些为商业组织工作的人要按合同去保护和增加公司股东的财产。这些股东是公司的投资人以及合法的拥有者，他们也可能包括将退休金投资到公司的普通人。公司雇员追求团体的整体利益，而以牺牲股东的利益为代价被认为是不诚实的行为。

参见Milton Friedman (1970) 发表的 “The social responsibility of business is to increase profits”, *The New York Times Magazine*，9月13日。

参见Alfred Carr (1968)发表的“Is business bluffing ethical? ”, *Harvard Business Review*，46 (1), 143－53。文中提出了相当极端的观点，即通常的道德伦理不适合应用于商业活动。

练习11.5 找出可以组成上述股东商业道德模型的可能异议和评论。

另一种观点认为，为与其他企业竞争，商业组织会降低自己的道德责任。如果我的企业在某些方面取胜，我的对手就会输，即投资人会赔本，雇员会失业。然而，从长期竞争来看，消灭竞争会导致垄断，价格提高。

但是绝大多数组织都认可他们的确有道德责任，这可能纯粹出于私心。作为一个潜在的消费者，你会谨慎地把你的消费托付给明显由贪婪驱动的组织。组织经常表达他们的目标和愿景，也许是通过使命的方式表达，可能包括和一般公众利益相关的问题，比如环境。

尽管要减少管理层级（延迟）和创造更扁平的报告架构，大型组织还是会有某些层级。如我们在第1章所看到的，最高层定义总体战略，并希望和使命的愿景一致。下一层的经理执行战略，在他们的职责范围内，制订工作计划实现战略目标。这样做时，他们在自己被委任的职责范围内做出决策。这个过程在更低的层次上持续重复，直到具体某人去实施决策。

Rosa Lynn B. Pinkus等人著的《Engineering Ethics》，Cambridge University Press，1977。其中以“挑战者”号航天飞机爆炸为案例，对这些问题进行了详尽的探讨。

任何决策都要满足一些组织需求，这些需求可能显得相互矛盾。例如，一个新ICT应用要求在规定的最后期限内满足某个法律规定，一个高质量系统要保证高可靠性和正确性就需要一个大的开发组，这有可能非常昂贵，要求降低对顾客的普通服务；必须在新系统的可靠性和对当前客户的服务质量之间做出平衡。无论最终决策怎样，最后的结果都有风险。

包含风险的决策是由技术专家，比如工程师和ICT从业人员做出的决策。由于他们具有其他人可能不完全理解，但却依赖的专业知识，他们负有特殊的道德责任。可能要委托这些专家对使用新技术做决策。

ICT从业者不可能在ICT及其开发的所有领域都是专家，因此识别一个人的专业领域至关重要。很明显，一个ICT从业者对他不了解的领域不懂装懂是不道德的，同样，ICT从业者知道同事做有害的事情，却保持沉默也是不道德的。

专家做出的决策不仅仅要求技术上正确，还要没有偏见。例如，接受行贿是不可接受的行为，然而，某人因为熟悉某个技术，并且建议被采纳会改善其职业生涯，而推荐某种技术，这可能不会立刻显得不道德。

如上所述，所有的决策都包含风险，真正的职业者要去识别风险并发出警告。从上面还可以看到，组织行为是倾向于从上到下实施——首先是战略决策，然后是检查整体计划的各个部分和更详细的决策。有时高层决策会有技术缺陷，这需要软件工程师和ICT从业者指出。

不仅仅是实施者要承担新技术的风险，组织必须有机制保证这些顾虑被传达到负责的经理；经理要能评估问题，并采取必要的措施；措施可能包括把问题升级到更高的管理层。

历史悠久的职业，比如医药，有办法去认证从业者的能力，并强制实施道德行为准则。在英国，英国计算机协会（BCS）制定了《Codes of Conduct》和《Good Practice》，还有不同的方案来认证不同ICT专家的能力。在美国，IEEE和ACM也制定了类似的准则。但是只有很少的ICT从业者有BCS成员资格，因此ICT要成为一个真正的职业还有很长的路要走。

11.11 小结

本章讨论的一些重要问题如下：

- 人是由金钱驱动的，但他们同样也受其他事情的影响。
- 对人员选择和培训需求确认都要按有序、结构化的方法进行。当然，首先要做的是清楚地定义需求。
- 考虑周到的任务分工能增进员工的积极性。
- 给予员工不适当的压力在短期内可能有成效，但从长期来讲，对生产率和个人健康都是有害的。
- 在适当的时候，项目目标必须包括相关的健康和安全目标。

11.12 进一步的练习

1. 某组织在以下部门中发现了较低程度的工作不满情况：
   - 系统测试组。
   - 技术支持组。
   - 录入人员。

   这些工作要怎样重新分配才能有更高的工作满意度？
2. 在练习11.1中，需要一个工作说明书。
   (a) 写一个岗位说明，说明符合这个工作的人应该具备的品质、资格、受过的教育和经验。
   (b) 针对（a）中所编写的岗位说明中的每项内容，说明要用什么方法才能知道申请者是不是符合要求。

3. 11.8节关注了管理层对员工压力应负的责任，评价另外一种观点，即员工本身也应有责任降低压力水平，或许通过改变个人的工作习惯。
4. 职务扩大化听上去好像是好事情。探讨它对于雇主和员工双方面可能存在的不利因素。

第 12 章
团 队 管 理

目的

学完本章后，你将能够：

- 提高小组工作效率。
- 分析项目合作需求。
- 选择最好的沟通风格来支持项目合作需求。
- 编写沟通计划。
- 鉴别不同团队结构的特点。
- 使用最合适的领导风格。

12.1 引言

我们将软件开发和先进技术结合，这是需要高度人类智慧的任务。基于软件的系统可能是巨大的，例如用于控制电话交换系统的软件包含有500万行代码，所以需要由团队中的开发人员以及不同的工作组来共同完成。Amanda想最有效地使用她的团队，但是为了完成工作他们也需要和IOE的其他部门进行合作，包括用户。在Brightmouth学院，虽然Brigette管理的团队不大，但是有很多工作需要和项目利益相关者共同完成。这一章节将看到加强开发人员以及团队之间的沟通。我们还将看到个人和团队的工作是如何通过沟通协调起来的。

对于“团队”，我们通常是指一起工作的一组人。一般来说就是工作在同一间办公室的人，即集中办公，虽然并不是总是如此。然而，“项目组”有时候是指所有为项目工作的人员，这些人可能属于不同的工作组处于不同的工作地点，这些组也可能随着时间的推移而发生变化。所以，随着项目的开始和结束，软件开发人员可能在不同的项目组之间调动。

我们首先介绍小型工作组环境，叫它使用“团队”更加适合。我们还将介绍一个真正意义的团队是如何建立的。我们还将讨论除了技术角色之外，团队成员如何担任社会角色以帮助团队更加有效地工作。

创建一个团队是为了共同完成一项工作任务。我们将看到那些对于项目目标达成起着至关重要作用的任务最好由个人完成，而其他需要判断或做出决策的任务则由工作组完成。

我们将看到一个团队是如何合作的。组织需要控制人力资源的分配，这是个人以及团队之间合作的一种形式，其他的形式也会进行概要介绍。

沟通风格和沟通方法相关。这不仅仅包括使用的技术，还包括组织的沟通习惯。可以根据项目合作的需要选择和创建项目的沟通风格。我们将看到如何在沟通计划书中安排项目利益相关者之间的沟通活动。

针对日常工作中所出现问题的协调也是一样的，但需要能积极主动地领导。这就引入了与领导力相关的话题。

项目工作的合作性几乎会影响到步进式项目计划框架（图12-1）的所有阶段。

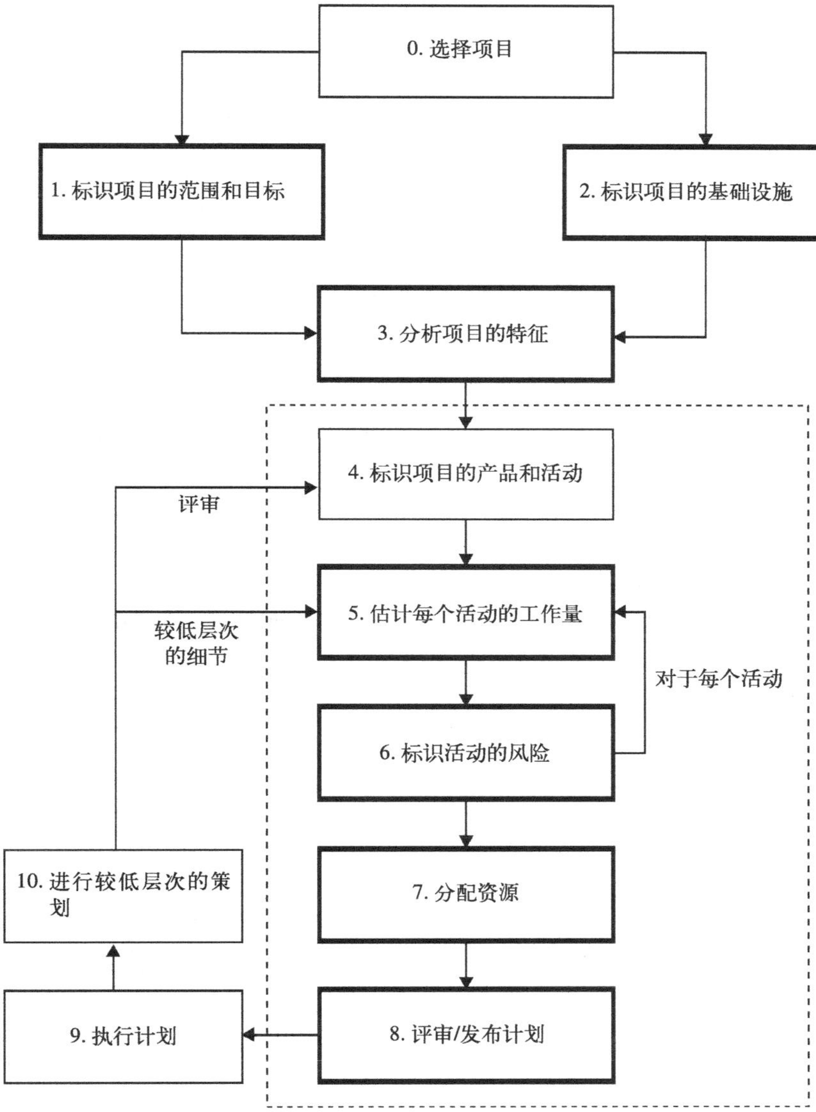

图12-1　在步进式框架中，受团队协同工作影响的部分

步骤1：标识项目的范围和目标　识别项目利益相关者和建立沟通渠道。

步骤2：标识项目的基础设施　识别项目内部的组织结构。

步骤3：分析项目的特征　决定项目如何执行，例如是购买还是开发软件功能，这将影响团队的构成。

步骤5：估计每个活动的工作量　个人和团队的经验对于开发人员的生产率有着重要的影响。

步骤6：标识活动的风险　与人员相关的风险，例如持续可用性。

步骤7：分配资源。

步骤8：评审/发布计划　这时编制沟通计划。

12.2 组成团队

首先我们看看小的工作组是如何形成的，这里称之为"团队"（team）更加适当。简单地把不同的人集结到一起，并不能让他们以团队为单位进行工作。人们认为团队的发展分为五个基本阶段：

这种分类是同B. W. Tuckman和M. A. Jensen有关的。

- 形成时期（forming）　团队内的成员开始相互认识，并且制定一些基本的行为规范。
- 混乱时期（storming）　因为不同的组员争夺领导权而使组内产生了矛盾，这也是组工作方式即将建立之时。
- 规范时期（norming）　解决了大量矛盾，工作组一致性开始形成。
- 执行时期（performing）　重点开始关注要着手的任务。
- 中止时期（adjourning）　工作组解散。

参见R. Meredith Belbin著的《Management Teams: Why They Succeed or Fail》，第2版，Elsevier, 2003。书中包括了一个自我评估的调查问卷，这个问卷能够帮助确定什么人最适合什么职务。

有时可以开展一些特殊的增强团队意识的训练。例如，有些组织让他们的管理团队参与户外活动。因为没有这么多的时间，所以Amanda和Brigette设计了一些培训活动来促进团队建设。

一项有价值的研究调查了项目组中最佳的个性组合。Belbin研究了团队一起工作的管理游戏。最初他把最有能力的人都设法安排到一个组中。令人奇怪的是，这个能人团队的表现却很差——他们经常争吵，因此重要的工作常常被忽略。

Belbin得出了团队需要以下不同类型成员的结论：

在《Team roles at work》(1996)中，Belbin认为"协调者"和"实现者"比"主管"和"组员"更恰当。添加了新的角色，即"专家"或者说"技术人员"，他们根据自己的需要而获取知识。

- 主管（chair）　不一定是很聪明的领导人，但他们必须善于主持会议、保持冷静、个性坚强并且能够忍耐。
- 决策者（plant）　非常有主意并擅长解决问题的人。
- 监督–评价人员（monitor-evaluator）　擅长评价不同的想法和潜在的解决方案，并帮助选择最佳方案的人。
- 寻找问题的人（shaper）　相当于操心组内事务的人，他帮助组内其他人找出存在的重要问题。
- 组员（team worker）　善于建立一个好的工作环境，比如"让人们能快乐起来"。
- 资源调查人员（resource investigator）　善于找到不同的资源，如物理资源和信息。
- 完成人员（completer-finisher）　关注要完成的任务。
- 公司工作人员（company worker）　好的团队参与者，愿意承担那些并不是非常具有吸引力却是团队成功所必需的任务。

一个人可以是以上几种类型。另一方面，Belbin所调查的人中有30%的人不能归于任何一种类型！

如果团队角色构成上没有达到一种平衡的状态，那么将会产生问题。例如，如果工作组中有两个以上的寻找问题的人而且没有主管去调解意见冲突，那么可能会导致气氛比较紧张。另外，如果工作组中大部分的人都是决策者而没有寻找问题的人或者完成人员，那么他们可能更多的是纸上谈兵而无法实际做任何事情。对组建团队，Belbin建议首先选择项目必不可少的技术专业人员，然后评价这些人员在团队中的角色，接下来再选择那些能使团队角色构成更加平衡的人员。

组内的表现

是不是组比起个人来说更有效率？考虑到许多软件开发人员偏爱独立工作，这是一个很重要的问题。在许多项目中，要对任务是协作完成更好还是由单独的组员完成更合适进行判断。正像IBM的一个经理说的那样："有些工作在由团队完成时能产生更好的结果，而有些事情如果不把它分成不同的个人任务，则会变慢。"部分答案依赖于要承担的任务的类型。

参见Angelo Failla发表的"Technologies for coordination in a software factory"，摘自《Groupware & Teamwork》，C.U. Ciborra编辑，Wiley & Sons，1996。文中引用了该IBM经理的话。

一种方法是将任务分成以下类型：

- 附加性的任务（additive task）
- 补偿性的任务（compensatory task）
- 分离性的任务（disjunctive task）
- 关联性的任务（conjunctive task）

附加性的任务，意味着要增加每个参与者的工作量才能得到最后的结果（例如，一组扫雪的人）。参与的人可以轮换。

对于*补偿性的任务*，单个组员的判断要汇总在一起，以便某些人的不足能够从其他人那里得到弥补。例如，要求组的各成员估计开发软件所需要的工作量，然后对结果进行平均。在这种情况下，组的工作一般要比个人工作更有效。

代码评审被看成是补偿性任务的一个例子。

对于*分离性的任务*，就只有一个答案了。组的效率取决于：

- 有人能够得出正确的答案。
- 其他人能认识到他的答案是正确的。

这里，整个组要么和最好的组员一样好，要么更坏。

对于*关联性的任务*，进度是由最慢的执行者决定的。典型的例子是：在软件开发中，不同的人员负责不同的模块。整体任务只有在所有参与者完成了他们的工作后才能完成。在这种情况下，只有协作，才能高效：提前完成任务的组员通过帮助那些较慢的人来实现整个组的目标。我们将在团队精神章节看到相关实例。

该引用的来源是上面提到的Failla的论文。

对所有类型的集体任务，特别是附加性的任务，很可能出现*集体不稳定*（social loafing）的危险。在这种情况下，有些人不能完成自己该完成的任务。这在学生组成的组活动中肯定是要发生的，但在"实际的"工作环境中也不是没有的。正如一个软件开发人员所说的："'为其他人所做的贡献'一般都不被承认。同样缺乏贡献也是一样的……没有人会指出那些没有做任何贡献的人。比如，有人具备很强的能力，你想求他帮助，而他却不帮忙。”

练习12.1 集体不稳定是学生在完成组作业的过程中经常碰到的问题。参与者可以用什么方法来鼓励组员合理地分担任务？

12.3 决策制定

第2章中的许多技术都是为了使决策制定更加具备结构化的特点。

在考虑小组制定决策时的有效性之前，需要从总体上了解决策制定过程。决策可以分为：

- 结构化的 一般是相对简单的常规的决策，能以相当直观的方式应用规则。
- 非结构化的 比较复杂，经常需要一定的创造性。

另外一种划分决策种类的方法是根据风险和不确定因素来确定。

12.3.1 制定正确决策的心理障碍

第2章中的许多关于项目选择的技术都是以理性经济模型为基础的。

迄今为止，我们一直强调的是结构化、合理的决策制定方法。不过，现实世界中的许多管理决策经常是在有压力而且信息不完整的情况下做出的。在这种情况下，就不得不凭直觉来做出决策，不过，仍然需要知道进行有效的直觉思考的一些心理障碍，例如：

- 故障启发（faulty heuristic） 启发式或“根据经验”的方法是很有用的，但有危险：

——它们基于手边仅有的可能产生误导的信息。

——它们基于固定不变的形式。

- 恶性增资（escalation of commitment） 这指的是一旦做出了决策，想对其进行修改会越来越困难，即使知道这个决策是有缺陷的。
- 信息超载（information overload） 有可能因信息太多而无法找到问题的根源，即“只见森林，不见树木”。

12.3.2 小组决策的制定

当与最终用户商议如何操作已计划的计算机系统时，可能出现不同类型的参与决策制定的方法。

可能会有这样的情况：例如IOE的Amanda可能想和整个项目组进行协商，这个项目组有不同的专家，并提出了不同的观点。由这样的组做出的决策比那些强加的决策更容易让人接受。

假设会议原本就是由整个集体来负责的，而且做了适当的简要介绍。研究表明，如果小组成员具备互补的技能和专长，那么小组就更擅长解决复杂的问题。会议使他们能够更好地相互沟通，并更好地接受观点。

联合应用开发（JAD）已经在第4章中讨论过。

在解决需要创造性解决方案的非结构化问题时，小组就不是那么有效了。在这种情况下，头脑风暴法（brainstorming technique）对小组是有益的，但研究发现人们独自思考比在小组内更容易想出办法。如果目的是为了让计算机系统的最终用户参与，就应该采用构造原型和共同参与的方法，如JAD。

12.3.3 制定正确小组决策的障碍

Amanda发现小组决策制定的缺点是：很耗时间，会挑起组内矛盾，而且做出的决策过分受到主要人物的影响。

实际上，矛盾可能会比想象的要少。实验已经证明了人们会修改自己的个人判断来符合组内规范，这种规范是经过一定时间建立起来的组内人员的共同想法。

一旦建立了组内规范，就可以承受组内许多成员的变化。

你可能会认为这会缓和组内某些人的极端想法。实际上，有时组内的人做出的决策比他们自己做出的决策更具风险性。这称为*风险转移*。

12.3.4 减少小组决策制定的缺点的措施

一种能使小组决策制定更加有效的方法是培训成员，让他们能遵循固定的规程。*Delphi技术*试图在专家们不相互见面的情况下比较他们的判断。当考虑问题时，会执行下面的规程：

- 召集许多专家进行合作。
- 向专家陈述问题。
- 专家们记下他们的建议。
- 这些建议经过比较并重现。
- 再交流收集到的回答。
- 专家们对其他人的观点进行评论，如果有影响的话，修改自己的建议。
- 负责人检查一致的意见，结束这个过程，否则意见再交给专家进行讨论。

这个方法的一个好处在于：专家们所处的位置可能分布得很广，然而这会很耗时间。

练习12.2 *信息技术在什么方面的发展对应用Delphi技术特别有帮助？*

12.3.5 团队精神

虽然存在各种问题，但有时候团队还是可以很好地进行工作。用体育比赛做类比，当每个队员都只顾炫耀个人技能而不注意其他队员的配合时，这个球队的表现将无法令人满意。队员会将球传给处于射门的理想位置的队友。这是团队精神（team heedfulness）的一个实例，团队成员理解队友为了获取团队成功而采取的行动以及清楚地知道如何去支持队友。这些时候似乎有一种集体意识。显然并不存在这种物理实体，但是集体意识的表现为共同认识、相互熟悉、良好沟通。在软件开发环境中为促进这种团队精神做了很多积极的尝试，例如非自我编程（egoless programming）、主程序员组和Scrum等概念。

参见K. Crowston和E. E. Kammerer（1998）发表的“Coordination and collective mind in software requirements development”，*IBM Systems Journal*，37（2），227–45。文中对这些观点做了进一步的探讨。

12.3.6 非自我编程

在计算机开发的早期，经理们总觉得软件开发人员和平台在进行神秘的交流。这种倾向是由于程序员把程序看成是自己的延续，并过于保护他的程序。可以想象这种方式对程序可维护性的影响。Gerald Weinberg提出了革命性的建议，他认为程序员和编程小组的负责人应该阅读其他人的程序，这样程序就会变成编程小组的共有财产，而且编程就会变成“*非自我的*”。同行代码评审就是以这个想法为基础的，代码是由组员个人编写并由选定的同事进行检查，参见第13章。

参见G. M. Weinberg著的《The Psychology of Computer Programming》，25周年纪念版，Dorset House，1998。

12.3.7 主程序员组

前面已经提到了Brooks的《人月神话》这本书。他是负责开发IBM 360系列操作系统的巨型团队的主管。

项目开发组越大，效率就越低，因为需要的交流越多。因此，大型的、非常强调时间性的项目需要一个正式的、集中的结构。Brooks指出，在开发大型复杂软件时需要设计一致性，但在软件开发中如果涉及的人太多，这是相当困难的。他建议减少软件开发实际涉及的人员数量，但是要给程序员以足够的支持让他们尽可能地提高生产率。

产生的结果就是*主程序员组*（chief programmer team）。主程序员定义需求规格说明书，并设计、编码、测试和文档化软件。当然还有一个*副手*，主程序员可以和他讨论问题，并由他来进行部分编码。由*文档人员*来编辑由主程序员起草的文档，并由*程序员*来维护实际的代码，还要有*测试人员*。总的来说，这个组是统一由一个有才能的人来控制的。

主程序员的概念用在了有影响的《纽约时报》的数据银行项目中，这个项目中尝试了结构化编程的许多方面。在这个案例中，每个主程序员管理一个高级程序员和一个程序库管理员。附加的成员可以临时加入这个组来处理个别问题或者任务。

这种组织的问题在于如何选择真正出色的程序员来担任主程序员的职务。还可能出现这样的危险，即主程序员得到的信息过多以及那些仅仅为了满足主程序员的需要而存在的人员的不满。

12.3.8 极限编程

极限编程已经在第4章中讨论过了。

新的*极限编程*（eXtreme Programming, XP）的概念继承了许多这些观点。绝大多数的极限实践被视为提高集体意识的方法。在传统的软件开发项目中，增进沟通和合作的典型方式是通过文档。但是XP的提倡者认为这样会事与愿违。他们建议使用比较随意的沟通和合作方式。不编写单独的文档，取而代之的是加强关键的软件产品（如软件代码和测试数据）。例如，编码是被不断重构的（即重新编写），遵循编码标准以确保代码能够清晰地表达系统是如何工作的。在编码之前，编写测试用例和期望输出，它们被视作规格说明书的一种形式。用户代表要尽量阐明客户需求。通过不断的集成测试以保证软件组件集成在一起工作不会出现问题。它提倡结对开发，这看起来像是新的主程序员/副手关系。

我们看到在加强了组内合作的同时，组间合作的问题还依然存在。

12.3.9 Scrum

如果敏捷方法推荐的实践活动在应用中变得结构化并且一成不变，那么这就违背了这些方法的初衷。敏捷方法的倡导者，例如 Kent Beck，首先强调不同类型的项目需要使用不同的方法。

Scrum软件开发流程中既有敏捷方法中的一些要素又包含主程序员方法中的一些要素。Scrum这个名字来自于英式橄榄球的密集争球（rugby scrum）的橄榄球阵形，即所有队员一起将球向前推进。这个过程最初是用于竞争市场中新产品开发的项目，而不是用于单一客户委托开发的项目。领先于竞争对手将部分产品推向市场也许比等到产品具备了全部非必要的特征再推向市场更加重要。一个产品要想吸引众多客户，就不需要精确定义特定客户的需求。在开发过程中，随着各种想法被尝试，多个各具特性的方案会逐渐形成。

参见Linda Rising和Norman S.Janoff（2000）发表的"The Scrum software development process for small teams"，*IEEE Software*，July/ August，26－32。文中给出了关于Scrum实践的概述。

Scrum流程首先进行系统架构设计和策划活动。这和主程序员组方法一样，主架构师定义这个产品的架构。这个阶段确定产品发布日期、产品具备的特性以及优先级别。

随后是几个sprint，每个sprint通常持续1到4周。选择在sprint之内期望开发的特性，并列出开发这些特性需要执行的任务。理想的情况下，一个sprint由大概7人最多10人组成的团队来完成。有时也可能多个团队并行执行不同的sprint，但是这些sprint要求在同一天结束。

通过日例会（一般15分钟）来沟通sprint的进展情况。会议上，每个组员报告当前所负责任务的进展情况以及遇到的问题。会议鼓励组员对于他人提出的问题给予帮助，因为可能之前他也遇到过相似的问题并知道该如何解决。会后应该按照确定的应对措施来处理问题。Scrum的日例会不但可以增进团队成员之间的知识共享，而且因为可以了解每个人的工作进展从而有助于提高团队气势。

Scrum是有时间限制的，在sprint结束时，一些未完成的、优先级别较低的特性可能被保留。和XP不同，在一个sprint中是不接受外部需求的，XP在任何时间点上都可以进行变更。然而，在sprint结束时，所有的组员和项目利益相关者一起评审产品。这时可以增添新的特性，或者对现有特性进行删除和变更，并更新这些特性的优先级别，选择在下一个sprint中要实现的特性，完成相应的任务计划，然后重复执行上述的sprint流程。

当所有的sprint都结束之后，进入最后结束阶段。在这个阶段中，为了最终将产品推向市场需要完成回归测试、集成测试以及编写用户指南和培训教材。

Linda Rising和Norman S. Janoff（2000）描述了Scrum在美国AG通信公司项目的运用。他们关注在流程使用的灵活性上。例如一个团队可以规定每周召开3次例会，而不是每天都召开例会。当紧急的外部变更是必须接受的，有的团队打破关于在sprint中不能接受外部变更的规定。

12.4 组织结构

12.4.1 组织结构与项目

在一个大型项目中可能有多个工作组负责完成不同方面的工作。需要依据组织结构去创建和管理这些工作组。组织结构需要考虑组织内部所有的项目以及那些由组织实施但非项目的活动。项目组长，例如IOE的Amanda，需要清楚组织结构相关事项，因为它会对项目产生巨大的影响。

12.4.2 正式的与非正式的结构

正式的结构体现在员工层次图上。一般与职权（authority）相关，即某人的老板是谁。然而，它是以在工作期间员工之间自然产生的联络和沟通的非正式结构为基础的。当出现了出乎意料的情况时，通常采用非正式的结构。随着时间的流逝，这两种结构的优点和缺点就会相互抵消——非正式的组织建立起来后，员工们就会学会如何用非正式的方法来解决正式的结构所造成的困难。

12.4.3 层次化的方法

“传统”的管理结构是基于*层次*的概念——每个员工都只有一个经理，而经理对多个员工负责。职权流自上而下贯穿了这种结构。传统的方式所关心的是*控制的范围*（span of control）——经理能够有效控制的人的数量。

12.4.4 员工与开发流程

组织中的员工经常被分为实际开发最终产品的*开发人员*（line worker）和进行支持工作的*支持员工*（support staff）。在一些为市场开发软件或为正在出售的大型产品开发组件的组织中，软件专家可能会被看作是开发人员。另一方面，在一个财政组织中，信息系统部门被看作是支持员工的一部分。

12.4.5 部门化

划分（differentiation）关注的是组织的部门化。*部门化*（departmentalization）应该以员工的专长、产品线、客户类别或者地理位置为基础。

在后面的章节可以看到，功能的分配可以通过外购来实现。

软件开发经常采用*面向功能的*（functional-oriented）或*面向任务的*（task-oriented）方法来组织。在面向功能的部门化中，系统分析员应该划分到一个独立于程序员的部门。程序员应该作为一个团体，从中可以为特定的任务指定资源。在面向任务的方法中，程序员和系统分析员属于项目组中的同一个组。项目组能够集中起来实现一个特定的长期项目，或者长期存在来为特定的用户群提供服务。

另外一个影响因素是团队成员所掌握技能的全面程度。有的团队成员仅具备某项专业技能，例如只精通编码；有的是具备多项技能，他们还可以完成其他类型的任务，例如业务和系统分析工作。

项目集管理可以促进不同项目之间的组员共享信息。

面向功能的方法能更有效地利用员工。程序员可以根据需要进行工作分配，而且在项目结束时能够转移到其他的工作上，这样可以提高人员的使用率。功能型的组织还能让程序员有面向技术的职业——在软件开发部门内可能存在这样的职业结构，即允许程序员得到提升而又不改变他们的专长。这种类型的组织能够促进技术人员交流新的技术观点，并颁布公司范围内的标准。

然而，部门的分离会导致沟通的困难，特别是在开发人员对应用领域不熟悉的情况下。还会存在软件维护的问题——如果有对应用软件的某部分特别熟悉的人员，将是有用的。用户常常偏爱已建立项目组的方法，因为这样他们就能有一个全力满足他们需要的组，而不需要经常和其他部门争夺开发资源。项目组结构通常会采用一种职务升级的方式，这样软件开发人员就有可能最终成为业务分析员。

划分部门的第三种方法是以生命周期阶段为基础。开发和维护由单独的组来负责。有些人员可以在几乎没有外界干扰的情况下集中开发新的系统，而其他人更倾向于服务和支持，进行维护工作。

有些组织企图从众所周知的矩阵结构中获得最大的好处。在这种情况下，程序员都有两个经理：一个是项目负责人，对他们的现有工作做出日常的指示；一个是项目集经理，负责解决职业发展有关的问题。

12.5 合作依赖关系

组织结构中的不同单位为什么需要进行沟通，需要何种程度的沟通？计算机支持的协同工作（CSCW）领域的研究者已经定义了在计算机技术支持的环境中合作的类型。现有的协调理论（coordination theory）已经给出了合作依赖关系的类型，这些关系存在于任何实体组织中。关系类型如下：

- 共享的资源　例如在软件开发项目中，多个项目共用稀缺的技术专家。由于其中某项目的延期，可能导致其他项目无法按计划获得这一资源。第2章中我们提到建立高于单个项目的项目集管理机制可以减少这种资源冲突。
- 生产者–客户关系（正确的时间）　项目活动首先是依赖于待交付的产品。例如，业务分析人员完成需求文档之后，软件组件的开发才能开始。第3章中提及的PRINCE 2方法中推荐使用的产品流程图（PFD）能够帮助确定这种类型的依赖关系，但是关键还在于其他不包括在业务中的组织单元。
- 任务–子任务依赖关系　为了完成一个任务，需要完成其所有的子任务。像上述生产者–客户关系一样，这个可以反映在PFD中。但是和生产者–客户关系不一样的是它们之间的次序是由事情本身的技术属性、采用的方法决定的，而不是人为决定的。
- 可得性依赖关系（正确的地点）　这类关系更多的是与那些地理位置跨度比较大的活动相关。最主要的例子是救护车能尽可能快地赶到医疗急救现场。在ICT和软件开发中，这类关系的实例相对来说不那么明显，但是ICT设备的交付和安装可以看作为一个实例。
- 可用性依赖关系（正确的事情）　这里可用性不仅仅是指用户接口的设计，它关系到适用性的常见问题，包括对于业务需求的满足。在软件开发中，这会导致某些活动的执行，例如开发系统原型，它用来确保开发出来的系统能满足客户的操作需要。它还涉及变更管理活动，例如，由于业务环境的原因（例如法律的变更）用户产生需求变更。
- 符合需求　这是指要确保不同的系统组件集成之后能有效地运行。集成测试是确保满足这些需求的一种机制。在实施配置管理（参见第9章）活动时，需要评估某一组件的变更对其他组件的影响。

很多时候，信息系统工具能够为合作任务的管理提供帮助。例如，项目计划工具（例如微软的MS Project）能够帮助确定跨项目以及跨项目集的资源分配。这些工具提供了活动网络图的编制、分析和处理功能（参见第6章

参见Ian R. McChesney和Séamus Gallagher（2004）发表的“Communication and coordination practices in software engineering projects”，*Information and Software Technology*，46，473–89。文中详细介绍了这些概念及其应用。

和第8章），通过这些功能的使用能够辅助对于生产者–客户关系和任务–子任务关系的控制。此外，使用变更管理工具和配置管理工具能跟踪处于开发中的系统的变更情况，从而帮助实现对于可用性关系和符合需求的管理。

Ian McChesney和Séamus Gallagher选择了两个真实环境下的项目，对其合作活动的执行方式进行了调查研究。他们不但提到支持工具的使用，还提到了在项目中个人如何扮演合作角色。此人需要作为中间人去促进沟通，例如，将客户咨询的请求转给能提供信息的开发人员。

电子邮件被视作基本的沟通方式。将电子邮件抄送给第三方，以便他们能了解相关信息，这被视作一种新的做法。但是有趣的是有研究表明，当邮件的数量变得巨大时，电子邮件这种沟通方式会变得很低效。

12.6 分散或虚拟团队

我们已经看到项目是如何需要一个团队的人员去完成，而其中的每个成员都将在特定领域成为专家。这样，很多项目的核心便是“协作解决问题”。第二次世界大战便强调了执行关键的国际性的军事行动时个人和小组间合作的重要性，并且鼓励研究如何将冲突转化为高效协作。在当时，小组合作意味着，几乎是规定，小组成员之间要近物理距离的进行合作。而在近些年“分散的”或者“虚拟团队”等概念和实践逐渐产生。

参见Tom DeMarco和Timothy Lister著的《PeopleWare: Productive Projects and Teams》，第2版，Dorset House，1999。

我们也已经看到项目工作，特别是大型的软件产品的开发任务，是如何需要相互协作，协作意味着组员直接要进行交流。将小组成员放在同一个物理场所将有助于相互沟通。然而，这样的办公场所可能就比较嘈杂，而软件开发人员即需要相互沟通也需要有一些单独的时间去集中精力工作。DeMarco和Lister描述到，高效且具备创造性的工作是需要高度集中精力的，并且建议通过保持15分钟内不受干扰的工作来达到这种状态。一旦15分钟内受到了干扰，就会破毁这种状态，就需要另一个15分钟的付出来弥补。

之前曾提及了项目经理们经常很少能够控制谁将被分配到他们的项目中。他们甚至很少能控制他们的项目组工作的物理环境。很多年前，IBM的研究就建议理想条件下，每个软件开发人员应当拥有如下权利：

- 100平方英尺的办公区域。
- 30平方英尺的办公面积。
- 隔离噪音的封闭的办公室或者至少6英尺高的隔离段。

由于各种各样的原因要让开发人员拥有上述的工作环境是存在困难的，但DeMarco和Lister也的确发现了工作环境中的噪音等级同开发的软件产品的缺陷数量之间有着很清晰的关联性。

这个调查是由Economist Intelligence Unit进行的，并发表在“Remote working boosts productirity”，*Computing*，2004年11月25日，p.6。

一个解决方法是让开发人员回家去办公。近期（2004年）的一份调查结果发现77%的行业都允许他们的一些员工可以在家办公。而绝大多数的在家办公人员也表示这样能更有效的提高工作产出率。而通过宽带网络间的沟通也可以避免在家办公的信息障碍。

现代的沟通技术的发展也同时意味着，组织可以通过简单的组织临时的团队来执行项目的任务而不必对员工进行重新的部署。而在项目中出现的某种原始的任务执行方式则意味着，对某些断断续续的任务还是需要特定的技术来支持的。理想的情况下，项目经理更倾向于短时间内获取这些技能，而后在释放掉这些资源以减少更多的成本消耗。针对这种情况的一个例子是，在项目之前的一段时间，需要美工为一个Web应用软件设计美观的用户界面。这样的工作就可以由一个合约员工来完成。Internet使这些合约员工不必跑到客户现场就可以执行所分配的工作任务。

这仅仅是“离岸”开发中一个很小的环节。接下来我们继续“分散的”或者“虚拟团队”的介绍。

根据英国计算机协会的报道“Offshoring—a challenge or opportunity for IT Professionals”，*British Computer Society*，2004。其中的一项估算表明，在2003年到2005年间将有24 000个IT和软件开发任务将为离岸工作模式。

这样的安排带来的可能的好处如下：

- 通过雇佣薪水较低地区的劳动力来减少人力成本。
- 通过网络协同办公来减少住宿开支、社会安全开支以及培训费用。
- 灵活的雇佣机制——不需要某些工作时，某些员工也不需要被雇佣。
- 生产率可能会提升。
- 用特定的员工去做特定的工作（而不是一般的项目组员），这样可以提升质量。
- 可以通过安排不同时区段的人员的任务分工来减少任务的持续时间。举例来说，软件开发人员在今天下班的时候提交新的版本给另一时区段测试人员，这样测试人员可以在第二天的工作开始的时候把测试的结果再交给开发人员。

分散的工作方式的一些挑战在于：

- 被拆分给合约员工的需求要非常的明确。
- 所遵循的流程必须要被正式传递，前面的活动也许要通过观察和模拟合作方式来良好的衔接。
- 协调分散的员工也许会很难。
- 付费方式可能需要调整为按件付费。
- 远程或者素不相识的协作者间也许缺乏信任感。
- 对交付物的质量评估要非常彻底。
- 不同的时区协作可能会导致沟通和协作的问题。

12.7 沟通风格

迄今为止，我们一直在关注为同一项目工作的同事们需要沟通的原因。不仅在工作组内，与组织内的其他部门内的其他同事之间，甚至某些情况下，和合作组织之间，都需要沟通。我们也提到了各种不同的沟通类型，但是还没有用结构化的方法研究过沟通媒介。

已经有些工作在研究各种沟通方法的特征，其中之一是识别沟通类型。这不仅指沟通的技术类型，它们是人们已经习惯的沟通类型，其中包含一些沟通时机和方法的基本原则。对某些沟通类型，比如正式会议，这些原则也许是相当正式的。在那些通常冠以“管理会议”头衔的沟通中，有些类型的会议可能有自己惯例。这些惯例本身也可以看成沟通类型。

在通常冠以“电子邮件沟通”的沟通类型中，可以开发基于电子邮件的先进应用程序。为了遵循标准过程，这些电子邮件按照预定的格式编写（比如申请软件规格书的变更）。这些应用程序可以看成沟通类型。

沟通类型的本质主要受时间和地点的影响。沟通的模式可被归结为两组相反的特征的结合：同一时间/不同时间，同一地点/不同地点（见表12-1）。

表12-1 一些沟通方式在时间/地点上的约束

	同一地点	不同地点
同一时间	会议 面试等	电话 远程通信
不同时间	布告板 开放式邮箱	电子邮件 语音邮件 文档

原始的信息传递方式也需要被考虑进来。

- 什么是信息被传递的范围和复杂度？一个电话也许是简单信息的传递非常快的一种方式，但对于大容量的信息的传递还是有一些不利之处的。
- 信息容易被理解吗？举例来说，信息内容对于发送方和接受方都容易理解吗？假如接受方需要澄清或阐述信息的某些方面，那么交流的模式使用双向的是最佳的。
- 当信息比较敏感时，面对面地沟通是比较有效的沟通模式，即便涉及的内容令人感到不舒服或者不方便。

练习12.3 *以下哪些是最好的沟通模式？*

(a) *在一个规格说明中，开发者需要澄清“特定期限”意味着什么。*

(b) *系统的用户发现软件在使用过程中出现了一些缺陷。*

(c) *财务主管需要确保变更一个应用软件系统以适应新的合理的需求。*

(d) *假如一个软件开发人员仅能够在她前面的开发人员完成工作后，才能完成属于她的那部分组件，但当前面的人没有按时完成时，这个开发人员将面临更多的客户方压力。*

在项目的不同时期，应当运用不同的沟通方法。

12.7.1 在项目早期

在项目刚刚开始时，组员需要建立自信和彼此间的信任感。实际上在同一时间和地点，通过会议来进行沟通是最佳的方式。这点常常会引起一些争论，尤其在分散的项目中。Charles Handy写道“*有时会让人感到很荒谬，越是分散型的组织，越是需要组员间的相互会见。*”

Charles Handy (1995) 发表的 “Trust and the virtual organization”, *Harvard Business Review*, May/July, 45—50。

然而，并不是所有的人都同意这点。Julian Baggini谈到他曾经同一些素未相识的人一同撰写过哲学教科书的事情，他的观点是：*不用为了同合作者建立良好的关系而了解合作者的全部……如果你了解到工作以外的这个人有些不好的习惯，那反倒会让你觉得很不舒服。*

项目的早期阶段，小组成员的一部分人会参与到产品计划和技术方案的决策中去。而这之前的项目初期工作中，至少在同一时间同一地点举办的各种会议，是推动项目进展的最有效的方式。

参见Julian Baggini发表的“Touched by your absence”, *The Guardian*, 2005年1月6日。

12.7.2 项目中期的设计阶段

一旦项目整体架构被建立起来了，详细设计中的各个组件设计便可以在不同的地域并行地开展。尽管如此，在设计的某些点上还是需要大家一起来澄清的，这种同时但不同地的沟通，通过利用远程的电视电话会议来进行沟通是最佳的方案。

12.7.3 项目的实现阶段

一旦设计被阐述清晰并且每个人都知道其在项目中的角色和职责，实现工作就可以开始了。无论什么地方需要交流信息，对于不同时间和不同地点的情形下，沟通只要仅仅利用电子邮件的方式就足够了。

即使在这个阶段，一些被建议的面对面的会议也会在项目成员的一部分人员范围内开展，以帮助协调项目开发和维护的问题。Martha Maznevski和Katherine Chudoba发现分散型项目的工作方式并已经提及到的“*协调会议间的交互活动主要是为了衔接前期会议内容和后面预期的会议内容。而这种协调会议就如同人必须具备的心跳一样，它不断地将新的元素注入项目过程中……*”

见M.L.Mazneski和K.M.Chudoba (2000)发表的“Bridging space over time global virtual team dynamics and effectivness”, *Organization Science*, 11(5)。

12.8 沟通计划

沟通在所有项目中都是很重要的，但是在分散型项目中是至关重要的环节。也正是因此，在项目策划阶段就应当考虑好沟通的方法。有人就建议要在项目策划文档中，有专门的环节提及如何处理对项目有影响的沟通问题，不但对于分散型项目有必要，对于有大量重要利益相关者的项目而言也很有必要。

编写沟通计划首先要列出主要利益相关者，特别关注那些参与项目开发和实施的利益相关者。识别利益相关者以及他们的所关注的事项是项目成功的基础，参见第1章。一旦使用例如第3章中介绍的那种流程完成了项目整体计划的编写，便需要检查每个主要活动和里程碑处是否定义了与利益相关者进行有效的沟通的方法和渠道。我们已经执行了讨论分散型项目不同阶段的沟通需求的过程。和不同利益相关工作组的代表进行协商是这一过程的主要活动。

这一流程执行的结果会记录在表格中，以下为该表格所含列的标题：

这个表格依据Princeton Project Methodology。

- 什么（what） 这包括关键沟通事件名称（例如启动会议）或者沟通渠道（例如项目内部网站）。
- 谁/目标（who/target） 沟通的目标受众。“目标受众”可能不能表达准确的意思，它隐含着从核心权力那里被动地接受信息。事实上，沟通事件和渠道是从受众那里获取信息的方法。
- 目的（purpose） 沟通要达到的目标。

- 何时/频度（when/frequency） 如果沟通事件是一次性的，需要指定日期。如果是周期循环进行的（例如项目进展会议），需要指定频度。
- 类型/方法（type/method） 沟通的本质，例如会议或者发布文档。
- 职责（responsibility） 沟通发起人。

12.9 领导能力

Amanda和Brigette刚开始承担项目管理任务时，令她们感到烦恼的问题之一是员工们并不认真地看待她们。领导能力通常是指在组内影响别人并以特殊的方法实现小组目标的能力。好的领导人不一定是好的经理，同样，经理们有其他职责，比如组织、策划和控制等。

参见Robert Johansen等人所著的《Leading Business Teams》，Addison-Wesley，1991。

对于这个问题，权威人士发现很难找出一个好的领导者应具备的特征。不过，似乎有把握这么说，即领导者对权力和成就的要求比别人都高，并且领导都有较强的自我克制力和自信心。

这些观点与J. R. P. French和B. H. Raven的工作有关。

领导能力是以权威和权力为基础的，尽管领导者并不一定要有很多正式的职权。权力源自个人的职位（职位权力）或者个人的魅力（个人权力）或者是这两者的混合。职位权力进一步分成：

- 强制权（coercive power） 通过惩罚来强迫某些人做事情的能力。
- 联络权（connection power） 这是以和有权力的人交往为基础的。
- 合法权（legitimate power） 这是以反映特定身份的个人头衔为基础的。
- 奖励权（reward power） 给那些工作让自己满意的人以奖励的权力。

个人权力则可以如下划分：

- 专家权（expert power） 这源自于领导者是一个能做专业工作的人。
- 信息权（information power） 持有者对信息有独占访问的权力。
- 示范权（referent power） 源自于领导者的个人魅力。

练习12.4 下面的人具有什么样的权力（上面所定义的那些）？

(a) Brightmouth学院的管理工资系统的内部审计员。

(b) 请来的咨询师，为提高IOE公司的软件开发生产率给出建议。

(c) Brightmouth学院的院长，他告诉员工如果他们不接受新的合同，就会被解雇。

(d) 对学院工资系统的用户负责的Brigette。

(e) 负责项目组中权限管理的Amanda。

领导风格

Amanda和Brigette开始时可能会考虑建立个人权威的问题。与此相对照的是让员工参与决策制定，以便能够最佳地利用专长并获得承诺。Amanda和Brigette需要判断她们何时必须专断并坚持自己的想法，何时必须灵活并宽容。例如，Amanda决定在制订计划时采取民主的态度，但一旦确定了计划，她就坚持严格执行计划。另一方面，Brightmouth学院的Brigette发现她有独自做出某些决策的技术专长，但一旦她对员工下了命令，员工们希望能够以他们认为合适的方法完成任务。

人们试图用两种标准来度量领导风格：命令与许可，专制与民主。

> 这个方法是由Rensis Likert提出来的。

- 命令型专制（directive autocrat） 独自进行决策，在实现过程中密切监控。
- 许可型专制（permissive autocrat） 独自进行决策，下属在实现时有一定的自由度。
- 命令型民主（directive democrat） 用大家参与的方式进行决策，在实现过程中密切监控。
- 许可型民主（permissive democrat） 用大家参与的方式进行决策，下属在实现时有一定的自由度。

另一种度量管理风格的标准取决于经理面向任务（task-oriented）的程度，即执行现有的任务的程度是极为重要的，以及经理对周围的人的关心程度，即面向人员（people-orientation）。如果经理们对两方面都很重视，员工们就会表现得很突出——这一点儿都不奇怪。

> 需要强调的是，这里没有最好的管理风格——即取决于实际情况。

工作环境随着对工作的控制程度的改变而改变。有些工作很程序化而且可以预见（例如，处理批处理化的计算机输出），其他的是通过外部因素来驱动的（例如，帮助台）或是未来的方向不确定的状况（例如，在可行性研究的早期阶段）。如果存在大量的不确定因素，下属可能希望在面向任务的管理形式中从上级获得更多的指导；如果不确定因素减少了，面向任务的经理很可能放松下来，变得更加面向人员，这样就会产生好的结果。面向人员的经理在员工们能控制他们所做的工作时会更有益，因为他们不需要经常向上司汇报问题。于是，出现了一种争论：如果控制变得更加容易，那么面向人员的经理会对参与以任务为中心的问题感兴趣，并会出现令人不满意的结果。

研究还表明，如果组员相对来说比较缺乏经验，面向任务的方法会更有效。当组员越来越成熟之后，对他们的个人需要和渴望的考虑变得越来越重要。当成熟度达到很高的水平时，这两种方法都不需要太重视。

练习12.5 在与下面这些人员打交道时，你认为哪种管理方式最合适？

(a) 在Brightmouth学院，学院雇用了一个有多年处理学院工资经验的地方当局的前办事员来建立并管理新的工资部门。

(b) 在IOE，一个刚刚加入Amanda组的新的程序分析员。

(c) 在IOE，一个40多岁的非常有经验的程序分析员，公司前段时间把他从会计部门调到软件开发部门，他一直从事账户维护系统的系统支持工作。

12.10 小结

本章讨论的一些重要问题如下：

- 在组建新的项目组时，要考虑如何合理地把人组合在一起，并对如何提高团队合作精神进行策划。
- 小组工作对有些类型的活动有效，而对另一些类型的活动则不甚有效。
- 最需要进行相互交流的人应该有组织地安排到一起。
- 不同的情况下需要不同类型的领导风格。

- 需要认真标识在关键点上的项目参与人之间有效的沟通方式。

12.11 进一步的练习

1. Belbin方法能使要平衡的组在多大程度上与主程序员组相一致?
2. 如果你最近参与了一个小组活动或项目，试着根据Belbin分类法为每个参与者归类。这些角色中有没有重复或缺漏?这对项目的进展有什么影响?
3. 本章定义了3种不同的影响正确决策制定的心理障碍：故障启发，恶性增资，信息超载。你认为可以采取什么方法来减少每个障碍的危险?
4. 在练习12.5中，要求提出最适合三种不同情况的管理风格。复习并考虑如果自己是一个经理，你会对这三种情况作出什么反应?你会做什么实际的事情或如何避免?

第 13 章 软件质量

目的

学完本章后，你将能够：

- 向软件用户和开发人员解释软件质量的重要性。
- 学会如何更好地定义软件的质量。
- 学会如何度量软件质量。
- 监督软件项目中过程的质量。
- 使用外部质量衡量标准来确保外部供应商所提供的软件的质量。
- 使用能够增进质量的规程来开发系统。

13.1 引言

通常认为质量是“好的东西”，但在实践中系统的质量可能是模糊的、未定义的属性。因此，需要精确地定义每个系统要求的质量是什么。然而，这是不够的——我们需要客观地判断一个系统是不是符合质量需求，而这是需要进行度量的。对于像选择程序包过程中的Brightmouth学院的Brigette来说，这是特别需要考虑的。

对于像IOE的Amanda这样的开发软件的人来说，在度量之前要等待软件存在，这个过程可能会很晚才出现。她需要在最终系统仍处于开发中的时候，预测它的可能质量，而且还要确保使用的开发方法能够达到所需要的质量。这里的侧重点稍微有所不同——软件的潜在用户会尽可能地去检查供应商是否使用最好的方法，而不是把注意力集中在最终系统的质量上。本章将讨论这些问题。

13.2 软件质量在项目策划中的位置

项目策划和执行的每一个阶段都需要考虑质量，但在迭代过程中的以下地方要特别重视软件质量（见图13-1）。

步骤1：标识项目的范围和目标 有些目标与要交付的应用程序的质量是相关的。

步骤2：标识项目的基础设施 在这个步骤里，活动2.2标识了安装标准和规程。其中有一部分是必然和软件质量相关的。

步骤3：分析项目的特征 在活动3.2（分析其他项目特征——包括基于质量的特征）中，要对待实现的应用程序进行检查，看看它是否有特殊的质量需求。比如特别重视安全性，就需要增加一系列的附加活动，比如n-版本的开发，这种开发是指多个组开发同一软件的不同版本，然后并行地运行这些版本，并对输出进行交叉检查以找出差异。

步骤4：标识项目的产品和活动 在这个点上，每个活动的入口、出口和

过程需求都要进行标识。这些需求的特性将在本章后面讨论。

步骤8：评审/发布计划 在这个阶段，项目计划的整体质量方面都要进行评审。

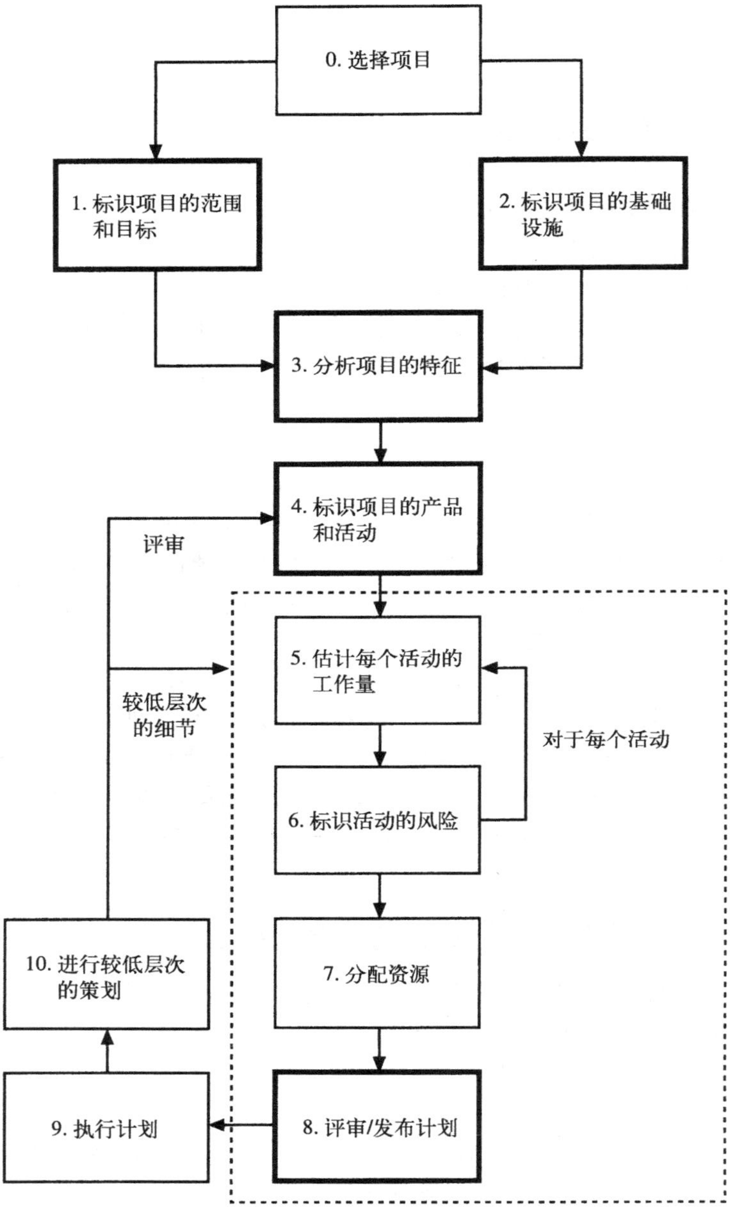

图13-1 在步进式框架中，有关软件质量的部分

13.3 软件质量的重要性

我们希望所有商品和服务的开发者都关心质量。不过，由于软件的特殊特征，尤其是软件的不定性和复杂性，因而会产生特殊的需求。

- *增加了软件的危险程度* 最终客户或者用户通常很关心软件的整体质量，特别是软件的可靠性。随着组织越来越依赖他们的计算机系统，软件越来越多地用于安全临界的应用（比如说飞行器控制）现象日渐增多。
- *软件的不定性* 这使得很难判断项目中的某一特定任务是否圆满地完成。如果要求开发者开发能够进行质量检测的“可交付物”，那么这些任务的结果就是可确定的。
- *软件开发期间积累缺陷* 因为计算机系统的开发是由多个步骤组成的，而且一个步骤的输出会输入到下一个步骤中去。所以，早期的可交付物存在的缺陷就会加到后续步骤的产品中，造成有害影响的积累。总的来说，缺陷发现的时间越晚，需要的修改的费用就越昂贵。而且，由于系统中的缺陷是未知的，因此项目的调试阶段就更加难以控制。

正因为上面提到的原因，所以说质量管理是有效地整体项目管理的一个重要部分。

13.4 定义软件质量

在第1章中我们提到一个系统有功能、质量和资源方面的需求。功能需求，即这个系统能做什么，资源需求是指可用的成本，质量需求是指系统功能的操作效果。

练习13.1 *在Brightmouth学院，Brigette需要为学院选择最好的商用工资单的软件。她应该如何进行选择呢？*

这种方法的一个要素是标识用于评判该软件的准则。这些准则应该是什么？应该如何检查软件和这些准则的符合程度呢？

一些质量特征可从用户角度加以定义，它们反映出软件的某些外部质量特性，如可用性。*开发人员*应当注意到将这些外部的质量特性映射到软件内部的因素，这时不同的质量特性间也许就会有冲突产生。例如，结构化的代码会减少出错率并且可以提高可靠性，但它也许对可用性的支持并不理想。

仅仅定义质量是不够的。如果我们想判断系统是不是符合需求，还需要能够测量系统的质量。

好的测量必须能够把单元的数量尽最大可能地关联起来，例如，程序中的最大缺陷数应该和程序的规模相关联。因此，计算*每千行代码的缺陷数*比统计*程序中所有的缺陷数*更为有用。

> 在BS ISO/IEC 15939：2007标准《Systems and software engineering measurement process》中编纂了本章节中讨论的一些实践。

努力寻找特定质量的测量有助于澄清和沟通什么是真正的质量。其实要问的是：“我们怎么才能知道我们成功了？”

当可以直接测量质量时，方法就是*直接的*；而如果测量的东西并不是质量本身，而是由某个指示器来代表质量，那么所用的方法就是*间接的*。举例来说，通过统计帮助平台上用户咨询一个通用软件的操作方法的次数就可以间接的度量一个软件可用性。

项目经理通过标识质量测量，他们就可以为项目组员定下目标。因此，必须注意的是：在已测量的质量中的改进总是很有意义的。例如，统计程序审查中发现的缺陷数，审查的越仔细越彻底，缺陷发现的也就越多。当然，如果是通过把更多的缺陷留到审查阶段以提高审查数量，而不是在早期就把它们根除，这样做是不可取的!

需要关注软件产品中的特定的质量特性，然后应该起草具有以下最小细节的质量规格说明：

- *定义/描述*：定义质量特性。
- *刻度*：测量的单位。
- *测试*：质量属性存在程度的实际测试。
- *最小的可接受值*：如果从其他特性上可以补偿，那么最差值可能能够被补偿，低于此值的产品可能会被拒绝。
- *目标值*：值的范围，计划的质量测量值在该范围内。
- *现值*：目前具有的值。

练习13.2 *建议为文字处理软件提供质量规格说明，特别要注意说明这些质量属性是如何进行测量的。*

有一些测量可以用于质量特征。例如，在测量可靠性时，可以使用以下这些测量：

- *可用性*：系统在制定时间间隔内可用的比例。
- *平均故障间隔时间*：总的服务时间除以故障次数。
- *要求故障*：系统在要求的时间不能正常工作的概率或者一项事务不能正常处理的概率。
- *支持活动*：产生和处理故障报告的次数。

练习13.3 *扩展的IOE维护工作系统已经安装完成，用户可以在周一至周五的上午8:00到下午6:00之间访问该系统。在为期四周的运行过程中，有一整天系统因为磁盘驱动的问题而不能正常访问，还有两天因为夜间运行批处理进程直到上午10:00才能正常访问。请计算服务的可用性和平均故障间隔时间。*

可维护性可以从两个不同的方面来看。用户考虑的问题是一个缺陷从发现到解决所用的时间，而软件开发经理考虑的问题是需要的工作量。

与可靠性相关的是*可维护性*，它是描述一旦发现缺陷后缺陷修复的及时程度。可维护性的关键要素是*可变性*，它描述软件是否易于修改。然而，只有发现缺陷，才能进行修改。所以可维护性可以视作可变性加上一个新的特性，即*可分析性*，它是描述缺陷原因是否便于识别。

13.5 ISO 9126

多年来，已经发布了各种不同的软件质量特性表，比如前面描述的James McCall质量特性以及Boehm的质量特性。但是，一直存在的困难是缺乏统一的好的软件质量的定义。例如，我们使用了术语“可维护性”来表示定位和修正软件缺陷的难易程度，更广义地讲还包括进行任何变更的难易程度。对有些人来讲，“鲁棒性”（robustness）是指软件的不正确输入的容错能力；而对于其他人来讲，却意味着不引入非预期缺陷的变更程序代码的能力。ISO 9126标准发布于1991年，它解决了软件质量的定义问题。这个13页的文档是作为进一步制定更详细的标准的基础而设计的。ISO 9126标准文档非常的长。部分原因是各种不同动机的人都会对软件质量感兴趣，也即：

- 从外部供应商获取软件的获取人员。
- 建造软件产品的开发人员。
- 对软件产品进行评估的独立的评价人员，他们的评估是服务于一些用户组织而并非是为他们自己开展的，例如，这些评估人员也许在评估过程中使用一些特殊的工具来辅助他们的工作。

ISO 9126将文档划分为多个部分以适应以上三种类型人员的需要。不论这段文档的规模如何，它仅仅与软件质量属性的定义有关。独立标准ISO 14598则描述了评估一个软件产品对于所选的ISO 9126的质量属性的符合度时需要被执行的规程。这也许会让人觉得不必要，但有观点认为如果环境要求这样的话，ISO 14598可以被用来评估ISO 9126中不同的质量特性集。

当前，英国主要的ISO 9126标准是BS ISO/IEC 9126-1：2001，一些技术报告为它做了补充，并在2003年把它作为临时性的标准发布了。在起草它时，此领域的一个新标准ISO 25000正在开发过程中。

外部和内部质量属性的差异已经被提及。ISO 9126也同样介绍了另一种（如下所示的）元素的质量特性——使用质量：

- 有效性：达到用户要求的精确性和完整性目标的能力。
- 生产率：避免在达到目标的同时过多地使用资源，例如工作量投入。
- 安全性：不会对人或者其他实体（例如业务、软件、财产和环境等）造成不利影响的合理的风险级别。
- 满意度：让客户微笑。

"用户"在这里包含的不仅仅是那些实际操作软件系统的人员，也同时包含那些维护和增强系统的人员。关于使用质量的理念被强调为怎样的一种软件所需的质量特点呢？即它不仅仅是软件本身的属性，也同时是软件使用中需要关心的内容。将IOE场景作为一个例子来说，假定维护工作报告程序的不同依赖于产品被服务的类型，这主要是因为在不同的情况下需要不同的输入来计算IOE的成本。即95%的工作当前包括维护复印机，而剩余的5%是关于打印机的维护。如果软件是特定编写的，那么不管是怎样好的测试，一些缺陷仍然会在可操作的系统中被发现。当这些缺陷被报告并修正了，那么软件会变得更加成熟。如果有一个快捷键，这样可以有更多的打印机维护工作被处理，而由于打印机维护处理量增长而导致错误报告增多，编码错误就会在很多的软件程序的不确定环节出现，这样就会有更多的缺陷报告产生。因此，软件使用中就涉及需求变更。

ISO 9126确定了六种软件质量特性：

- 功能性：包括软件产品提供的用来满足用户需要的功能。
- 可靠性：与软件维护其性能等级的能力相关。
- 可用性：与使用软件所要花费的工作量相关。
- 有效性：与软件执行过程中所占用的物理资源相关。
- 可维护性：与进行软件变更所需要的工作量相关。
- 可移植性：与把软件转换到不同环境的能力相关。

ISO 9126就每个主要特性的子特性给出了建议。当阐述每项主特性的含义时，它们就显得格外的有价值。

特性	子特性
功能性	适合性 准确性 互操作性 功能性符合性 安全性

“功能性符合性”是指软件和应用相关的标准或合法需求相符合的程度。通常这些标准是用来审计需求用的。自初始的1999年的草案以来，“符合性”这个子特性已经添加到所有6个ISO外部特性中。在每种情况下，这指的是可以应用到特定质量属性的任何特定的标准。

“互操作性”是ISO 9126中需要费时间来阐明的一个术语。“互操作性”是指软件和其他系统交互的能力。ISO 9126的制定者之所以选择“互操作性”而不是兼容性，原因是后者容易与ISO 9126中的“可替代性”（见下面）相混淆。

特性	子特性
可靠性	成熟度 容错性 可恢复性 可靠性符合性

“成熟度”是指由于软件产品中的缺陷所造成的故障的频率，这意味着软件使用得越多，被发现和删除的缺陷就越多。还要注意到的一个有趣问题是，已经明确区分了可恢复性和描述系统访问控制的安全性。

特性	子特性
可用性	可理解性 可学习性 可操作性 吸引性 可用性符合性

注意，区分“可学习性”与“可操作性”。一个软件工具可能学起来容易，但用起来很耗时，因为（比如）它使用了大量的嵌套菜单。这可能在间歇地使用软件时不会出现什么问题，但对于每天要使用很长时间的软件来说就不是这样了。在这种情况下，可学习性是在损害可操作性的情况下实现的。

“吸引性”是近来添加的作为可用性的子特性，而且特别重要，因为用户不会被强迫去使用一个特定的软件产品，特别是在游戏和其他娱乐产品的情况下。

特性	子特性
有效性	时间特性 资源利用 有效性符合性

特性	子特性
可维护性	可分析性 可变性 稳定性 可测试性 可维护性符合性

“可分析性”即确定故障产生原因的容易程度。

“可变性”是其他人所说的“灵活性”。后一种说法可能更好一些，因为可变性在通俗英语中有稍微不同的含义——它可能暗示软件供应商在不停地变更软件。

另一方面，“稳定性”并不意味着软件永远不会改变，它意味着对软件进行修改风险较少，将有无法预计的影响。

特性	子特性
可移植性	适应性 可安装性 共存性 可替代性 可移植性符合性

“可移植性符合性”涉及那些有关可移植性的标准。使用在许多软件/硬件环境中的标准编程语言就是“可移植性符合性”的一个例子。“可替代性”指的是在旧软件组件和新软件组件之间提供“向上兼容性”的因素。“向下兼容性”与这个定义没有关系。

新版的字处理程序包可以读取以前版本程序所生成的文档，但旧版本却不能读取新版本所生成的文档。

“共存性”是指软件与其他软件组件分享资源的能力。它不同于互操作性，必要的是没有直接的数据通过。

ISO 9126提供了质量特性的使用指南。不同质量特性的重要性的差别取决于所强调的产品类型。一旦软件产品的需求确定了，就应该进行以下这些步骤：

1）*判别每个质量特性应用的重要性*。因此可靠性将和关键安全系统有着特殊的关联，而对于一些实时系统来说，有效性将很重要。

2）*在上述有关质量优先的ISO 9126的架构里，选择外部质量度量*。因此对于可靠性来说，平均故障间隔时间将是一个重要的度量；然而对于有效性，更严格地讲是时间特性，响应时间将是一个明显的度量。

3）*把度量和反映用户满意度的等级对应起来*。例如，对于响应时间来说，可以按照表13-1进行对应。

4）*识别相关的内部度量和其所在的中间产品*。这仅仅对正在开发的软件起重要作用，并非是正在接受评估的现有软件。对于新软件，在开发阶段将对符合质量要求的产品进行评估。例如，当外部质量的时间特性出现问题时，在软件设计阶段，预计执行时间可以通过检查软件编码和计算每个指令的时间得出。在我们看来，ISO 9126标准建议的内外部质量特性和度量之间的对应是此方法中的最低信任要素。在这一点上提供指导的一部分标准是一个技术报告，它没有完整的标准那么具有权威性。它承认内外部标准的对应可能很难，而且必须确认在特殊情况下两者之间有着重要的关联。这表明了现实中检测编码结构的软件开发的实际问题，而且从这个问题中尝试着去准确预测外部质量，例如可靠性。

表13-1 度量和用户满意度的对应

响应时间（秒）	等 级
<2	超过期望值
2～5	在目标范围内
6～10	可接受底线
>10	不能接受

根据ISO 9126，可能作为软件最后质量指标的度量可以在生命周期的不同阶段采用。对于产品来说，早期阶段这些指标可能是定性的。比如，它们可以依据与专家评价通过的预定义标准一致的检查单。由于产品即将完成，客观的、量化的度量将开始实行。

5）*产品质量整体评价*。有没有可能引入一个值来表达对软件产品质量的整体评价呢?这是一个有争议的问题。显而易见，我们所讨论的质量可以各不相同。在某些情况下，它可能是一个软件产品质量的体现，也可能对另一个软件产品不利。比如，时间特性和资源利用的有效性特性可以通过探索操作系统和软件环境在它所运作软件中的特殊特性得以提升。然而，这可能是以可移植性为代价的。另一个不支持把不同质量特性评估结合起来的因素是：它们实际上可以完全不同而且可以按照不同方式进行测量，这一因素使比较和结合成了问题。

前面已经注明，可以有很多理由来开展质量评价，以支持软件开发、采购或者独立评估。

在软件产品的开发过程中，通过把开发者的想法集中到关键质量要求上来的必要性，评估工作可以得到推动。目标将是识别早期可能的弱点，而且在此情况下可能没有必要进行质量整体评价。

当潜在用户为了选择最符合他们目标的产品而对大量不同软件产品进行评价时，结果将是产品A比产品B或者C更让人满意。这里有相关的满意度，而且它告诉我们这些满意度的形成是有一个标准模板的。一种方法把一些质量等级视作必须。如果一种产品没有达到必需的等级，它必须被拒绝，不管它是多么地好。其他的特性也可能需要，但不是必需的。这样用户的满意度级别可以在0～5之间。它可以把拥有一些功能的客观度量作为根据，把不同的度量值和不同等级的用户满意度联系起来，见表13-2。

除了满意度的等级，1～5等级可以用来反映每个质量特性的重要程度。多少有点重要的质量的分数可以通过将每个质量分数乘以重要性权重得出。这些权重分数相加后就能得到产品的总体分数。然后不同产品的分数可以进行排序得出最初的优先选择列表。例如，两个产品的质量可以以可用性、有效性和可维护性的方式进行比较。这些质量的重要性可以分别规定为3、4、2等，其中最大值是5。质量测试可能最终产生表13-3所示的分数。

这里的问题是把客观的度量数据映射成为客户主观满意度。

表13-2　响应时间和用户满意度对照

响应时间(秒)	质量分数
<2	5
2～3	4
4～5	3
6～7	2
8～9	1
>9	0

表13-3　权重质量分数

		产品A		产品B	
产品质量	重要性评定(a)	质量分数(b)	权重分数($a \times b$)	质量分数(c)	权重分数($a \times c$)
可用性	3	1	3	3	9
有效性	4	2	8	2	8
可维护性	2	3	6	1	2
总分			17		19

质量评价可能产生的最后一个情况是评价人代表着用户群体的整体利益。比如，有可能一位专家人士正在对支持成员工作实践的软件工具进行评价。与个体用户或消费者的选择不同，这样会有对软件进行积极性评价的取向，独立于一个特殊用户的环境。很显然这样一个实践的结果将在很大程度上发生变化，因为每个软件特性被赋予的权重不同，而且不同的用户在这个方面也有着完全不同的需求。在这里需要尤其注意。

13.6　产品与过程质量管理

前面描述的度量是关于产品的。在采用基于产品的项目策划和控制方法的情况下（该方法是PRINCE 2项目管理方法所提倡的），关注产品是很自然的。不过，我们也都看到了，当计算机应用建立起来以后，这种方法更容易用来测量产品质量，而并非是在它的开发阶段。尽管我们可以测量在开发项目的早期阶段创建的中间产品属性，并且可以用它来预测最后应用的质量，但是在实际操作中的难度太大了。在这一部分中，一个可以在将来探索的替代方法是通过软件产品的开发仔细检查过程的质量。

系统开发过程由很多相互联系的活动组成，一个活动的输出就是下一个活动的输入（参见图13-2）。在任何阶段，过程中都可能出现错误，它们可能因为过程实施中的缺陷而产生（比如当软件开发者在软件逻辑中的缺陷），或者是因为在开发阶段信息没有清楚明确地传递。

注意，极限编程倡导者认为，在后期阶段修改软件需要的额外工作量过去可能被夸大了，但不管怎样，这种做法通常总是能为软件增加价值的。

早期阶段的错误在后期阶段改正的成本会更高。因为在错误发现之前的所有已经完成的开发步骤都需要返工。假设在测试阶段发现了规格说明中的错误，意味着规格说明和测试之间的所有阶段都要进行返工。每个后续阶段更加详细，尽量避免变更。

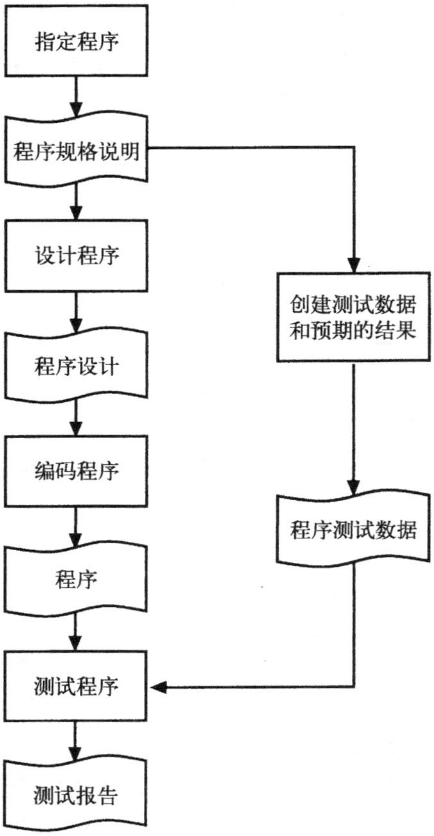

图13-2 过程和可交付产品的次序的例子

因此，如果在每个阶段的可交付产品提交给下一个阶段之前进行详细地检查，就可能根除错误。要达到这个目的，每个步骤都需要指定下面这些过程需求：

这些需求可能分布在安装标准中，或者软件质量计划可以为特定项目起草，如果它是一个主要项目。

- 入口需求 在活动开始之前都必须就位。例如，在程序测试开始之前，要准备并确定一套综合的测试数据和预期的结果。
- 实现需求 定义了如何执行过程。例如，在测试阶段，可以规定一旦发现并修正了缺陷，所有的测试都必须重新进行，包括那些之前已经证明了能正确运行的。
- 出口需求 在认为一项活动完成之前所需要实现的需求。例如，要确定测试过程已经完成了，那么所有的测试都必须在没有发现缺陷的情况下成功地完成。

练习13.4 什么情况下一个活动的入口条件和它之前的那个活动的出口条件有所不同？

练习13.5 图13-2中的“编码程序”应该规定什么样的入口和出口需求？

13.7 质量管理体系

13.7.1 BS EN ISO 9001：2000

IOE已经作出决策，即让外部的承包商来开发年度维护合同系统。作为使用外部承包商的客户，自然需要关心承包商交付的标准。*质量控制*（quality control）包括对于承包商交付的所有软件进行严格地测试，对于存在缺陷的工作产品需要返工。这些活动是非常耗时的。另一种方法是关注*质量保证*（quality assurance），在IOE案例中，需要检查承包商的质量控制活动的有效性。这个方法的关键要素是确保承包商建立了适当的质量管理体系。

包括英国标准协会（BSI）在内的许多国家和国际的标准团体都不可避免地参与了质量管理体系标准的创建。英国标准现在称作BS EN ISO 9001:2000，它和国际的ISO 9001:2000标准完全相同。像ISO 9000系列的标准都试图确保一个监督和控制系统能正确地检测质量，它们考虑的是对开发过程的证明，而不是对最终产品，像安全帽和电器那样加上一个规格证明标志。ISO 9000系列从普遍意义上来管理质量体系，而不仅仅针对软件开发环境。

ISO 9000描述了质量管理体系（QMS）的基本特征并定义了所用到的术语。ISO 9001描述了QMS是如何应用于产品的制造和服务的提供的。

在这些标准的价值上有一些争论。Stephen Halliday就许多客户使用这些标准意味着最终产品达到了核定的标准有些疑虑，虽然他在《The Observer》中写道：“*这和开发出来的产品质量无关。你制定自己的规格说明，就不得不维护它们，而不管它们可能有多差。*”他还认为，获取认证是一个昂贵而且耗时的过程。可以缩短这个过程，而让事情在不利的情况下同样顺利发展。最后，人们还担心，对认证的过度重视会使人们忽视开发高质量产品的实际问题。在第4章我们已经讨论过另外一个本末倒置的例子。

这些暂时搁到一边，让我们看看这些标准是如何起作用的。一个主要的任务是找出那些属于质量需求的内容；定义了需求之后，就应该检查系统是否实现了需求并在必要的时候采取纠正措施。

13.7.2 BS EN ISO 9001：2000 QMS需求概述

该标准建立在以下这些原则之上：

- 组织理解客户的需要，这样才能满足甚至超过这些需求。
- 领导层为达到质量目标具有统一的目标和方向。
- 各级员工参与。
- 关注要执行的能够创建中间产品或可交付产品和服务的个别过程。
- 关注创建与已交付产品和服务的相互关联过程的系统。
- 持续的过程改进。
- 决策制定基于实际的证据。
- 建立同供应商的互惠关系。

> 记住，这些标准是为各种生产过程设计的——并不仅仅是为软件开发。

应用这些原则的方法贯穿在包括以下活动的整个生命周期中：

1）确定客户的需要和期望。

2）建立质量方针，也就是使组织的目标与要定义的质量相关联的框架。

3）设计能开发产品（或提供服务）的过程。这些产品具有组织质量目标中所指定的质量。

4）为每一个过程元素分配职责来实现这些需求。

5）确保能获得足够的资源使每一个过程都能适当地执行。

6）设计每个过程有效性和效率的度量方法有助于实现组织的质量目标。

7）采集度量值。

8）标识实际度量值和目标值之间的差异。

9）分析产生差异的原因，并为消除这些原因采取行动。

上面所说的规程应该以持续改进的方式来设计和执行。如果正确地执行，则能产生有效的QMS。ISO 9001更为详细的需求包括：

1）*文档*　包括目标、规程（以质量手册的形式）、计划以及与过程的实际操作相关的记录。文档必须置于变更控制系统之下，确保它是最新的。本质上，文档必须能向局外人说明QMS存在，而且严格地遵守了QMS。

2）*管理责任*　组织需要说明QMS和与质量目标相一致的产开发品和服务的过程得到了积极的、适当的管理。

3）*资源*　组织必须确保把足够的资源应用于过程中，包括合适的得到培训的员工和合适的基础设施。

4）*产品*　应该有以下特点：

- 策划。
- 客户需求的确定和评审。
- 建立客户和供应商之间的有效沟通。
- 得到策划、控制和评审的设计和开发。
- 充分并清楚地记录设计所基于的需求和其他信息。
- 设计成果要得到验证和确认，并以能为使用该设计的人提供充足信息的方式记录下来。
- 对设计的变更要进行严格的控制。
- 用适当的方法来规定和评价购买的组件的质量。
- 商品的开发和服务的提供必须在受控的条件下进行——这些条件包括提供足够的信息、工作指导、设备、度量工具和交付后的活动。
- 度量——用来说明产品符合标准和QMS是有效的，并且用来改进开发产品或服务的过程的有效性。

练习13.6　*开发软件所涉及的过程之一，是系统测试和随后遇到缺陷后对应用程序所进行的修改。如果软件开发组织想要符合BS EN ISO 9001：2000，会对软件的系统测试产生什么影响？*

练习13.7　*牢记前面提及对BS EN ISO 9001的批评，在将质量要求非常高的某些工作承包给具有BS EN ISO 9001证书的供应商时，项目经理应该采取什么防范措施？*

13.8 能力过程模型

客户们可能不仅仅要检查正使用的系统来发现缺陷，而且还需要检查供应商正使用的软件开发方法和工具能否开发高质量的软件产品。例如，如果客户知道软件供应商使用的是结构化的方法，他们可能会觉得更放心。在美国，卡内基-梅隆大学的软件工程研究所（SEI）已经开发了很有影响力的能*力成熟度模型*（CMM）。其中SW-CMM是专门针对软件开发的。最初，CMM是SEI受美国国防部资助开发用于评价软件供应商的能力的。CMM的最新版本、集成CMM或者称为CMMI是把不同应用环境的能力成熟度模型集成到一个框架中去。

参见H. S. Watts著的《Managing the Software Process》，Addison-Wesley，纽约，1989。

这些模型把开发软件的组织归到五个不同的过程成熟度等级，每个等级表示这些组织软件开发实践的复杂度和质量。这些等级定义如下：

1级：*初始级* 遵循的规程是随意的。有些项目可能会成功，仅仅是因为某个人的技能，包括项目经理在内。因为没有0级，所以组织默认都属于这个等级。

2级：*已管理级* 这个等级的组织有基本的项目管理规程。然而，单个任务的完成情况完全取决于做这项任务的人。

3级：*已定义级* 组织已经定义了软件开发生命周期中每个任务应该完成的方法。

4级：*已量化管理级* 软件开发中涉及的产品和过程都必须进行度量和控制。

5级：*优化级* 能使用从度量过程中获得的数据来设计和实现对规程的改进。

除了默认的等级1之外，对于每一个等级来说，*关键过程域*（KPA）已经得到标识以区分当前等级和较低的等级。这些关键过程域都列在表13-4中。

由进入组织的评估小组进行评估，并使用标准的调查问卷对主要员工就实践方面进行访谈。关键目的并不是为了评估，而是给出如何采取特殊的行动使组织达到更高的等级。

表13-4 CMMI关键过程域

等级	关键过程域
1. 初始级	不适用
2. 已管理级	需求管理，项目策划，监督和控制，供应商协议管理，度量和分析，过程和产品质量保证，配置管理
3. 已定义级	需求开发，技术解决方案，产品集成，验证，确认，组织过程焦点和定义，培训，集成项目管理，风险管理，集成团队，集成供应商管理，决策分析和决定，集成的组织环境
4. 已量化管理级	组织过程性能，量化项目管理
5. 优化级	组织创新和部署，原因分析和决定

13.8.1 ISO 15504过程评估

ISO 15504是用于过程评估的一个标准，它和CMMI有着很多相同的概念，在英国，这个标准的主要参考是BS ISO/IEC 15504-1:2004。

这两个标准是兼容的。CMMI是为软件开发过程评估提供指导的标准，因此必须要有一些基准或者*过程参考模型*，以免太多的过程放在一起进行比较。过程参考模型展现了理想的开发生命周期，以免实际的过程被比较。各种各样的过程参考模型可以使用，但默认的模型是在ISO 12207中描述的那个。ISO 12207已经在第1章中简要讨论过，它描述了主要的过程，比如在典型的软件开发生命周期里的需求分析和构架设计。

每个将要进行评估的过程将参照表13-5中的9个过程特征为基础进行判定。

比如，对于要在等级3评估的过程，等级1和等级2也应该已经达到。

表13-5 过程能力的ISO 15504 框架

等级	特征	评论
0. 未实现		过程没有实现或者不成功
1. 已执行的过程	1.1 过程性能	过程产生它的已定义结果
2. 已管理的过程	2.1 性能管理	适当管理和监督过程
	2.2 工作产品管理	适当定义和检查工作产品，确保符合要求
3. 建立过程	3.1 过程定义	对将要实施的过程进行定义
	3.2 过程部署	正确培训员工来执行已定义的过程
4. 可预测过程	4.1 过程度量	为了监督性能，对每个子过程和收集来的数据设立量化度量目标
	4.2 过程控制	如果对目标的偏离是不可接受的，则采取基于4.1的纠正措施
5. 优化	5.1 过程创新	作为4.1所采集数据的结果，识别改进过程的机会
	5.2 过程优化	对过程改进的机会进行评价，并且在适当的地方有效实施

当评估者判定过程特征符合哪个等级时，他们按照以下分数进行分配:

等级	解释
N（没有完成）	0～15%完成
P（部分完成）	15%～50%完成
L（大部分完成）	50%～85%完成
F（圆满完成）	85%完成

为了对过程在一定等级上的完成情况进行过程评估，指标必须能提供评估的依据。例如，评估组织的需求分析过程。评估者希望判断组织是否达到第3等级，即存在已建立的过程。评估者可能会在规程手册中找到与需求执行活动相关的内容，这表明过程已经被定义（表13-5的3.1）。也可能是在需求分析过程的各个步骤完成时签署的控制文档，这表明已定义的过程确实被实施（表13-5的3.2）。

13.8.2 实施过程改进

CMMI标准现在已经超过500多页，为了避免陷入细节的介绍，本章节主要阐述如何有效使用这个通用的方法。首先假设一个场景。

UVW公司主要生产包含有精密控制软件的设备。该设备也生成电子格式的错误日志以及性能数据。该公司同时生产用于读取、分析和查询这个数据的软件。

控制和分析软件的开发和维护是由软件工程部门负责。在这个部门之内，有独立的小组负责针对不同类型设备的软件。部门中有一个由6个系统设计人员组成的小组，Lisa是这个小组的负责人。

她的小组负责开发一个新的控制系统并维护某个现有产品线的软件。维护和新开发工作之间的界限很模糊，因为有时候可以通过对原有软件组件进行修改以完成新的软件的创建。

有一个独立的系统测试小组对新的控制系统软件进行测试，但不进行错误纠正以及对已发布系统的适应性的维护工作。

项目工程师负责管理新控制系统项目，包括软件和硬件方面。项目工程师不是软件专家，主要是以顾问的身份对软件小组组长（例如Lisa）提出要求。作为软件小组组长Lisa为若干不同项目的项目工程师工作，但是在UVW组织结构关系中，Lisa隶属于软件工程的领导。

新控制系统开始时，项目工程师编写软件需求文档，文档需要由软件小组组长进行评审，通常在修改之后，他们对软件需求文档达成一致，然后将软件需求文档的副本提交给系统测试小组，以便他们编写系统测试用例和准备测试环境。

如果Lisa被指定为该项目的软件小组组长，她将负责编写架构设计文档，该文档描述需求和软件组件之间的对应关系。这些组件将被分配到工作包中，Lisa小组的组员们将负责完成这些工作包。

UVM小组迅速完成代码的编写并将代码上载到最新开发的硬件平台上，准备进行最初的调试。当软件和硬件工程师发现不一致、错误和功能缺失时，总需要变更需求进而变更软件。并且将这些变更告知系统测试小组，但也不是所有的变更都需要。当开发人员完成系统的开发和调试，便可以提交给系统测试小组，供其进行交付之前的最终测试。

导致Lisa小组延期交付可能有以下4个主要原因：

- 软件工程领导和项目组长之间的沟通存在问题，导致兼任新系统开发和维修工作的资源被过度分配。
- 对于原型系统的最初测试，常常导致主要的新需求被识别出来。
- 变更请求没有被有效的控制，变更导致的对于软件开发工作的需求可能大大超出计划。
- 因为大量的缺陷需要修复，可能导致系统测试延期完成。

我们看到可以改进的方面是很多的，问题就是如何着手进行改进。像CMMI这样的方法就能帮助我们识别改进步骤的顺序。有一些步骤需要在其他的步骤完成之后才能开始。目前紧迫需要的改进是引入更加正式的计划和控制措施。我们至少能够评价问题的规模，即便不能解决所有的问题。假定一个软件需求，正式的计划能够更仔细地考虑员工的工作负荷。计划的监督活动能使管理者识别出项目的紧急问题。有效地变更管理流程能使管理者更加清楚地认识到系统功能的变更会导致项目的延期。这些过程改进能使组织的成熟度由1级别提升到2级别。图13-3描述了在成熟度级别上是如何构想项目管理系统的。

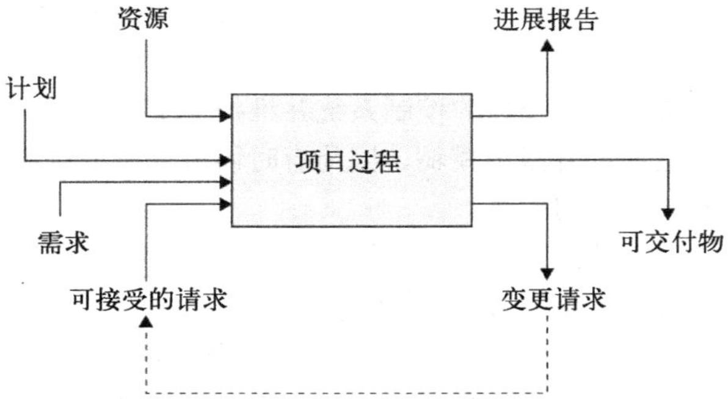

图13-3 把项目当作一个“密闭的盒子”

下一步就是详细定义与开发生命周期的各个阶段相关的流程，参见图13-4。当组织完成每个开发任务的流程定义并确保这些流程被实际执行，那么它的成熟度将提升到3级别。

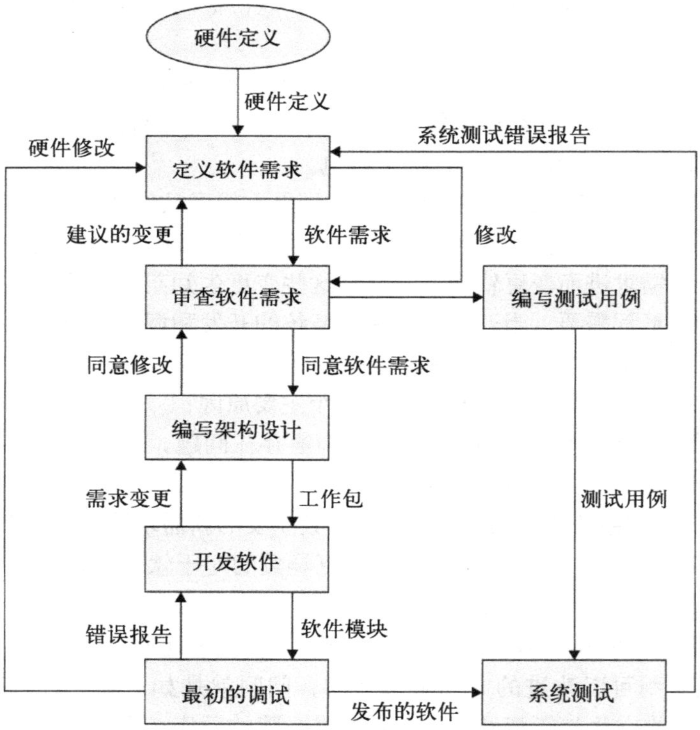

图13-4 流程图

练习13.8 *管理者为开发活动分配适当工作量所需的信息流，没有体现在图13-4中。请修改该图，增加这些信息流。*

当有更加正式的流程时，需要监督流程组件的特性。例如，我们可以获得系统测试阶段所发生的变更报告和系统缺陷的数量。除了关于产品的信息之外，我们还可以收集流程自身的信息。这有助于在问题发生时迅速地采取有效的补救措施。这时开发流程被适当地管理起来，组织的成熟度被提升到4级别。

最后，成熟度在5级别的组织利用收集到的信息改进流程模型。例如，软件需求变更显然是缺陷的主要来源，所以需要对此流程进行改进。又例如，系统的硬件组件可以用软件工具来模拟，这能帮助硬件工程师编写出现实可行的设计从而减少变更，甚至可以开发控制软件并对照被模拟的硬件系统进行测试。这样可以更早更经济地解决技术问题。

13.9 有助于提高软件质量的技术

在软件质量的讨论中出现了三个主要的主题：

- *增加可见性* 在使软件开发过程更加可视化的运动中，一个显著标志是美国软件大师Gerald Weinberg 提出的“非自我编程”。Weinberg鼓励这样简单的实践，即程序员们彼此阅读对方的代码。
- *过程性结构* 起初，虽然有一些指导方针，但程序员编写程序或多或少是自由的。多年来，在软件开发周期中为每一个过程详细地规定步骤的方法有了很大的发展。
- *检查中间阶段* 就人性而言，尽快地开发工程项目，直到生成能进行调试的“工作模型”（当然，不管有多差）的想法是必然的。质量实践取得成功的重要因素之一是在早期的概念阶段要重视检查工作的正确性。

参见Gerald Weinberg，《The Psychology of Computer》，银年纪念版，Dorset House, 1998。

早期生成的系统工作模型在建立原型方面仍然是很有用的。

如今，逐渐有这样一个转变，从仅仅依赖对中间阶段产品检查到建立由大量的相对独立的较小组件构成的应用系统，这些组件可以迅速开发并能在早期阶段进行测试。这样可以避免一些问题的出现，就像前面说过的，避免在早期设计文档中预测软件的外部质量。但是这并表示可以不仔细地检查组件的设计。

下面详细介绍几种特殊的技术。通过越来越多地使用*走查*（walk-through）、*审查*（inspection）和*评审*（review），可以使开发过程更加可视化。促进规程性结构的运动难免导致对结构化编程技术及后来的“*净室*”软件开发思想的讨论。

日本在产品质量方面的戏剧性提高引起了人们的兴趣，并使人们大量地讨论他们采用的质量技术，如质量循环的使用，下面会简要介绍这个方法，其中一些观点在审查和净室开发上是有差异的。

13.9.1 审查

审查可以应用于任何开发阶段产生的文档。例如，需要评审测试用例——虽然由于它们的低质量可能使缺陷在操作运行中出现，但它们的产生通常不是明确的任务。

审查的意思是在完成一项工作的时候，要把工作的副本分发给合作者，让他们检查工作中的缺陷。然后，开会讨论工作并产生需要返工的缺陷列表。例如，要检查的工作可能是没有编译缺陷的程序清单。

我们使用这项技术的经验是：

主要问题是如何维护参与者在评审的新鲜劲消失之后，承诺彻底检查分配给他们的工作。

有时候称作“同行评审”（peer review），“同行”指的是同等的人。

- 在去除表面缺陷时，审查是非常有效的方法。
- 鼓励开发人员产生结构更好的、不需要加以说明的软件，因为如果不这样做，他们知道其他人会对此提出批评。
- 能促进优秀编程实践的传播，因为参与者会讨论每一份代码的优缺点。
- 能加强团队精神。

评审的工作通常是由同一工作领域的同事来进行，因此，比如程序员的工作就可以让他们的同伴来评审。不过，为了减少不同阶段之间的不正确地沟通问题，生成这个产品阶段的之前和之后的阶段都需要有代表。

IBM使评审过程更加结构化和形式化，而且进行统计来说明评审过程的有效性。Fagan审查方法（以IBM公司率先提出这个技术的员工命名的）是更加形式化的过程，它由经过专门训练的“协调员”而不是开发者本身来进行评审。

13.9.2 Fagan方法的基本原理

参见M. E. Fagan (1976)发表的文章“Design and code inspections to reduce errors in program development”，*IBM Systems Journal*, 15(3)。

- 对于所有主要的交付物都要进行审查。
- 所有类型的缺陷都要记录——不仅仅是逻辑或功能缺陷。
- 审查应该由（除高层领导以外的）各级同事来执行。
- 采用预先规定的步骤进行审查。
- 审查会议不能超过两个小时。
- 审查是由经过特殊技术培训的*协调员*来领导的。
- 为其他参与者定义了不同的角色。例如，一个*记录员*，记录下所有发现的缺陷；一个*阅读员*，引导其他参与者阅读要审查的文档。
- 使用检查单来协助缺陷查找过程。
- 检查材料的理想速度是每小时100行。
- 维护统计数据，以便监督审查过程的有效性。

练习13.9 *比较和对照前面描述过的同行评审过程和被视作极限程序一部分的结对编程。*

13.9.3 结构化编程和净室软件开发

E.W.Dijkstra在1968年给一个学术性的计算机期刊写了名为“Go To Statement Considered Harmful”的信。可是，这封信导致了这样的共识，即结构化编程只是不使用GO TO语句。

20世纪60年代末期，软件变得越来越复杂，而人脑记住细节的能力却仍旧很有限。人们还发现不可能完整地测试任何实质性的软件块——因为存在太多可能的输入组合。最好的测试只能够证明缺陷的存在，而不能证明缺陷不存在。Dijkstra和其他人认为，唯一能让我们确信软件正确性的办法是实际地检查代码。

人们认为，处理复杂系统的方法是把它们分解成人们能理解的大小合适的组件。对于大型系统来说，组件和子组件形成了层次结构。要想让这种分解合适，每个组件必须是自包含的，即只有一个入口和一个出口。

结构化编程的思想被IBM的Harlan Mills等人进一步发展成“净室”软件开发的概念。

对于这种开发方式来说，有三个独立的团队：

- *规格说明团队* 获得用户需求及估计系统中每项功能占用容量的使用

剖面（usage profile）。

- 开发团队　开发代码，但不对生成的代码进行平台测试。
- 认证团队　进行测试。

任何系统可以由增量来产生，每个增量应能被最终用户实际使用。开发团队不进行调试，不过，所有的软件都必须由他们用数学技术进行验证。理由是随便编写出源代码，随便编写测试数据，然后又进行胡乱修正的软件只能是不可靠的。

认证团队执行测试，直到统计模型表明缺陷密度已经减少到可接受的程度。

使用剖面反映了评估使用质量（前面讨论ISO 9126时提到过）的需要。第13.10节将做进一步讨论。

13.9.4　形式化方法

前面谈到了用数学验证技术在净室开发中的使用。这些技术使用明确的基于数学的规格说明语言，比如Z和VDM。它们被用来定义每个过程的*前置条件*和*后置条件*。前置条件定义了开始处理之前一个过程所操作的各个数据项的允许状态。后置条件定义了过程执行后那些数据项的状态。由于数学符号是精确的，因此用这种方法表示的规格说明应是明确的。另外，数学上证明（类似于你在学校中学到的用于证明毕达哥拉斯定理的方法）某个特定算法在处理前置条件定义的数据后产生后置条件是可能的。尽管多年以来声称使用形式标志来定义软件规格说明是有效的，同时在大学中也被广泛地讲授，但是在主流的软件开发中还是很少使用。对象约束语言（Object Constraint Language, OCL）是形式化方法的新发展，它增加了UML模型的精确度、无二义性和详细度。例如，关于一个命名属性的有效的值域。它使用无二义的、非数学的标志，这样使得熟悉类似Java编程语言的开发人员相对容易掌握。

13.9.5　软件质量循环

人们对日本的软件质量实践很感兴趣。"日本式"方法的目标是为了减少最终产品中的缺陷而检查并修改开发过程中的活动。测试和Fagan审查有助于消除缺陷——但同一种缺陷能在一个过程创建的后续产品中重复出现。发现缺陷的根源能够消除这种重复。

通过*质量循环的信息*，员工们能够参与缺陷根源的标识。质量循环可以在组织的所有部门中设定，包括开发软件的部门，它们被称为软件质量循环（SWQC）。

质量循环是4～10个在相同领域内工作的人自发组成的小组。他们每星期开一个小时的会来标识、分析并解决与工作相关的问题。他们中有一人是组长，要有一个外人，一个能在过程方面给出建议的*推动者*（facilitator）。为了让质量循环能更有效地工作，需要给予一定的培训。

质量组一起选择一个影响他们工作的紧迫问题。他们发现自己所关心的是问题的原因，并且决定了解决这些问题的一系列行动。通常因为资源或者可能的组织局限，他们在实施过程改进之前必须把观点呈现给管理者，以获得允许。

练习13.10 质量循环和评审小组之间的主要区别是什么？

和质量循环同样相联的是最可能缺陷列表的汇集。例如，在IOE，Amanda可能发现年度维护余同项目因为需求规格说明中的缺陷而延期了。项目组就会集合起来，花一定时间建立一张需求规格说明书中最常见的缺陷类型列表，然后利用这张表来确定减少每一种缺陷类型的方法。例如，他们可能会建议测试要和需求规格说明同时产生，而且测试用例必须在审查过程中进行试用。结果是在进行需求规格说明审查时使用的检查单。

13.9.6 经验教训报告

组织提高绩效的另一个方法是在项目结束的时候立即反思项目绩效，这时所有心得体会还很清晰；反思结果作为经验教训用于将来的项目。在项目结束的时候，项目经理需要编写经验教训总结报告。我们要将它和*后实施回顾*（Post Implementation Review, PIR）进行区分。PIR是在新系统运行一段时间之后进行的，主要关注的是新系统的效率而不是项目的过程。为了保证中立性，PIR通常由独立于项目之外的人员完成。PIR的结果一般是关于提高现有系统效率的变更建议。

项目一旦完成，项目经理需要尽早地编写经验教训总结报告，因为在项目完成之后项目组成员可能会被分配新的工作任务。常见的问题是，如果组织中没有明确规定需要采纳经验教训总结报告中的建议的话，那么将很少有人会采取相应的行动。

13.10 测试

软件系统质量的最终判断标准是系统是否能正确地运行。这章节讨论测试的策划和管理，测试中最叫人头疼的问题是在某一时刻还有多少的测试工作没有完成，这一工作量的估算依赖于一个不确定的因素，即代码中还隐含有多少缺陷。这里我们将简要地讨论一下如何处理这个问题。

在第4章中介绍过的V模型是瀑布模型的一种扩展模型。图13-5给出了这一模型的图形表示。它强调了和创建项目工作产品活动对应的各种确认活动的重要性。

V模型可以看作对于瀑布模型中的“测试”活动框的扩展。每一步都有相应的确认过程，但发现缺陷时会导致返回到相应的开发阶段并对后续步骤进行返工。在V模型的左边的活动序列中，当某个活动和其后续活动之间存在不一致时会导致上述的回退。例如，系统设计人员设计了一个以某种方式进行的演算，但是编码人员没有正确地理解设计，在系统测试阶段，系统设计人员可能负责确认软件是否满足设计要求，这时可能会发现编码活动中编码人员对于设计的误解。

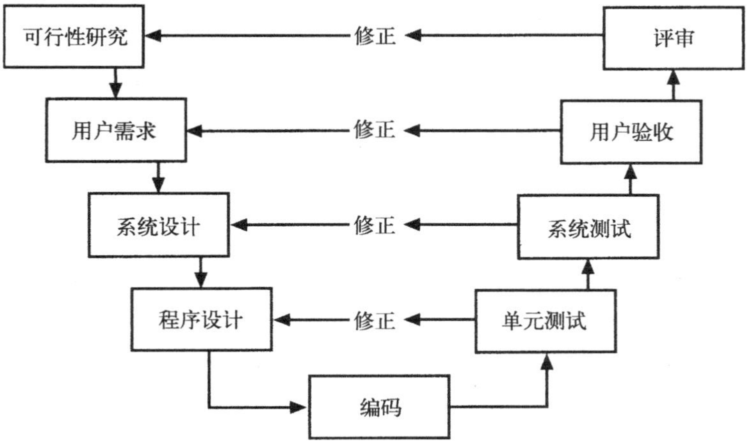

图13-5 V模型

在一开始的时候，使用V模型作为框架来确定需要执行测试的类型和数量。一个最明显的例子就是，如果购买现成的软件产品，就没有相应的设计和编码阶段，那么程序测试也就不需要，但是仍然需要开发用户需求，所以用户验收测试还是需要进行的。

*黑盒测试和白盒测试*可能会被混淆。验收测试就是一种黑盒测试，测试人员并不知道软件的内部结构。他们输入典型的业务交易并检查软件是否按照客户需求进行反馈。对于白盒测试，测试人员需要了解软件的内部结构，并需要创建测试用例以检查代码中的特殊路径，例如最初的代码测试活动。另外就是验证和确认的区别。验证主要关注应用的真实性和正确性，就是符合规格说明书的程度。确认更关注于“值”——它做的目的是为了工作。程序测试可以在代码和它的规格说明之间找到完美的匹配。即便如此，验收测试也可能发现正确开发的程序是无用的，因为编写规格说明书的设计人员对于需求的错误理解。

在策划阶段还有一个问题就是由谁来执行测试活动。有的组织建立独立的系统测试小组，在软件发布之前独立地评价软件的正确性。有的组织设立专职的测试角色，但是和开发人员一起工作，而不是建立独立的测试小组。独立的测试组进行最终的质量检查，有时候可能意味着开发人员会依赖于这个安全措施而忽视自身开发的产品质量。

确定了测试的类型和测试执行人，接下来需要完成*测试计划*。这个计划中将描述如何建立*测试环境*。需要特别关注的是用于控制设备的软件，在这种情况下，需要创建硬件配置。在开发周期中，需要基于功能说明文档编写*测试用例*。作为测试依据的文档依赖于所执行的测试类型，例如系统测试的依据是系统规格说明书。

除了功能描述之外，还需要考虑*使用剖面*，研究表明最常使用到的模块引起的缺陷可能是最多的。在AT&T Bell实验室工作时，John Musa指出通过评价每个模块的可能的使用次数来降低运行故障率。越常使用的组件越是需要被严格地测试。

参见John D. Musa和A. Frank Ackerman (1989) 发表的“Quantifying software validation: when to stop testing”，*IEEE Software*，May，19－27。

为每个事务编写一组输入和期望输出。如果在操作运行时还有错误存在的话，那就意味着软件开发人员在某处代码中注入了错误，同时也意味着测试人员编写的测试用例没有能够检查出这个错误。所以测试用例是很有价值的，需要对它进行和代码同等详细程度的评审。如果将测试的输入编写成自动测试工具执行的脚本文件，这种文件将在工作站模拟用户输入数据，它的价值将进一步增加。这个模拟器也可检查实际输出和期望输出。

执行测试用例时，测试人员可能会提出问题，即实际和期望之间的差异。需要有正式记录这些问题和后续过程的方法，评审人员对这些问题进行判定。这个评审的输出物可能是以下情况中的一种：

- 问题被拒绝，因为测试人员对于需求理解错误。
- 问题被标识为缺陷，需要开发人员进行修复。当软件开发是由承包商负责时，那么需要由承包商承担修复缺陷的成本。
- 确认软件是符合需求的，但是之前双方达成一致的需求实际上是不正确的。修改这个问题就意味着增加新的需求，承包商需要收取额外的费用。
- 问题被标识为缺陷，但是把视作不合格项进行处理，应用系统仍然保留着这个错误运行。

当纠正完成之后，测试需要重新执行。需要花费额外的工作量来创建自动测试脚本。为了纠正错误而产生的变更可能会导致引入新的错误。当代码修改完成之后，所有已经执行过的测试都需要再次执行，这就是*回归测试*。

之前我们提到，估算一个正在测试中的系统还有多少错误是一个难题。测试开始时，有种相对简单的方法来估算代码的错误数。简单地说，较大的程序可能会包含较多的错误，如果从历史项目中收集错误数据，可以获得每千行代码所包含的错误数。这个数据可以用来对已知规模的新系统所包含的错误数进行合理的估算。

在实际测试中，将对这个估算值进行确认。一种建议的方法是在软件中植入错误。这个操作方法是一个或者多个人员完成代码检查之后，将错误保留在代码中。比如说，发现了10个错误，假设在之后的第一轮测试中发现了30个错误，其中有6个属于这10个已知的错误，即发现了60%的植入错误。推算出大概还有40%的错误还没有被发现，即20个错误（其中有4个是已知的错误）。软件中总错误数的估算公式如下：

（已发现的错误总数）/（已发现的植入的错误数）×（植入的错误总数）

参见Tom Gilb (1977)著的《Software Metrics》，Winthrop Publishers，Cambridge，MA。

你可能会认为故意在软件中植入已知的错误不那么正大光明，也许更能接受Tom Gilb提出的方法，该方法与上述方法有细微的区别——由两个评审人员或者一组评审人员对同一代码进行评审或者测试。他们彼此独立工作，收集以下三个数据：

- n_1，A识别的错误数。
- n_2，B识别的错误数。
- n_{12}，A和B都识别出的错误数。

A和B都识别出的错误数占A和B分别识别出的错误数的比率越小，软件所包含的错误数就越多。总错误数的估算公式如下：

$$n=(n_1 \times n_2)/n_{12}$$

例如，A发现了30个错误，B发现了20个，两人都发现的有15个，那么总错误的估算值是：(30×20)/15=40。

13.11 质量计划

有些组织为每个项目制定了*质量计划*。大体上，这些计划要说明标准的质量规程和组织的*质量手册*中制定的标准是如何在特定项目中得到实际应用的。如果遵循像步进法这样的策划方法，那么与质量相关的活动和需求应该由主要的策划过程来处理，而独立的质量计划则不要求。然而，当为某个外部客户开发软件的时候，质量保证人员可能需要一个和质量计划等价的计划来确保交付的产品具有很高的质量。质量计划也可能作为由策划过程解决的所有质量问题的检查单。在这种情况下，它的大部分内容是对各种其他文档的引用。

质量计划可能包含以下条目：

这里列出的内容是基于IEEE关于软件质量保证计划的标准草案。

- 目标——计划的范围。
- 参考的其他文档列表。
- 管理安排，包括组织、任务和职责。
- 要生成的文档。
- 标准、实践和约定。
- 评审和审计。
- 测试。
- 问题报告和纠正措施。
- 工具、技术和方法。
- 代码、媒介和供应商控制。
- 记录收集、维护和保留。
- 培训。
- 风险管理——风险管理要用到的方法。

13.12 小结

关于软件质量需要记住的重要问题如下：

- 质量本身是一个模糊的概念，实际的质量需求必须仔细地定义。
- 必须有实际的质量相对存在和不存在的测试方法。
- 软件用户显而易见的大部分质量只有在系统完成后才能进行测试。
- 在开发过程中需要有检查最终系统的可能质量的方法。
- 有些质量增强技术强调测试开发过程的产品，而其他的则尝试评价使用的开发过程的质量。

13.13 进一步的练习

1. 组织正在考虑购买一个项目策划软件工具，例如MS Project，他们还决定针对

交易起草质量规格书。他们尤其关心的是:

- 建立新项目的详细内容。
- 对项目任务进行资源分配，考虑资源均衡的需要。
- 依据实际完成任务的信息，更新项目细节。
- 计划的有效展现。

针对以下方面，起草质量规格书：

- 可用性
- 可靠性
- 可恢复性

2. 以下摘自帮助台日志系统中形成的一份报告：

模块	报告的错误日期	改正后的	消耗工作量(小时)
AA247	1.4.2004	2.4.2004	5
AA247	10.4.2004	5.5.2004	4
AA247	12.4.2004	5.5.2004	3
AA247	6.5.2004	7.5.2004	2

用下面的观点评估AA247模块的可维护性：

- 用户管理
- 开发者管理

3. 讨论以下度量的意义。
   (a) 程序第一次编译时产生的错误消息数。
   (b) 实现用户提出的系统变更要求的平均工作量。
   (c) 在程序清单中注释行所占的百分比。
   (d) 需求文档的页数。
4. 你如何衡量一个软件包用户手册的有效性?考虑可能应用的度量和采用该度量的规程。
5. 过程设计程序结构中的入口、实施和出口需求是什么?
6. 找一项你每天都要做的任务，确认该任务的入口需求，处理需求和出口需求。
7. BS EN ISO 9001需求对有效的配置管理系统的需要有什么影响?

附录A PRINCE 2概述

A.1 引言

大型组织会同时进行许多软件和其他项目，其中一部分可能会使用外部产品和服务供应商。在这种情况下，如果每一个项目所使用的过程都标准化而不是进行重复的修改将更有帮助。然而，每一个项目都有不同的管理要求：例如，有些可能面临更多的技术挑战，或者可能对重要的商业领域产生显著的影响，或者可能涉及大量不同类型的用户。因为管理方法的采用并不是免费的，成本有效控制的程度会随着项目的不同而不同。因此，任何标准的方法都应该引入机制来裁剪管理过程和结构，以便符合局部的需要。在英国，政府出资通过OGC建立了一组这样的过程，叫做PRINCE，几年后修订为PRINCE 2。

OGC即英国政府商务办公室，它替代了CCTA。CCTA是指英国国家计算机和电信管理局。

PRINCE代表“在控制环境下的项目”(PRojects IN Controlled Environments)。

PRINCE的前身是称作PROMPT的项目管理方法。PROMPT不够灵活，不足以处理所有类型的项目。随后产生了PRINCE第1版，这个版本主要是为ICT开发环境设计的，因此，比如它和SSADM能够很好地符合。然而，很快，人们发现这个方法也能应用于严格的ICT领域之外的项目，而PRINCE 2对ICT开发就没有特殊的规定了。

现在可以通过参加PRINCE 2考试而获得PRINCE 2从业人员的资格。

A.2 PRINCE 2组成

这个方法并不包括项目管理的所有方面，它有以下几个组成部分：

- 组织。
- 策划。
- 控制。
- 阶段。
- 风险管理。
- 质量。
- 配置管理。
- 变更控制。

以下提供了我们将要用来解释PRINCE 2的方便的结构：

- 技术。
- 组织。
- 文档。
- 规程。

这个附录不对PRINCE 2手册规定的一些基本需求的补充技术进行说明，不详细描述这些领域，因为本书中的其他地方有足够详细的材料对此做了描述。它们包括：

- 风险管理。
- 质量管理。
- 配置管理
- 变更控制。

下面将概要描述PRINCE 2所倡导的一般策划方法。注意，与SSADM相比，PRINCE 2在技术方面的描述要简单得多。在项目管理结构应采用的规则方面，则更加详细。在我们看来， 它主要集中在作为信息系统的项目上。它标识项目要管理的信息，以及创建这个信息的各种元素需遵循的规程。这个项目信息主要与产品的交付相关，这些产品在受控的环境中并带来了商业利益。

A.3 PRINCE策划技术

步进式方法在第3章中已经简要介绍过，风险在第7章中讨论过。

图A-1给出了PRINCE 2建议的策划过程中应包括的阶段。第一个阶段是制定计划，该阶段主要决定了计划中要包括什么信息，尤其是这个计划要详细到什么程度。剩下的步骤和步进式策划方法很相似，除了风险分析在每项活动的工作量估计之后立即进行外。这是因为在我们看来，风险标识本来就应该在估计工作的后面：你算出了一项活动要花多长时间，然后，你就会考虑什么因素会使你的估计变得不准确。另外，风险的标识会导致引进新的活动来避免风险的发生，而且在分配资源做出进度安排之前做这件事情要容易得多。然而，步进式方法和PRINCE 2不一致的地方是PRINCE 2强调了风险分析具有迭代的特征。

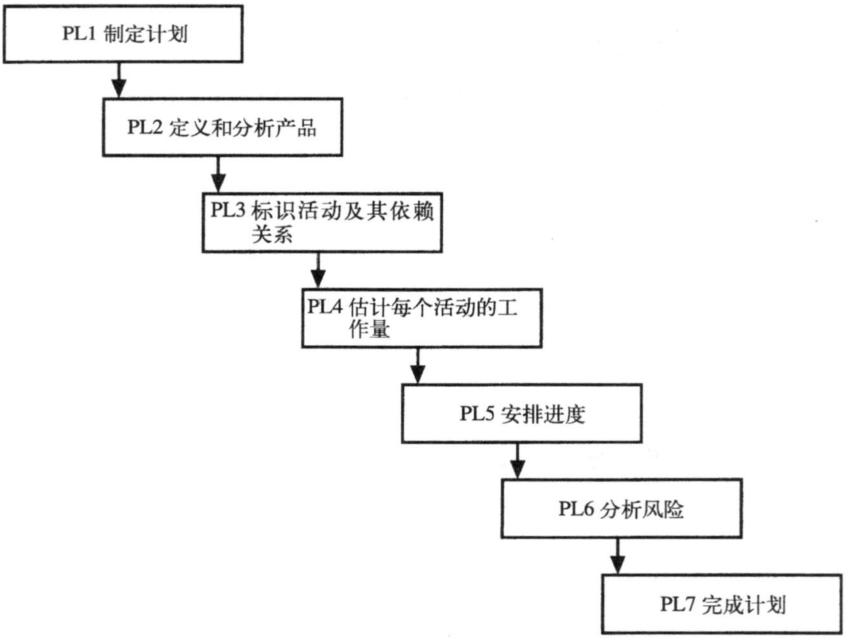

图A-1 PRINCE 2的策划方法

与步进式方法一样，PRINCE 2也是基于产品的。在图A-1中的第二个策划阶段（PL2）中，标识了所有的商业产品与需要控制它们交付的管理和质量文档。

这一系列步骤可以用在PRINCE 2过程框架的许多地方，以产生各种不同类型的计划。

A.4 PRINCE 2项目组织

PRINCE 2标识了角色而不是工作。取决于环境，实际上一个角色可由多个人来担任，或者一个人可以同时担任不同的角色。

PRINCE 2基于这样的理解，一方面项目要涉及项目产品的*用户*（User），另一方面项目要涉及项目需要的商品和服务的*供应商*（Supplier）。尽管用户和供应商可以属于同一个组织，但从管理和控制的意义来讲，需要仔细区分这两者。另外，在客户方，存在两个管理角色。任何开发项目都不是为它自己而实现的，而是为了为客户组织做一些有意义的事。*执行官*（Executive）角色的职责是确保项目不断地满足这些业务需求。例如，一个危险是开发成本可能以超过已完成项目所能带来的收益的方式增长。当然，客户方还包括每天实际使用已完成系统的团体。尽管我们已经讨论了供应商和客户方，但还值得讨论的是：提供系统的供应商和操作系统的客户需要相互协作才能确保可运行的系统能提供其客户（执行官）想要的收益。

PRINCE 2规定了三种角色：*项目委员会要有执行官、供应商和用户*。项目委员会全面负责项目的成功，并负责资源的承诺。

> 注意，我们遵循用大写字母开头这样的约定来表示PRINCE 2术语，例如，项目委员会（Project Board）。所有这些术语都和拥有Crown版权的PRINCE 2手册中的术语相同。

执行各自角色的高级职员在其各自的组织内是责任官员，而项目的疏忽可能只是许多职责中的一个。因此，日常的管理项目的任务由项目委员会委派给*项目经理*（Project Manager）。对于大型项目，项目经理必须把项目某些方面的管理任务委派给有专长的*小组经理*（Team Manager）。

尽责而有积极性的员工关注的总是如何满足用户需求，而对他们认为是“繁文缛节”的项目管理则以较低的优先权来看待。项目经理的日常责任是推动项目的进展，他不可能对此没有反应。不过，“繁文缛节”是确保项目得到控制以及能持续满足业务要求所必需的。因此，需要一些独立于项目管理的机制来保证正确地遵守了项目管理规程。这种保证机制的最终责任在于项目委员会，但实际中详细的项目保证机制可能由与执行该项目的小组无关的员工来执行，这些员工必须向项目委员会成员汇报。需要雇用不同类型的项目保证专家来确保项目的业务要求得到了维护，即用户的需求要得到满足，而且供应商要遵守必要的技术需求。

项目支持

项目经理可能需要项目行政部门的日常支持，这可能包括这样的任务，如处理计时卡或更新诸如MS Project这样的基于计算机的项目管理工具。对于组织内的一个组来说，方便的是要提供这种支持给许多项目。项目支持组的一个关键成员就是配置库管理员。配置库管理员要不断跟踪项目所产生的产品和文档的最新版本。

> 项目委员会、项目经理、组长、项目保证和支持人员在PRINCE 2中统称为项目管理组。

A.5 项目阶段

把大型的项目划分为多个可管理的部分是明智的。PRINCE 2通过*阶段*（Stage）的概念满足了这种需要。这是项目活动的子集，并且是以一系列单独的单元来管理的。正常情况下，项目委员会授权项目经理任何时候只能执行当前阶段。只有在项目委员会开会通过计划中的那个阶段后项目经理才能开始进行下一阶段的活动。阶段的结束代表一个决策点，项目委员会要评审迄今为止的进展情况，并再次从业务的角度来保证项目仍然是可行的——尤其是，期望得到的收益仍能说明项目的花费是值得的。

典型的系统开发生命周期包括了多个阶段，而且每个阶段都使用了不同的专业技术。这些技术阶段可能是第1章所概括的典型步骤：需求分析和规格说明，逻辑设计，物理设计，构建，测试和安装。在许多情况下，将PRINCE 2中所规定的管理阶段映射到这些技术阶段会带来很多方便。但PRINCE 2标准却强调这样做并不总是很方便——例如，如果多个阶段被组合为一个阶段，项目可能更容易管理。

在A.8节中我们将会详细解释“启动项目”。在项目的开始，需要制订一个能给出设想阶段*项目计划*（Project Plan）。其中只有第一个阶段需要有一个立即可用的*阶段计划*（Stage Plan）。对于后面的阶段而言，最好在阶段开始之前完成详细的阶段计划。这样的话，阶段计划就能够更完整地刻划项目。例如，在项目开始时，系统需求还没有清楚地进行定义，想要详细地计划系统构建阶段是不可能的。

一旦阶段得到了授权和批准，就必须开始执行该阶段。项目委员会应该不需要开会，只要时间和成本与计划的偏离是微小的，而且在项目可容忍的范围内。项目经理要定时地向项目委员会的成员提交报告。如果可能超出可容忍的范围，那么项目经理有责任向项目委员会提交异常报告。如果问题很严重，需要更改阶段计划，那么项目经理就需要产生一个修改的阶段计划，或者生成一个更适当而且需要项目委员会正式批准的异常计划。最极端的情况下，项目委员会此时可能会仓促地决定中止项目。

A.6 项目规程

表A-1列出了主要的项目管理过程，PRINCE 2为该过程规定了规程来处理项目管理组可能会遇到的不同事件。

表A-1 主要的PRINCE 2过程

PRINCE 标识	主 过 程
SU	启动项目
IP	初始化项目
DP	指导项目
CS	控制阶段
MP	管理产品交付
SB	管理阶段边界
CP	结束项目
PL	策划

图A-2中给出了表A-1中参与每一个项目管理过程组的各个层次的员工。图中没有标出总体策划过程PL，因为这个过程可能由于不同的原因在各种时间和地点发生。例如，可能在“初始化项目”（IP）过程期间发生来制定项目计划，或者在“管理阶段边界”（SB）期间发生来构造下一阶段的阶段计划或需要产生异常计划。

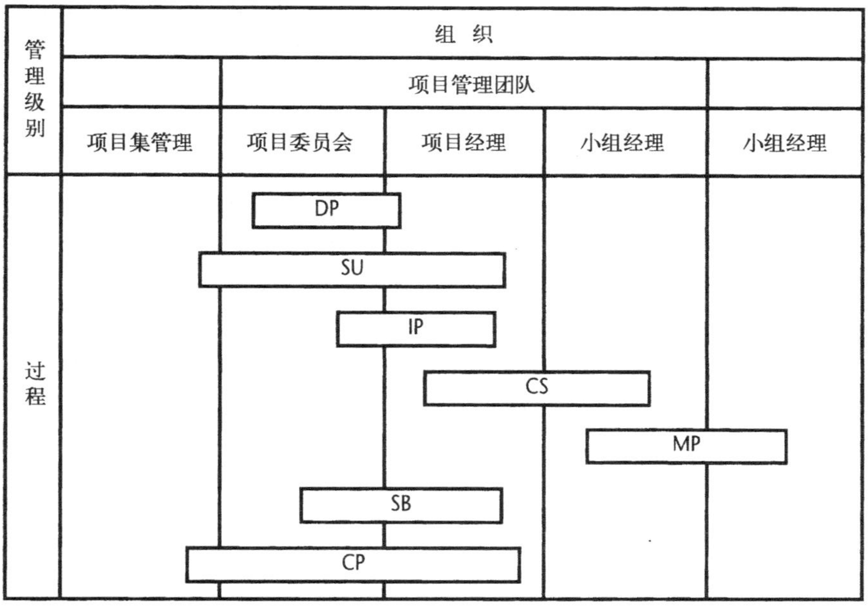

图A-2 项目管理角色（关键术语参见表A-1）

A.7 指导项目

DP过程（指导项目过程）包含了项目委员会要积极参与的主要时间点。这些时间点是：

- 批准初始状态——同意开始进行详细的项目策划。
- 批准项目——策划完成之后，同意项目可以进行。
- 批准阶段计划或异常计划。
- 发出特殊的（ad hoc）指令。
- 结束项目。

A.8 启动项目

正如第2章指出的那样，开始进行项目的决策并不是凭空而来的。当客户组织有了一致的策略时，就有可能有一个项目集管理层，这里的“项目集”是一组相互协调来满足完整的业务需求集的项目。因此，当前项目可由项目集经理发起。任何情况下，PRINCE 2都认为项目周期是由某种项目要求（Project Mandate）发起的，这种项目要求标识了客户和项目的概要主题。PRINCE 2启动过程主要关心的问题是让已提议的项目的策划过程进入一个

PRINCE第1版有时候存在确定“项目什么时候才真正开始”的困难。把启动和初始化分成两个独立的过程可以避免这种困难。

开始点。作为启动点，这时要雇用在项目管理组中担任不同角色的人员。

项目要求可以是不太具体或不太精确的文档，可能需要细化并扩展成*项目大纲*（Project Brief），项目大纲定义了项目的目的。以此为基础，为了满足这些目的而采取的总体技术方法需要在*项目方法*（Project Approach）中作出决定并加以记录。第4章中提出的各种问题必须在这时加以考虑。这可能包括是购买*商用程序包*还是要求*定制程序包*的决策，以及如果是这样的话，这个程序包的开发是内部进行还是由外部承包商来承包。这些活动导致了如何执行详细策划的总体计划的形成。

A.9 初始化项目

项目启动过程结束后，项目委员会现在可以决定是否有充分的基础进行更为详细的策划。这从考虑*项目质量计划*（Project Quality Plan）开始。尽管有些书不这么认为，但高质量水平确实意味着高成本。不同的项目有不同的质量需求——大学计时系统中的缺陷虽然很让人烦恼，但是却不会导致和载人飞行控制系统一样严重的后果。这些质量需求会影响需要进行安排的活动以及需要的资源。有了这个项目质量计划，加上项目大纲和项目方法文档中的信息，现在可以起草项目计划了。这个计划包括：

- 要创建的主要产品。
- 要着手进行的主要活动。
- 项目风险和应对措施。
- 工作量需求。
- 时间表。
- 关键决策点。

与制定原始项目要求的时候相比，现在我们对项目的总体成本有了更为清晰的理解。现在可以评审业务案例来看看已提议的项目是否仍旧可行。业务案例的可靠性取决于它所依据的假设的有效性。对特定假设不正确的可能性要进行评估，并记录在*风险日志*（Project Log）中。项目初始化的最后部分是规定项目如何按照报告、决策制定职责和项目文件的建立来控制。

初始化项目的最后是把项目初始化文档进行组合，即把初始化和启动过程所生成的文档整合在一起。如果项目委员会批准这个文档，那么项目的第一个阶段就可以开始了。

A.10 控制阶段

一旦开始了一个阶段，项目经理应该能够控制阶段的方向，而不用和项目委员会一起召开定期的正式会议。

表A-2中给出了项目经理在阶段进行过程中可能要采取的行动，PRINCE 2的创作者制定了这些行动的规程性指南。

项目经理必须对需要执行才能创建项目所期望的产品（如软件模块）的任务，即*工作包*（CS1）进行批准。在一个具体项目中，这些批准不是直接传递给那些要执行任务的人，而是给小组经理。

表A-2 控制阶段时的PRINCE 2过程

PRINCE标识	控制阶段（CS）过程
CS1	授权工作包
CS2	评估进展
CS3	捕获项目问题
CS4	检查项目问题
CS5	评审阶段状态
CS6	报告重点部分
CS7	采取纠正行动
CS8	逐步升级项目问题
CS9	接收已完成的工作包

一旦批准了工作，项目经理需要弄清工作的进展如何（CS2）。这包括第9章中所简要谈到的有关项目控制的各种任务。例如，需要收集进展信息看看该任务是不是有可能及时完成；也必须得到最近的质量检查活动的反馈来确定是否取得了显著的进展，确保产品真正准备好才进行发布。最后，对于项目的每一个工作包来说，必须通知项目经理该工作可以确认为完成了(CS9)。这些进展数据用于添加实际的完成日期到阶段计划中记录的已计划的活动的细节中。

阶段执行期间，项目经理工作的主要部分是“救火”——处理一些可能发生的意外问题。PRINCE 2规定了确保这些问题能够正确记录的步骤（CS3 *捕获项目问题*）。这些“问题”可以是需求变更、环境变更（如新的法律义务等），以及其他一些能够或无法预见的通过项目风险分析标识的问题。所有这些问题都需要进行记录。另一个PRINCE 2规程（CS4）是为了确保所有这些问题都通过有效的方式解决而设计的。产生的输出包括修改*用户需求*或者*规格说明的变更请求*。这些输出中记录了已知的和被接受的缺陷，以及在要交付的产品中所删除的部分。

评估进展（CS2）的过程要求项目经理观察其职责范围内的每个工作流。PRINCE 2假设了一个看似独立却有相互联系的活动，该活动收集了这些进展信息以及突出的项目问题，这个活动就是项目经理从整体上检查阶段的状态（CS5）。特别地，项目经理必须再次确保项目整体上仍然是在可容忍范围内进行的。所谓可容忍范围，是指项目经理在不需要项目委员会准许的情况下可以调控项目的界限。CS5的一个结果是采取纠正行动（CS7），其中可能包括批准新的工作包来处理特殊的问题。在项目问题得到有效控制且阶段是在可容忍范围内发展的情况下，通过*报告重点部分*（CS6）的形式与项目委员会交流进展就足够了。

在某些情况下，项目经理可能觉得很难在没有更高的管理层的指导下处理一个事件，因此会向上级请求建议。当活动比计划的时间要长或者比预期所占有的资源要多，而且很有可能超出阶段计划的可容忍范围时，项目经理可能不得不通过起草*异常报告*的方法使某个问题“升级”（CS8）。这不仅可以解释为什么这个阶段会偏离原计划，而且能把解决这个问题的可能的选择细化，并向项目委员会提交一份详细的建议报告。

A.11 管理产品交付

在“控制阶段”中所描述的过程都假设了完成一个阶段所需要的工作是在项目经理的直接控制之下的。

当然，也有可能是像第10章中所说的那样通过合同管理，某一部分工作是由第三方供应商来完成的，也就是说，由一个外部组织来完成，该外部组织不是与客户直接联系的主供应商，而是一个代表供应商的子承包商。这些子承包商可能不使用PRINCE 2，因此需要仔细地处理这种情况。PRINCE 2提供了一些帮助这个过程的指南（见表A-3）。

表A-3 管理产品交付时的PRINCE 2过程

PRINCE标识	管理产品交付（MP）过程
MP1	接受工作包
MP2	执行工作包
MP3	交付工作包

一旦项目经理批准了一个工作包（CS1），正如“控制阶段”中所描述的那样，负责执行工作包的人需要检查工作包的需求来确保对于究竟要交付什么样的产品，工作上有什么限制，以及和其他工作的接口需求达成一致的共同的理解（MP1）。接受该工作的小组经理必须确保确实实现了要求的目标。这包括制定一个规定工作要如何进行的详细的小组计划。

一旦接受了工作，就可以从执行工作包（MP2）开始。因为这可以由一个不使用PRINCE 2的子承包商来完成，因此PRINCE 2规定了总的需求，即对该工作负责的小组经理必须拥有能够直接向项目经理报告的进展信息（这些信息必须在批准工作包文档中规定）。最后需要定义并商定如何把完成了的工作包提交给项目经理的过程。

A.12 管理阶段边界

从一个阶段转移到另一个阶段要涉及表A-4中给出的过程。

PRINCE 2的一个关键原则是避免过早地制定过于详细的计划。例如，在项目开始的时候，制定整体的项目计划，但更详细的阶段计划只为第一个阶段制定。在一个阶段结束、项目需求显得更为清楚时，制定下一个阶段的详细计划（SB1）。为下一阶段制定的阶段计划能够揭示总体项目计划的不足，并且可能需要进行更新。例如，项目的设计阶段可能会发现系统的功能比生成第一个项目计划时预见的要大。因此，构建阶段可能需要更长的时间，而这需要在项目计划中反映出来（SB2）。

构建阶段需要更长的时间意味着项目结束的时间需要推迟，这会导致开发成本的增长并延缓已实现的系统能带来的收入。因此，需要一个能够检查系统是否仍旧可行的过程，也就是发布了的系统所带来的收益仍然超过它的成本（SB3）。

关于风险的状况可能也会改变，而这需要进行评审（SB4）。例如，当项目从设计阶段进入到构建阶段时，一些风险就会消失，如果用户大量参与以原型为基础的设计阶段，就不会出现缺少对项目原型进行评价的用户的危险。然而，其他一些风险就会出现——组织可能要求使用新版的软件构建工具，而且还有可能出现开发者在适应新的产品的时候技术上有困难。

当所有的事情都已经完成的时候，新的阶段仍旧需要等待上一阶段的顺利完成。当发生了这种情况的时候，项目经理需要报告阶段的结束（SB5）并且请求项目委员会批准新的阶段计划。

表A-4 管理阶段边界时的PRINCE2过程

PRINCE标识	管理阶段边界
SB1	策划阶段
SB2	更新项目计划
SB3	更新项目业务案例
SB4	更新风险日志
SB5	报告阶段结束
SB6	产生异常报告

A.13 结束项目

PRINCE 2把结束项目分成了三个独立的过程：

- 项目退役（CP1）。
- 标识后续活动（CP2）。
- 评价项目（CP3）。

项目退役主要是确保所有零碎材料得到归纳整理。所有项目问题要么已经解决，要么被记录为*后续活动*（Follow-on Action）。所有计划的项目产品都要由客户接收，而且要求的运行和维护安排都要到位。项目文件必须存放在档案中，而且需要通知所有参与项目的团体项目现在结束了。虽然PRINCE 2没有规定组员和关键用户要饮庆功酒，但这却是考虑这个问题的时候。当项目不再需要而要提前中止时，可能发出特殊的指令（DP4）使项目退役。在这种情况下，激发项目结束的行为是合适的。

一个后续活动是为后项目评审作计划，这个评审在一个确定的操作周期之后评价已安装系统的有效性。

在开发资源紧缺的组织中，可能没有足够的时间花在实践上和仔细研究过去的缺陷。然而，如果不这么做，就会在处理重复出现的问题上浪费时间。PRINCE 2通过规定这时需要编制项目结束报告（Project End Report）来记录项目满足初始文档中所规定的目标的程度，并编写一份经验教训报告（Lessons Learnt Report）来总结如何在未来的项目中避免问题。

附录B
练 习 答 案

第1章

1.1 项目实例

当然，排列这些项目的顺序在很大程度上是主观的。以下是一种可能的排序：

1）*发射火星生命探测仪*——几乎每个人都会把这个项目放在第一位。巨大的任务量、相对的新颖性、涉及所有不同的专业领域和项目的国际特点都说明该项目是特殊的。

2）*编制操作系统*——这是软件开发项目的主要例子。

3）*改进财务计算机系统以处理欧元问题*——这个项目是修改现有的系统，而不是从头开始创建新的系统。许多软件项目都有这样的特征，而且软件项目具备的特征它们都具备。

4）*在组织中安装新版本的字处理软件包*——尽管不用产生或修改软件，但要涉及软件项目的许多阶段和合适的软件项目管理技术。

5）*对用户使用计算机系统时出现问题的原因进行调查*——这包括许多软件项目具有的通用阶段，尽管最终结果的准确特性在开始时是不确定的。它可能是用户需要一些简单的补充培训。另一方面，可能产生相当艰巨的软件修改任务。

6）*准备结婚*——这个项目应该会有许多争论！有些人因个人的天性而不愿给这个项目很高的等级。这“类似于项目”的程度无疑取决于它发生的文化环境。通常它要求很高程度的策划，涉及许多不同的人，而且对多数人来讲没有常规的操办方法。

7）*开发人机界面的研究项目*——与如上所述的一些项目相比，这个研究项目的目的更广泛，而且最终产品的特定客户的想法相当不明确。研究项目在某些方面是特殊的，它们的策划方法需要相当不同的方法，这超出了本书的范围。

8）*编辑一版报纸*——在某些方面，这个项目具备项目的所有特征。有许多不同专业领域的人，这些人的工作需要协调，以便在非常紧的时间约束下产生最后的产品。反对将其看成一个典型项目的原因是它可复制。同时，每个人都知道他(或她)需要做什么，产生的多数问题都是熟悉的，而且处理问题的规程是明确的。

9）*为计算机专业的学生分配第二年的编程任务*——尽管认为负责提出和评价任务的教师实际上就是代理客户，但这不是为客户做的项目。不是常规项目的所有阶段都必须经历。

1.2 Brightmouth学院工资单：项目的阶段

1. *项目评价* 如果要实现学院自己的工资单处理，那么必须仔细调查学院要承受的所有成本，确保比让地方当局来提供这种服务有更高的成本效益。

2. *策划* 转换为要实现的本地处理的方法需要所有涉及的参与者仔细地策划。有些详细的策划要推迟到获得更详细的信息后才能进行，例如，要使用哪个工资单程序包。

3. *需求启发和分析* 这个阶段发现用户从系统中需要什么。很大程度上它通常由发当前系统做什么组成，因为一般来讲，可以假设新系统提供与旧系统一样的功能。不过，用户可能有额外的需求，或者甚至可能有不再需要的功能。

4. *规格说明* 这个阶段包括文档化新系统能做什么。

5. *设计/编码* 当考虑使用“商用”程序包时，这些阶段由程序包评价和选择活动所代替。

6. *验证和确认* 需要执行测试来确保选择的程序包实际执行要求的功能。这个任务很可能包括旧系统和新系统的并行运行，比较两者的输出来检查不一致性。

7. *实现* 这包括安装软件、设置系统参数（如工资等级）和建立员工细节等。

8. *维护/支持* 这包括处理用户查询、保持与程序包供应商的联络以及考虑新的工资单需求。

1.3 对你所在高度的预计

我们不会建议特殊的方法来破坏现有的快乐。

1.4 操作系统的特性

许多从事基于计算机的信息系统的大型组织都有专家来负责操作系统的维护。不过，由于操作系统主要考虑的是驱动硬件，因此可以认为它更像我们曾经描述的嵌入式系统。

1.5 Brightmouth学院工资单：目标驱动的和产品驱动的

这个项目实际上是目标驱动的。如果内部的工资单处理产生不了成本效益，那么该项目不应该试图实现这种解决方案。可以考虑满足目标集其他方法，例如，可能把这种处理以更低的成本承包给除地方当局外的某些组织。

1.6 Brightmouth学院工资单：项目利益相关者

主要的项目利益相关者可能包括：

1）财务部门。

2）人事部门，需要提供大部分必要的员工详细信息。

3）部门负责人，需要提交兼职员工工作小时的细节。

4）全体员工，当然要关心他们的工资得到了正确的支付。

5）场所管理人员，新的任务可能意味着办公室布局在物理上必须重新安排。

6）软件和硬件销售商。

不太容易标识的一组利益相关者首先是当地政府机构及其员工。要列出过去做这项工作、但又不再需要的人似乎很奇怪。如果项目经理得到合作和帮助，那么他们的工作将变得非常容易。项目经理要巧妙地试探出当地政府机构的员工失去这项工作时的感受是怎样的。减少工作负荷和不必要的麻烦，他们可能会很高兴！可以考虑已有的当地政府机构的员工的安排。例如，如果学院需要招聘新员工来处理工资单，那么可以权衡考虑而将该项工作交由已经在做这件事的当地政府机构的员工来处理。

1.7 定义目标

在每种情况下要提出的意见和疑问是：

(i) 实际时间和预算量要详细说明到什么样的程度？最终期限和预算约束通常必须按要交付功能的范围和质量来设置。例如，如果最终期限无法达到，那么客户愿意延期而要求交付完整的功能集，还是在最终期限时交付基本的功能子集？

(ii)“尽可能地只有少量软件缺陷”并不准确。去掉缺陷需要工作量，因而需要钱。如果花许多钱和时间去减少缺陷，开发人员愿意吗？

(iii)“用户友好”实际意味着什么？如何度量？通常“易于使用”是按用户执行标准操作所花的时间来度量的，而“易于学习”是按初学者在执行标准操作时达到精通的程度所花的时间来度量的。

(iv)“充分的”文档意味着什么？也许用目录格式编排表示法来产生文档类型列表更有用。

1.8 Brightmouth学院工资单：目标、子目标和有效性度量

初始目标已经做了简要陈述：“在维持当前范围和服务质量的同时，以较低的成本执行工资单处理。”

为了达到这个目的，子目标或目标已经做了大致标识，例如：

- 在4月1日前将工资单处理转移到学院。
- 在新系统中实现当前系统中已有的功能，不实现那些在初始报告中标识为不需要的功能。
- 在初始报告标识的财务约束内实现工资单处理能力。

应该注意的是，上面所列的目标并没有明确地提到进展过程中所需要的安排问题，以便处理硬件和软件维护、安全准备工作等。通过与涉及的各种不同的人讨论并努力达到目标，可以阐明真正的项目需求。

如上所列的子目标的有效性度量可能包括：

实现日期（date of implementation） 新系统在商定的日期可使用吗？

设施（facility） 并行运行时，所有旧系统产生的输出也能由新系统产生吗？

成本（cost） 实际所花的成本与预算成本相比如何？

1.9 项目经理生活中的一天

策划：

来年的人员配置需求。

进行陈述：

在小组会议上。

与人事经理沟通替换员工时。

解释延迟交付给用户时。

控制、革新和指导：

确定需要做什么来取得好的进展，不会因临时失去员工而影响进展。

人员配置：

决定哪名员工需要做什么。

与人事部门讨论临时工的要求。

策划来年的人员配置。

注意：同样的活动可能包括许多不同的职责。

1.10 收集控制数据

该项目似乎有两个主要的组成部分：培训和文档转换。如果要求培训教师到各部门去提供培训，那么需要进度表来指出每个部门何时接受培训。因此，可能要收集以下关于培训进展的信息：

- 已经接受培训的部门数——这可以对照计划做比较。
- 已经接受培训的员工数——确保员工参加。
- 来自员工的关于培训质量的反馈——例如，通过后续的培训评价表格。

至于文档转换方面，通常要收集每个部门以下的信息：

- 已转换的文档数。
- 估计仍要转换的文档数。
- 在转换文档上所花的员工小时数——监督预算和转换生产率。
- 参与转换的员工数。

当所有的文档已经转换时，进行性能测试来检测响应时间是否满足要求。

第2章

2.1 Brightmouth学院工资单系统的成本和效益

表B-1列出了已提议的Brightmouth学院工资单系统的成本和效益。虽然不够全面，但描绘了应该列出的一些条目的类型。

表B-1 Brightmouth学院工资单系统的成本和效益

分类	成本
开发成本	购买软件——软件成本加选择和购买成本
	项目组的雇佣成本
安装成本	培训，包括培训教师的成本和培训时消耗的操作员时间的成本
	员工招聘
	计算机硬件和其他在项目结束时有保留价值的设备
	支持设施——任何安置新系统需要的新的或整修过的设施和设备
	初始系统供应——文具、磁盘和其他消耗品的购买
运行成本	操作人员——所有雇员的成本
	文具——购买和储备
	维护和待机——偶发事件成本的合同或估计
	支持设施，包括供热、供电和保险等

（续）

分类	效益
量化和估价	节省了地方当局的费用
	较迟的支付——因每月较迟支付工资而增加的利息收入
量化但不能估价	改进的准确性——每月需要改正的错误数
标识但不容易量化	改进的管理信息——这应该导致决策制定的改进，但很难量化潜在效益

2.2 排列项目现金流的等级

哪个项目有最佳和最坏现金流，显然你会有自己的观点。不过，应考虑以下几点：项目2要求非常大的投入（与其效益相比较而言）——事实上，我们可以同时承担项目1和项目3而获得100 000英镑，而投入的成本比项目2低。与项目3（在整个生命周期中有稳定的收入）相比较，项目1和项目4在生命周期的后期会产生大部分的收入。

2.3 计算回收期

每个项目的回收期出现在哪一年简要说明如下：项目1第5年；项目2第5年；项目3第4年；项目4第4年（结束）。

因此，我们偏向于项目3和项目4，而不是其他两个项目。注意，实际上，就相对短期的项目来讲，如按月（或至少按季度）产生现金流预测的项目，项目3比项目4显然有更短的回收期。

2.4 计算投资回报率

每个项目的投资回报率是：项目1是10%；项目2是2%；项目3是10%；项目4是12.5%。因此，项目4是收益最多的，因为它获得最高的回报。

2.5 计算净现值

每个项目的净现值按表B-2计算。基于净现值，显然项目4提供了最大的回报，而项目2不值得考虑。

表B-2 计算项目2、3和4的净现值

年	贴现因子	已贴现的现金流（英镑）		
		项目2	项目3	项目4
0	1.00	−1 000 000	−100 000	−120 000
1	0.90	181 820	27 273	27 273
2	0.82	165 280	24 792	24 792
3	0.75	150 260	22 539	22 539
4	0.68	136 600	20 490	20 490
5	0.62	186 270	18 627	46 568
NPV		−179 770	13 721	21 662

2.6 计算贴现率对NPV的影响

表B-3说明了变化的贴现率对NPV的影响。在每种情况中，“最佳”的项目使用粗体表示。在这个相当人为的示例中，哪个项目是最佳的取决于所选择的贴现率。在这种情况下，或者有非常强烈的理由使用某一特定的贴现率，或者在项目间选择时考虑其他准则。

表B-3 变化的贴现率对净现值的影响

年	现金流值（英镑）		
	项目A	项目B	项目C
0	−8 000	−8 000	−10 000
1	4 000	1 000	2 000
2	4 000	2 000	2 000
3	2 000	4 000	6 000
4	1 000	3 000	2 000
5	500	9 000	2 000
6	500	−6 000	2 000
净利润	4 000	5 000	6 000
NPV@8%	2 111	2 365	**2 421**
NPV@10%	1 720	**1 818**	1 716
NPV@12%	**1 356**	1 308	1 070

2.7 使用成本效益分析进行项目评价

在4年间每年预计500 000英镑的销售额将产生预计1 200 000英镑的净收入（扣除每年200 000英镑的成本后）。按任何标准来衡量，该净收入表明750 000英镑的投入有很好的回报。不过，如果销售额不高，而且这种情况发生的概率是30%，公司就会受损失——不是任何公司都愿故意冒这样的风险。

这个例子说明了反对使用这种一次性决策方法的一个基本理由。如果我们能多次重做该项目，就能预计平均每年有500 000英镑的收入。但是，公司只能开发这个程序包一次——不可能总是希望产生这么可观的收入。确实，在这个项目上的重大损失可能意味着这是他们承担的最后一个项目。

第3章

3.1 在IOE维护组账户系统中的外部利益相关者

要考虑的主要利益相关者是IOE客户。和客户代表就新的年度维护合同方案进行沟通。另外，IOE和设备制造商可能还有客户协议，该协议规定由设备制造商提供设备的维护服务。因此还需要和设备供应商讨论这个新的方案。例如，供应商可能希望通过取得佣金来促进这个方案的实现。这类型的年度维护合同计划可能将财务外包给保险公司。本质上，由保险公司支付每次维护工作的费用，而IOE向保险公司按年支付保费。

3.2 验收测试用例的产品描述

用户验收测试用例的产品描述实例

名称/标识	验收测试用例
目的	记录验收测试中执行的每个测试，确保测试是全面的，即测试覆盖所有的用户需求
来源	用户需求报告
组成	记录每个测试用例的以下内容： (i) 参照的用户需求 (ii) 前置条件——包括在测试用例执行之前需要在数据库中建造完成的项。 (iii) 输入数据

（续）

名称/标识	验收测试用例
	（iv）期望结果
格式	使用模板创建一个文字处理文档
质量标准	依据需求文档进行独立的评审以确保覆盖所有的用户需求。内部一致性的检查包括前置条件是否完整，期望结果计算是否正确

注：为了记录验收测试阶段，还应该创建其他的工作产品（例如测试计划）。

3.3 投标邀请（ITT）和产品流程图（PFD）

图B-1描绘了Brightmouth学院工资单投标邀请的产品流程图（Product Flow Diagram，PFD）。

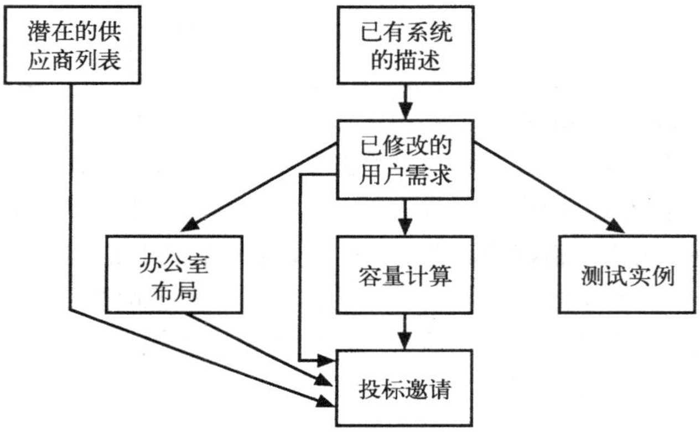

图B-1 “投标邀请”的产品流程图

依据过程的不同实现方式，可以制成不同的产品流程图。这是一种可行的方式。分析员检查现在制作工资名单的的方法，找到系统必须具备的功能。文档可能促使用户管理层提出一些新功能，让他们能用新系统做以前不能做的事情。一旦情况都了解清楚了，比如，新系统要保存信息的类型，要具备的功能，就可以评估数据库的规模，要执行的事务的数量和规模。这还指出了运行应用的硬件平台的规模和需要的能耗。硬件要安装在特定场所内。这由学院里可用办公空间决定。承包商需要考虑这点。要把投标邀请函发给合适的潜在供应商，研究决定谁成为供应商。文档化的需求是提案，包括一些测试用例，评估规程的基础。

3.4 投标邀请活动网络

图B-2描绘了Brightmouth学院工资单投标邀请的活动网络。

3.5 包含一个检查点

图B-3描绘了在Amanda活动网络中引入的一个检查点。

3.6 用户需求的质量检查

用户至少需要阅读和批准系统规格说明。到后期进行重大变更就来不及了，因此早期文档（如访谈笔记等）的用户批准是有用的。

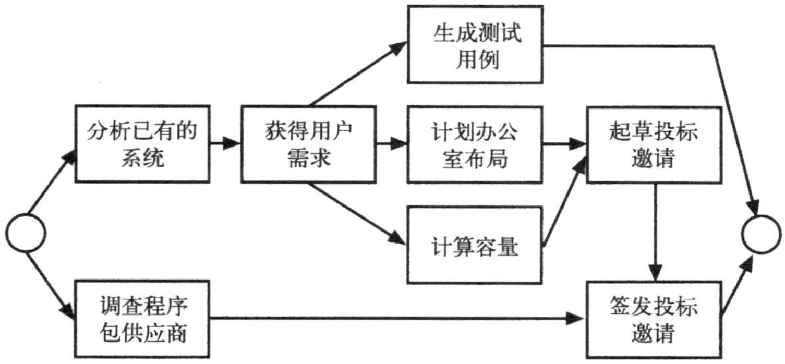

图B-2 Brightmouth学院工资单项目活动网络片段

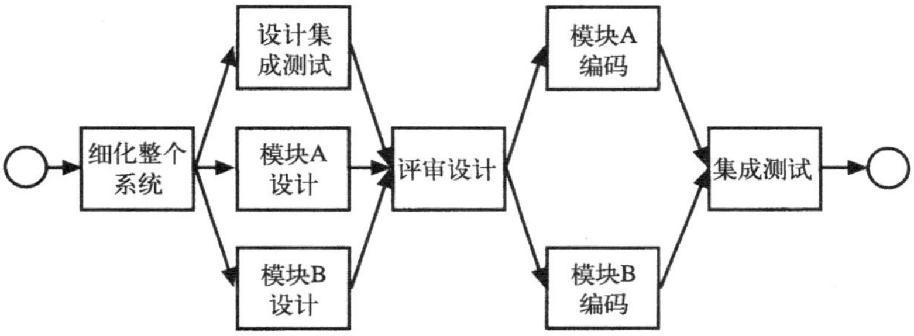

图B-3 软件开发任务的活动网络，经修改包含一个检查点

3.7 步进式活动

表B-4给出了一个项目计划不同部分的活动建议。

表B-4 对步进式活动交叉引用的计划部分

计划的部分	步进式活动
引言	
背景	1.3 标识项目利益相关者
	2.1 建立项目和战略策划的关系
项目目标	1.1 标识目标和有效性度量
	1.4 按项目利益相关者的分析修改目标
约束	1.1 标识目标和有效性度量
	2.2 标识安装标准和规程
方法	3. 分析项目特征
	4.2 文档化共性产品流（这可能有助于建立方法学）
项目产品	4.1 标识和描述项目产品
要执行的活动	4.4 产品理想的活动网络
	4.5 修改理想的活动网络
要使用的资源	3.6 评审总体的资源估计
	5.1 执行由底向上估计
	7. 分配资源
项目的风险	3.3 标识高级别的项目风险
	6. 标识活动风险
项目的管理	1.2 建立项目全权管理者

（续）

计划的部分	步进式活动
	1.5 建立与所有参与方沟通的方法 2.3 标识项目组的组织

第4章

4.1 系统的分类

(a) 工资单系统是面向数据或信息的特定应用领域的系统。

(b) 控制装瓶设备的系统是包含嵌入式软件的面向过程的系统。

(c) 这像一个大量使用计算机图形的信息系统。设备本身使用安全性关键的控制软件，但这不是项目要考虑的主题。

(d) 项目管理软件工具一般划分在通用程序包类中，它们包含大量的信息系统的基本要素。

(e) 这可使用一个信息检索程序包，是通用的软件程序包。它也是基于知识的系统的有力候选者。

4.2 风险的标识

用户的工作人员是有争议的项目资源。作者的观点是，增加第4类风险是有用的——这类风险属于系统要在其上实现的环境。

在Brightmouth学院可以标识的风险是：

- 财务部门和人事部门之间观点的冲突。
- 缺少人员（特别是人事人员）对系统的验收。
- 缺少过去执行工资单处理的地方当局的合作。
- 学院缺少运行工资单系统的经验。
- 学院缺少管理计算机的专门技术。
- 选择的硬件可能不够。
- 工资单需求的变更。

4.3 项目方法的选择

(a) 这似乎是一个基于知识的系统，也是安全性关键的系统。可使用与基于知识的系统相关的技术来构造该系统。需要非常仔细地进行测试。长期并行运行系统来跟踪实际情况中做出的人为决策，而且要仔细考虑比较的结果。另一个方法是同时开发两个或多个系统，以便提出的建议能交叉检查。

(b) 这是一个相当大规模的信息系统。SSADM方法证明是有用的。当首次引进学生贷款时，没有现存的系统，因此原型有发挥作用的机会。

(c) 这是一个安全性非常关键的嵌入式系统。可以采取以下措施来保证可靠性：

- 使用基于数学的规格说明语言来避免歧义性。
- 开发同一软件的类似版本，以便交叉检查。
- 考虑到软件的可靠性估计，要对软件测试进行统计控制。

4.4 适合用原型进行开发的项目的阶段

(a) 原型作为可行性研究的一部分是有用的。可以手工建立用当前的管理信息加载的主管信息系统的实验模型，然后让项目经理进行试验看是否容易和有用。

(b) 原型用于辅助设计用户对话。SSADM允许这种用途的原型作为需求规格说明模块的一部分。

(c) 大部分关键的响应事务的原型可在物理设计阶段构建，以便了解Microsoft Access产生的软件是否给出了令人满意的性能。

第5章

5.1 计算生产率并使用生产率来估计项目工作量

表B-5和表B-6描绘了生产率和估计的项目工作量。

表B-5 生产率

项目	工作月数	SLOC	生产率（SLOC/月）
a	16.7	6 050	362
b	22.6	8 363	370
c	32.2	13 334	414
d	3.9	5 942	1524
e	17.3	3 315	192
f	67.7	38 988	576
g	10.1	38 614	3823
h	19.3	12 762	661
i	59.5	26 500	445
总计	249.3	153 868	617

表B-6 估计的工作量

项目	估计的工作月数	实际的工作月数	差异
a	6 050/617=9.80	16.7	6.90
d	5 942/617=9.63	3.9	−5.73

估计过低的项目是项目a，低估了6.9个工作月；估计过高的项目是项目d，高估了5.7个工作月。

5.2 敏捷方法和估算问题

可能会讨论到如下观点：

- 随着项目规模的增大而使成本上升 为了便于团队沟通，建议一个编程团队的规模不要超过10人。
- 时间紧对质量造成的威胁 这里“时间盒”管理方法可以帮助我们。项目的结果有四个方面：功能范围、质量、项目周期和成本。XP方法强调的是项目的质量、项目周期和成本是由业务管理层控制的，但是项目范围可以由开发团队控制。如果项目进度压力很大，一些低优先级别的交付物可能保留到下一次发布，但是有一些交付物必须按时发布，同时必须达到质量标准。

- 不符合标准的工作直到项目后期才发现　测试是设计和编码过程不可或缺的部分，测试不是推到项目后期由其他组执行的，例如系统测试小组。

5.3 课程人员成本程序——需要的活动

活动列表可能包括：

- 获得用户需求。
- 分析已经拥有的数据的结构。
- 设计报告。
- 编写用户建议书。
- 编写测试用例。
- 编写技术规格说明。
- 设计软件。
- 编写软件。
- 测试软件。
- 编写操作说明书。
- 执行验收测试。

最难估计的任务通常是那些对要产生的软件的规模和复杂度最有影响的活动，在这个例子中是软件的设计、编写和测试。因为这个原因，编写技术规格说明也是困难的。但估计问题在这里往往被隐藏了，因为最终期限可以通过省略细节来满足，而细节可在以后发现缺陷时进行添加。

要由用户执行的活动的工期现在也是问题，因为这取决于他们对优先级的判断。

5.4 客户插入程序的SLOC估计

图B-4给出了程序的概要结构。圆圈中的数字是在程序中实现每个子过程估计需要的generic代码行。它们加起来是95 SLOC。

5.5 学生任务的工作量驱动因子

最明显的工作量驱动因子显然是需要多少字数。难度因子可能包括：

- 资料的可获得性，例如，在图书馆中。
- 学生对主题的熟悉程度。
- 需要的广度/深度，即在广阔领域的广泛调查或在有限领域的深入研究。
- 技术难度，即有些主题要比其他主题更容易解释。

要说明的是，可用时间是有限制的。学生只能在可用的时间内做能做的事（参见“成本的设计”）。

5.6 计算欧几里得距离

项目B和目标案例之间的欧几里得距离是：$((7-5)^2+(15-10)^2)$，即5.39。因而项目A是更类似的项目。

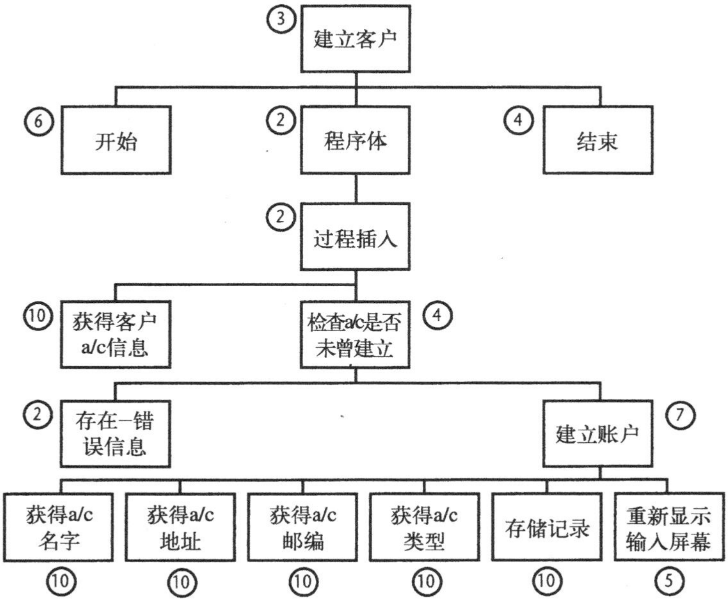

图B-4 “建立客户”事务的概要程序结构

5.7 Albrecht功能点

功能类型如下：

外部输入类型	无
外部输出类型	报告，1
内部逻辑文件类型	无
外部接口文件类型	工资文件，员工文件（计时表），课程文件，3（计时表），会计加载文件，4
外部查询文件类型	无

功能点是：

外部查询类型	无
外部输出类型	$1\times7=7$
内部逻辑文件类型	无
外部接口文件类型	$3\times7=21$
外部咨询类型	无
总计	28

5.8 从Albrecht功能点计算SLOC

估计的Java代码行= $28\times53=1484$。生产效率是50 SLOC/天。预计的工作量是1484/50，大约等于30天。

5.9 Mark II功能点

功能类型是：

输入数据类型	6
引用的实体	1

输出数据类型　　1

未调整的功能点=(0.58 × 6)+(1.66 × 1)+(0.26 × 1)=5.4

5.10 数据移动

数据移动	类型
检测进入的汽车	E
评估汽车数量	R
传递将被排除的障碍	X
增加汽车数量	W
检测出去的汽车	E
减少汽车数量	W
新的最大输入	E
设置新的最大值	W
调整当前汽车数量	E
记录调整的汽车数量	W

注意，需求的不同解释会导致不同的数量。例如，本练习中的描述并没有要求当停车场满或有空间时，系统应该输出一个信息，尽管这可能是期望的。

5.11 COCOMO——计算指数比例因子

以表B-7给出的比例因子为例

表B-7　评估比例因子

因子	级别	值
PREC	正常	3.72
FLEX	高	2.03
RESL	很低	7.07
TEAM	很高	1.10
PMAT	低	6.24

(i) 整体的比例因子为：$0.91+0.01\times(3.72+2.03+7.07+1.10+6.24)$

$=0.91+0.01\times 20.16$

$=1.112$

(ii) 估算的工作量为：$2.94\times 2^{1.112}=6.35$人月。

5.12 COCOMO II 应用工作量系数

表B-8　工作量系数

因子	描述	级别	工作量系数
RCPX	产品可靠性和复杂度	很高	1.91
RUSE	可重用性	很高	1.15
PDIF	平台难度	低	0.87
PERS	个人的能力	很高	0.63
PREX	个人的经验	正常	1.00
FCIL	设施的可用性	正常	1.00
SCED	进度压力	正常	1.00

（i）组合工作量调整因子为：1.91 × 1.15 × 0.87 × 0.63 × 1.00 × 1.00 × 1.00=1.20。

（ii）调整后的估算为：200 × 1.20=240人月。

第6章

6.1 绘制CPM（Critical Path Method）网络

图6-14给出了一个解决方案。若你的方案与这个方案并不完全一样，不用担心。只需检查逻辑上是否一样以及是否遵循优先网络的格式和标注约定等。

6.2 优先网络

图B-5描绘了Amanda项目的一个优先网络，该项目的最早完成日期是第104天。

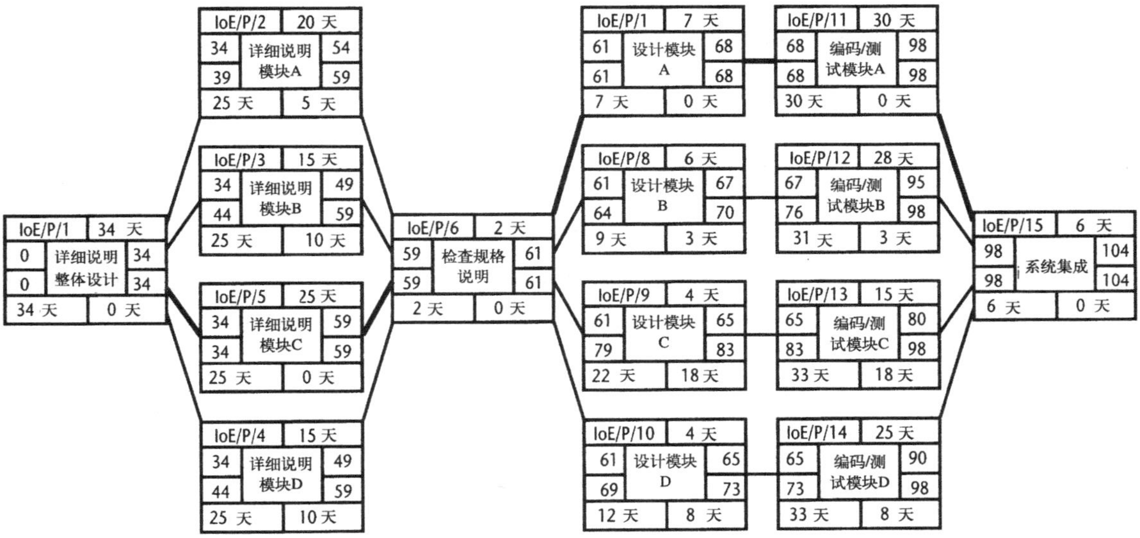

图B-5 Amanda优先网络

6.3 计算活动缓冲期

每个活动的空闲缓冲期和干预缓冲期如表B-9所示。注意，活动A没有空闲缓冲期，因此该活动完成的任何延期都会延迟活动C的开始。随着项目的进展，缓冲期应该定期监控，因为任何活动在允许的空闲缓冲期之外的延迟都会消耗后续活动的缓冲期。

表B-9 活动缓冲期

活 动	总缓冲期	空闲缓冲期	干预缓冲期
A	2	0	2
B	3	0	3
C	2	0	2
D	3	1	2
E	3	3	0

（续）

活　动	总缓冲期	空闲缓冲期	干预缓冲期
F	0	0	0
G	0	0	0
H	2	2	0

6.4 缩短项目周期

将活动F缩短到8周将使项目完成日期提前到第11周，即节省2周的项目周期。不过，现在有两条关键路径：开始—F—G—完成和开始—A—C—H完成。因此，进一步缩短活动F的周期无法使项目周期缩短。如果我们期望项目在第11周之前完成，必须同时节省这些关键路径的时间。

6.5 错误绘制活动网络

(a) 活动D悬挂，使项目有两个“结束事件”。这个网络应该如下绘制。为了便于与原图作比较，节点未曾重新编号，尽管我们一般都会重新编号。

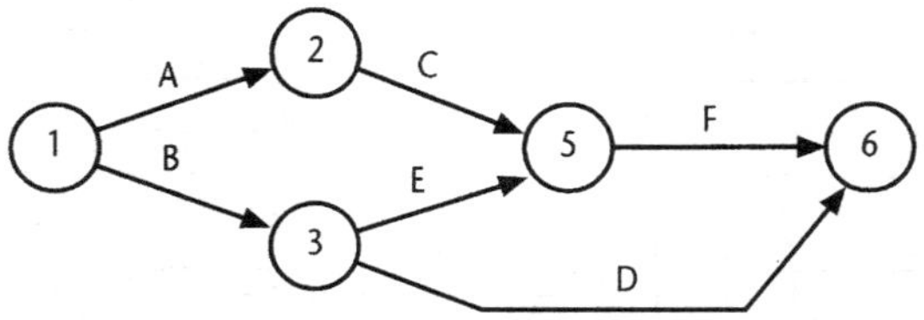

(b) 同样，这个网络有两个结束节点，但在这个情况中该解决方案稍微有所不同，如果遵循标准的CPM约定，就应该引入虚活动。

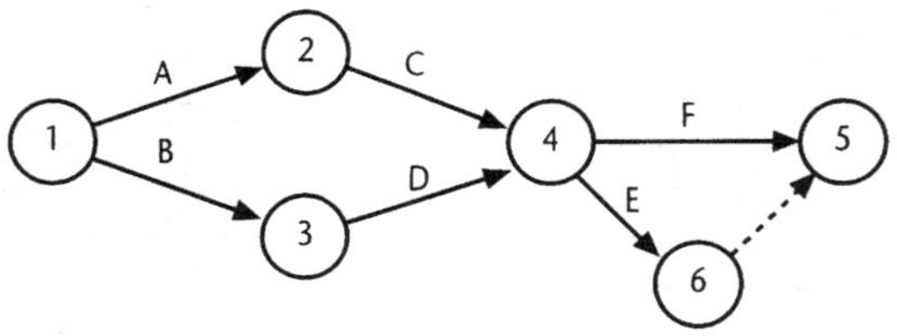

(c) 这个网络要么有一个悬挂（尽管由于绘制方法使悬挂不太明显），要么活动E的箭头指向了错误的方向。在重新正确地绘制这个网络之前，我们需要一些更详细的信息。

(d) 严格地讲，这个网络没有任何错误——它只是画得不好，而且节点没有按标准约定编号。应该按以下重画这个网络。

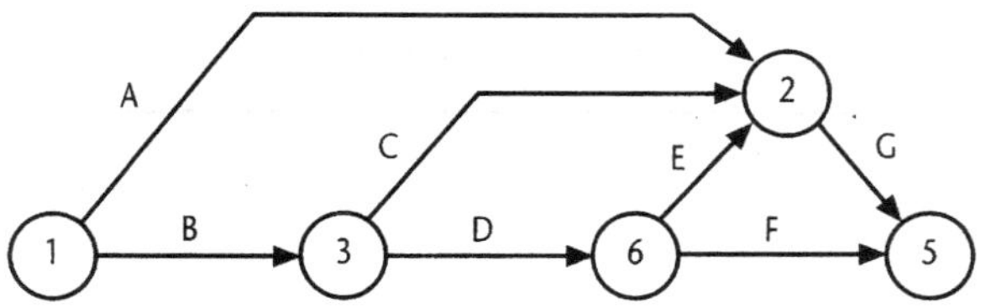

在这个图中，节点保持其原始的编号（有助于标识），尽管它们应该从左至右重新编号。

(e) 这个网络包含回路——在G完成之前F不能开始，E完成之前G不能开始，G完成之前E不能开始。箭头之一是错误的！可能活动F是错误的，但如果没有进一步的信息，无法确定。

6.6 将Brigette活动网络绘制成CPM网络

Brigette的工资单CPM网络应该看起来像图B-6所示的图形。如果你的图形与这个图形不完全一样，请检查逻辑上是否一样。

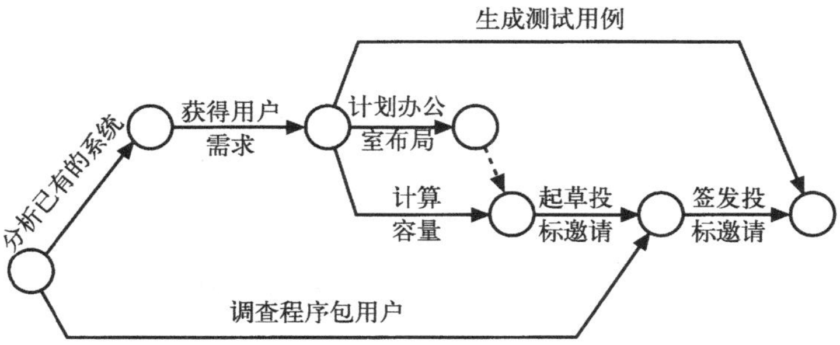

图B-6 Brigette的CPM网络

第7章

7.1 区配原因和结果

这是没有一个准确的答案的。一个可能的答案是：

(a) i和ii.由于员工缺乏经验，导致编码中出现很多错误，因此也需要更多的测试时间。有经验的员工将花更多的时间去实施开发。

(b) iv.如果上层管理者不对项目做一个坚定的承诺，他们在执行时就不会有紧迫感。

(c) ii.新技术需要时间去习惯和适应。

(d) iii.如果用户对他们的需求不确定的话，他们很可能把项目的进展作为新的需求。

7.2 标识风险

再次重申，下面的答案只能是提示性的，并不存在标准答案。

范　围	IOE	Brightmouth工资单系统
参与者	可能用户的抵制，见3.5节	缺乏操作工资单系统的经验，见练习4.2的答案
结构	不是所有的利益相关者都在项目委员会出现，见3.3节	当地政府和学院之间缺乏合作
任务	不确定改变现存软件所需要的时间，见3.8节	程序包评价，对软件进行评价测试可能有难度
技术	现有硬件不足以处理新应用	现有硬件不足以处理新应用

7.3 成功的企业联合所需条件

其中的条件是：

- 火灾的概率准确来说是0.1%。这只是一个平均的估计，并不能确保。如果火灾在第二个位置发生，那么风险基金就已经被浪费掉了。如果有更多的捐款者和更多的共用资金的话，这样的风险将降低。
- 地点要选在完全不同的位置，这样某一个地方的火灾就不会危害到其他地方。

- 每个地方发火灾的概率都是一样的。如果某一个地方的人觉得自己的火灾概率比别人小得多，他们就会愿意去资助别的地方。
- 造成的危害数量通常是一样的。

7.4 解决偶然事件的前提条件

员工生病是你在活动中间必须更换员工的几个理由之一。以下的内容可以让变更更容易：

- 工作实施有一个标准的方法。
- 很好地记录了中间步骤。
- 在正常间歇期间其他员工也都参与了产品的审查。
- 工作要有灵活性。

值得注意的是：在极限编程环境中，结对编程为解决此问题提供了一个可供选择的方法。

可以找到的原因包括花费和人为因素。上面暗含的开发的结构化方法学包括为了确保员工坚守方法学的要求，在选择正确的方法学，培训和其他项目实施以及管理方面所作的花费。太灵活的员工安排（员工可能会被通知在不同的工作之间调动）可能会带来员工士气的变化，有可能是积极的，有可能是消极的。

7.5 计算期望的活动周期

表B-10给出来自表7-6的活动周期估计，同时给出了经计算后得出的期望的周期。

表B-10 计算期望的活动周期

活　动	活动周期（周）			
	乐观的(a)	最可能的(m)	悲观的(b)	期望的(t_e)
A	5	6	8	6.17
B	3	4	5	4.00
C	2	3	3	2.83
D	3.5	4	5	4.08
E	1	3	4	2.83
F	8	10	15	10.50
G	2	3	4	3.00
H	2	2	2.5	2.08

7.6 用正向遍历来计算期望的完成日期

其他项目事件的期望周期和期望日期如图7-6所示。13.5周的期望周期意味着我们期望该项目在第14周的一半时完成，由于这只是一个期望值，所以可能早点或晚点完成。

7.7 计算标准偏差

正确的值如图7-7所示。事件4和事件6的简要计算如下所示：

事件4：路径A+C的标准偏差是 $\sqrt{0.50^2+0.17^2}=0.53$

路径B+D的标准偏差是 $\sqrt{0.33^2+0.25^2}=0.41$

因此，节点4的标准偏差是0.53。

事件6：路径4+H的标准偏差是 $\sqrt{0.53^2+0.08^2}=0.54$

路径5+G的标准偏差是 $\sqrt{1.17^2+0.33^2}=1.22$

因此，节点6的标准偏差是1.22。

因此，节点6的标准偏差是1.22。

7.8 计算z值

事件5的z值是(10−10.5)/1.17=−0.43，事件6的z值是 (15−13.5)/1.22 = 1.23。

7.9 获得概率值

事件4：z值是1.89，等价的概率大约是3%。因此，在目标日期第10周结束时，我们无法实现这个事件的可能性只有3%。

事件5：z值是−0.43，等价的概率大约是67%。因此，在目标日期第10周结束时，我们无法实现这个事件的可能性是67%。

为了计算第14周完成项目的概率，我们需要使用目标日期14计算事件6的新的z值。这个新的z值是(14−13.5) / 1.22 = 0.41。

这等价于35%左右的概率，这是不能满足目标日期的概率。因此，满足目标日期的概率是65%（100%−35%）。

第8章

8.1 平衡资源需求

平衡阶段4的分析员/设计人员需求是相当容易的。模块D的设计可以安排在模块C设计之后进行。阶段2的问题比较大，因为在模块B完成后开始模块D的规格说明，将使项目延迟。如果任何详细说明模块A的人能在最后6天分配给模块D，Amanda就可能考虑这样做——尽管她断定选派额外的人去做规格说明活动是无法令人满意的。

8.2 绘制一个修订的资源直方图

如果活动是按计划的最早日期进行的，则该计划仍要求图B-7所示的4名分析员/设计人员。不过，通过延迟某些活动的开始，Amanda能确保使用3名分析员/设计人员就够了，除了一个别的天外。这在图B-8 中说明。

注意，如果模块C的规格说明再延迟一天，那么项目只需要3名分析员/设计人员就能完成，当然项目的完成日期也会延迟。

这两个活动从一定意义上讲也是关键的，因为它们的延迟将延迟IoE/P/4，而IoE/P/4在正常的关键路径上。尽管这两个活动不在关键路径上，但从某种意义上讲它们是关键的。

8.3 标识关键活动

关键路径现在如图B-9所示。注意，活动IoE/P/4有15天的延迟，确保其开始被延迟，除非一名分析员/设计人员预计可得到。

不过，IoE/P/4分析员/设计人员的可获得性取决于IoE/P/3或IoE/P/5的按时完成——因此，这两个活动也是关键的，因为它们的延迟将影响关键路径上的IoE/P/4。

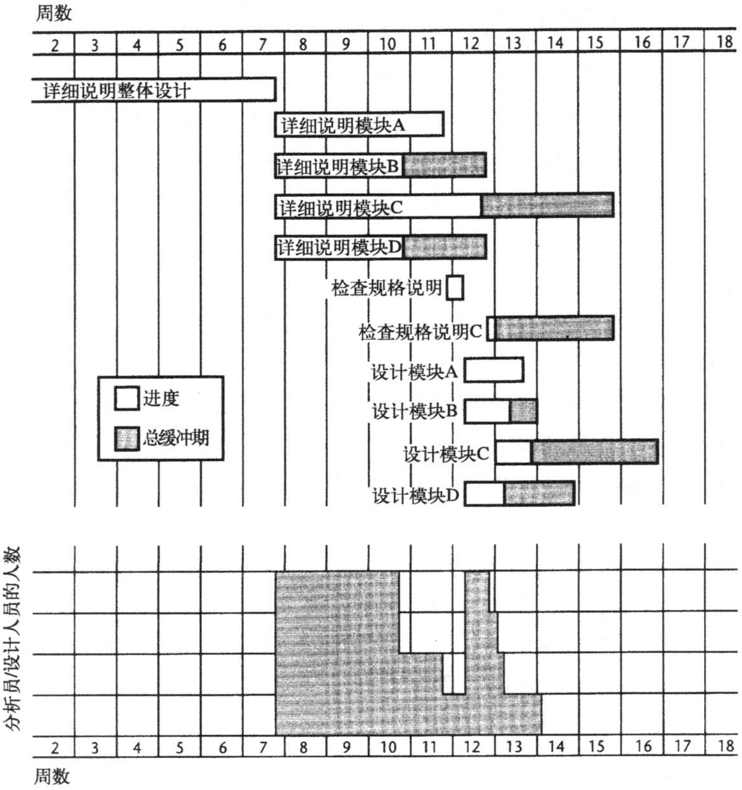

图B-7 Amanda修订的条形图和资源直方图

注：当活动按计划的最早开始日期进行时，每个条形的阴影区域表示活动的总缓冲期。一旦活动比其最早开始日期晚开始，它的总缓冲期的一部分就会被那个延迟“用掉”。已经按这种方式消耗掉的总缓冲期的数量显示在活动阴影条的左侧。

8.4 给活动分配员工

Belinda应该详细说明模块B，因为她那时要有空能及时地开始模块C的规格说明。

把模块A的规格说明和设计委托给Daisy。Belinda不能做模块B的设计，因为当需要做模块B的设计时，她仍在做模块C的规格说明（56天和66天间的6天）。这个活动不得不让Tom来做，因为他在第60天应该是空闲的。

你认为有其他方式来让她分配这三名小组成员到这些活动吗？

8.5 计算项目成本

计算总成本最容易的方法是建立类似表B-11的表格。

计算整个项目生命周期的成本分布最好是每周或每月一个数字点，而不是每天一个。Amanda项目每周的开支在图8-9中给出。

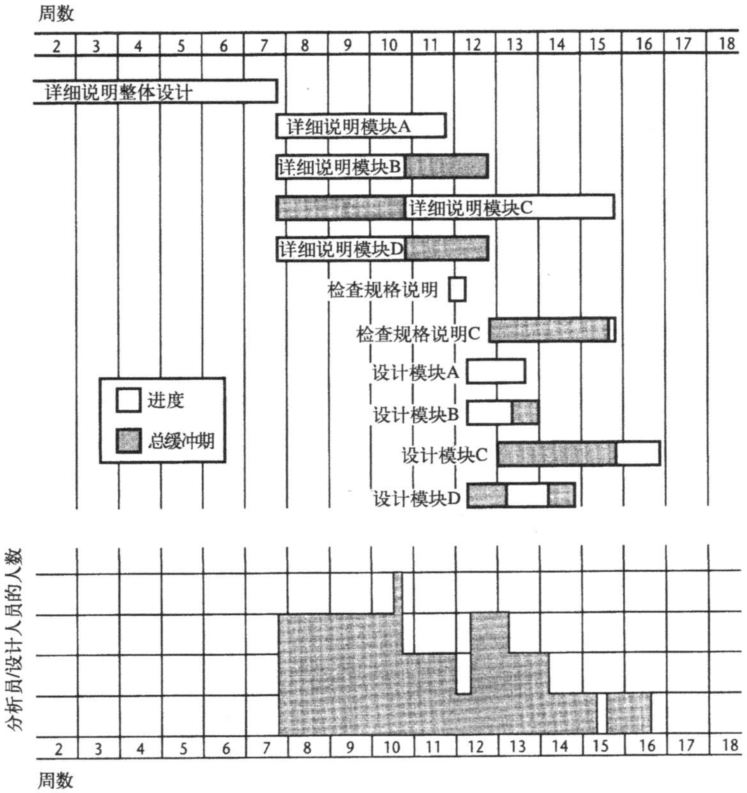

图B-8 延迟某些活动开始日期的效果

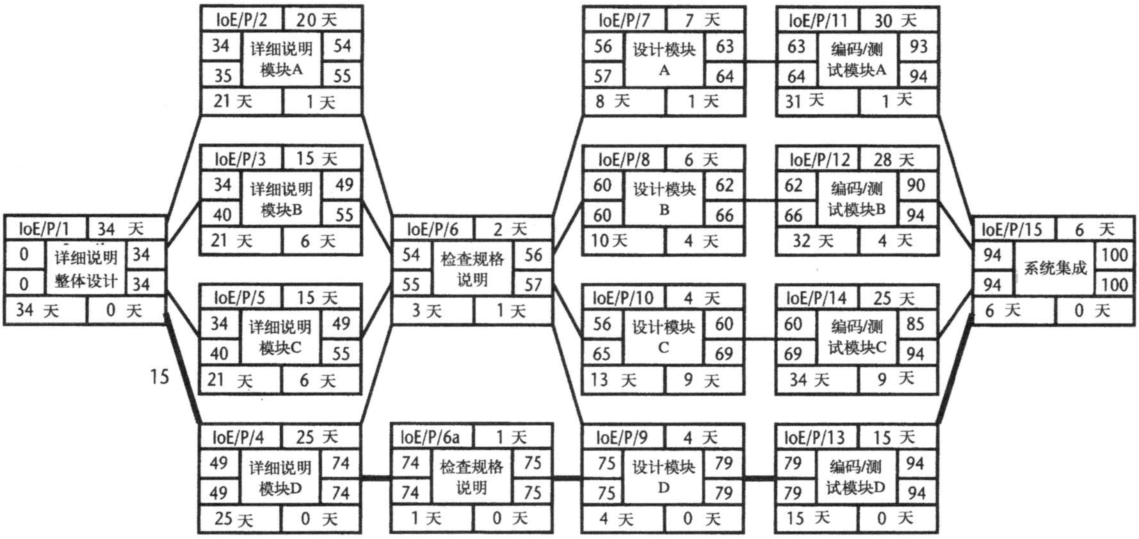

图B-9 延迟模块C的开始后的关键活动

表B-11 计算Amanda项目的成本

分 析 员	每日成本（英镑）	需要的天数	成本（英镑）
Amanda	300	110①	33 000
Belinda	250	50	12 500
Tom	175	25	4 375
Daisy	225	27	6 075
Gavin	150	30	4 500
Purdy	150	28	4 200
Justin	150	15	2 250
Spencer	150	25	3 750
每日间接成本	200	100	20 000
总计			90 650

① 这包括10天的前期项目策划和后期项目评审。

第9章

9.1 代码行作为部分任务完成的指示器

有许多理由说明为什么已编写的代码行所占的比例不是一个好的完成指示器。特别地，应该考虑以下几点：

- 估计的总代码行数可能不准确。
- 迄今为止已编写的代码行可能比随后要编写的代码更容易或更难。
- 程序一般直到经过测试后才认为完成——已编写完了的程序仍然不算完成，除非经过测试。

通过更多地了解已经做了什么和还需要完成什么，就可能做出合理的完成估计。把开发任务分解成更小的子任务（如软件设计、编码和单元测试），在此可能有用。

9.2 修订时间线图

在第8周结束时，起草和发布标书的计划完成日期需要修订——注意，两者都需要变更，因为它们都在关键路径上（见图B-10）。

接着，Brigette只需要在时间线图上给出这两个余下的活动的完成日期——项目将在第11周的星期四完成（见图B-11）。

9.3 Amanda获得挣值分析

从图9-11中显然可以看出初始活动“详细说明整个系统”已经滞后一天。但是，要从图9-11了解她的项目还发生什么可能不是很明显。不过，综合图9-11和表9-2应该可以看出，详细说明模块D比预计的长了2天，而详细说明模块B长了5天。因此，项目在第35天获得了34个工作日，在第52天获得了49个工作日，在第55天获得了64个工作日。

从图9-11中无法归纳出滞后的基本原因，或者无法预计项目的结果。用于预测的获得价值分析在第9.6节描述。

9.4 规格说明变更的影响

在这些项中，最可能受变更影响的是测试数据、期望结果和用户手册。

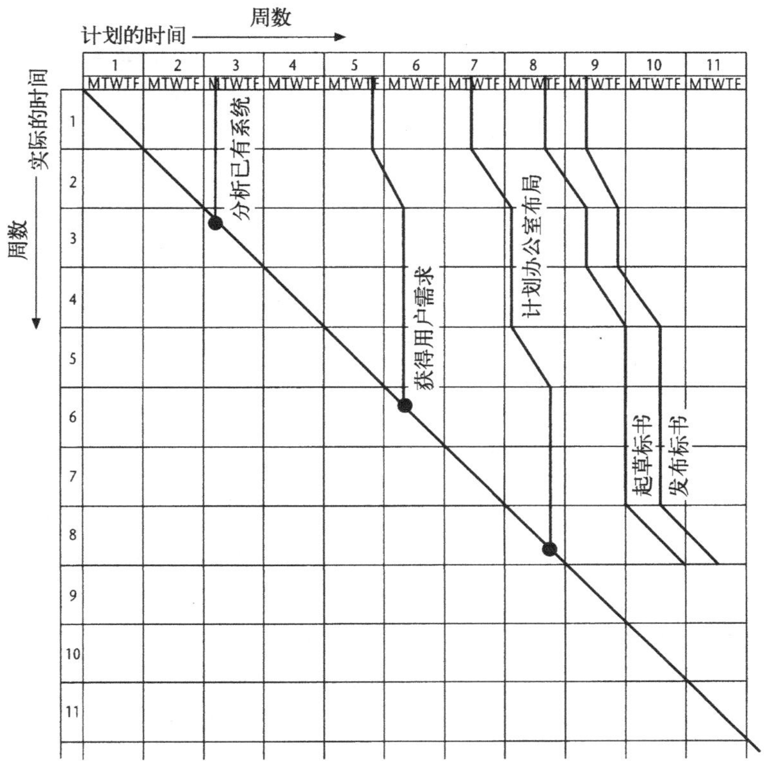

图B-10 修订的时间线图

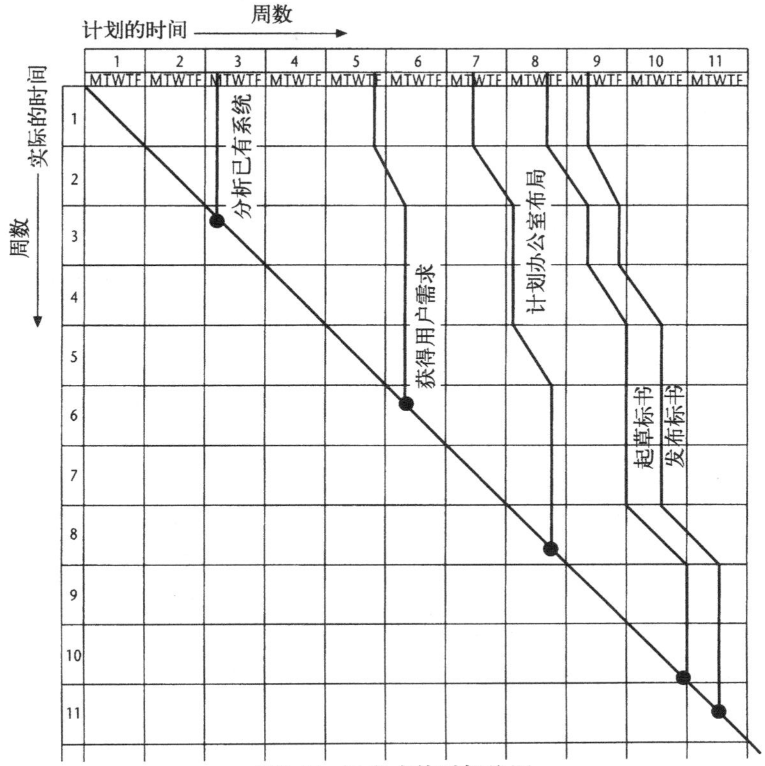

图B-11 已完成的时间线图

9.5 开发系统的控制规程

步骤1到步骤6基本上是一样的，除了在步骤3和步骤4中需要包括对项目时间表的影响进行估计外。步骤7可能不需要，因为系统验收还没有发生，而变更的验收测试将包含在该步骤中。

如果系统还不可运行，步骤8中不需要软件发布，尽管产品的主要拷贝需要更新。

9.6 范围蠕变的原因

除了用户要求增加额外的功能之外，在详细设计阶段开发人员会渐渐明确需要额外的代码来处理特殊情况的需求。为了协调组件可能需要附加的功能。

第10章

10.1 IOE中软件类型的选择

IOE的Amanda的问题是新的年度维护合同子系统基本上是现有的维护账户系统的扩充和改进，因此商用软件的接口可能包含相当多的困难，这似乎表明需要定制开发。还可以考虑用新的商用应用程序取代整个维护账户系统。

10.2 项目费用的计算

开始的2000个功能点	967 × 2 000=1 934 000(美元)
接下来的500个功能点	1 019 × 500=509 500(美元)
接下来的500个功能点	1 058 × 500=529 000(美元)
最后的200个功能点	1 094 × 200=218 800(美元)
所有3 200个功能点	3 191 300美元

10.3 计算附加功能的成本

变更的功能点	500 × 600 × （150/100） = 450 000(美元)
附加的功能点	200 × 600= 120 000(美元)
总费用	570 000美元

10.4 可变成本费用对客户的益处

供应商需要报出一个价格，该价格包括一个差额，以便迎合设备价格的可能增长。当实际价格没有增长与估计的一样多时，这可能就是实际价格——有些ICT设备价格很可能下降，但客户仍然不得不支付额外的差额。如果合同规定一个固定费用，再加上材料和设备的实际成本，那么客户在这种情况下就更好。

10.5 计算货币值

对于系统X来讲，自动比率调整设施的节省是20 × 20 × 4=1 600英镑，而条形图产生工具的节省是20 × 12 × 2 × 4=1 920英镑。系统X总的节省是3 520英镑。

对于系统Y来讲，节省是300 × 0.5（考虑变更的概率），也就是150英镑。

尽管系统X多花了500英镑，但它仍然给出了更好的货币值。注意，贴现现金流计算可应用于这些数字。

10.6 评价方法

1）现有软件应用程序的可用性可按这样的方法来评价，如检查用户手册、观察演示和跟踪实际的用户等。

2）这显然不易处理。必须评价开发人员想使用的方法来检查他们是否遵循好的接口设计实践。还可能要检查任何供应商在使用的接口标准。

3）注意，该问题集中于维护成本，而不是可靠性成本。如果有详尽的担保，则可以通过将风险转移给供应商来减少不期望的维护成本，至少在短期内。因此，需要仔细检查供应商提供的担保。与介绍方商讨也是有帮助的。

4）再次担保要由与此有关的供应商来提供。要检查这些担保的特性。

5）要检查培训材料。要访问培训的员工并检查他们的CV，已经使用供应商培训服务的介绍方可以提出他们的看法。

第11章

11.1 分析员/程序员的任务和职责

可以认为分析员/程序员既能执行分析任务，也能执行编程任务。不过，很可能要对承担的这种分析任务加以限制。例如，他们可以做已有系统改进的分析工作，但不做全新应用的分析。进行了这样的假设之后，如下是分析员/程序员的任务和职责列表：

- 执行详细的对现有计算机应用的新需求的调查研究。
- 分析调查研究的结果和评审要遇到的问题的解决方案，包括相关成本的估计。
- 准备符合组织标准的系统规格说明。
- 进行合适的系统测试。
- 准备功能模块规格说明。
- 产生和修改模块结构图。
- 编码和修改软件模块。
- 执行合适的单元测试。
- 产生和修改用户文档。
- 与用户保持联络，需要的话，执行合适的计算机应用程序使用方面的培训。

11.2 奖励重用

这里的问题是大量使用重用构件的程序员本身将产生较少的代码。而且还要鼓励程序员产生其他人可以使用的软件构件：这可能有助于提高组织的生产率，但不会提高他们正在工作的当前项目的生产率！

需要有方法（如功能点分析）来度量要实际交付给用户的功能和特征。还需要有某些办法来度量在应用程序中使用的从别处获得的代码。可以设置重用代码与新代码的百分比指标，如果满足指标，就奖励员工。另外，要度量由重用所获得的节省，并实行收益共享方案。

可以通过每次软件构件重用时支付使用费的制度，来鼓励程序员产生和发布可重用构件。

11.3 高层主管的财务奖励

这个练习的目的是引发大家思考。就这个主题的讨论所产生的一些想法如下：

- 在某种程度上，物质需要和为满足这些需要而获得更多金钱的工作热情，可以通过新类型的商品和服务的销售和广告来创造——但是如何能将这种做法放在很高的优先位置？
- 高收入与身份、荣誉和成功相关联。它可以是实实在在的奖励。
- 历史上，财富曾与权力相关联，例如土地的所有权。

基本的要点是，对许多人来讲，金钱不只是满足物质需要的一种手段。

11.4 高的和低的工作热情的形成

这显然取决于个人的经历。

11.5 对股东道德模型的可能评论

这个练习的目的是模仿一个辩论。可能的讨论点包括：

- 这个模型隐含的意思是，雇员和客户的存在只是为了最大化股东的利润。这暗示企业的全部目的是产生利润。但是正如在近来的全球金融危机中表现出来的那样，企业对整个社会起着非常重要的作用。例如当一些高街银行看起来要停止运营时，英国和其他政府介入，接管他们，以支持整体经济。这表明，股东提供的资本可以被视为实现企业主要使命的手段而不是目的。
- 如果商业组织只关注产生利润，而危害到其他利益相关者，那么企业的公共所有权就会受到质疑。比如社会依赖的能源供应商。
- 如果我们认为每个个体作个体是有社会责任感，有道德的，那么当这些人也是股东时，我们可以认为他们也一样有社会责任感。
- 以有社会责任感的方式行动，建立社会声誉，赢得商业机会，最终会增加股东的收益。

第12章

12.1 集体不稳定

除了其他方法外，还可通过以下方法来降低集体不稳定的影响：

- 使每个执行者的工作能独立地加以标识。
- 使小组成员专心和关注小组工作的成果。
- 奖励对小组工作做出贡献的个人（很像运动队中选出的“年度俱乐部选手”）。

12.2 ICT对Delphi技术的影响

在ICT领域开发的有助于协同工作的进展，特别是电子邮件和群件（如Lotus Notes）的出现，在很大程度上减少了Delphi技术在沟通上的延迟。

12.3 沟通方法

再次说明一下，没有什么正确的答案。讨论点可以是：

（a）开发者可能对应用领域的内容不熟悉，例如用户的专用术语。理想的是可以在同一时间、同一地点或者同一时间、不同地点（比如电话）进行说明，因为分析人员和开发人员可以在很短时间内了解到很多的问题和答案，后续没有清楚答案的问题可以接着拿出来处理。

(b) 在同一时间、不同地点（比如前台电话）进行的方式可能是最适合的，因为可能在问题上产生误解。如果在软件中的缺陷真的被发现了，紧接着就需要有一个同时间、不同地点的交流方式去记录缺陷报告，这样软件维护队才可能去解决。

(c) 需求将会很复杂而且需要合理的分析，所以一开始以不同时间、不同的地点的交流方式加上研究和起草文件是最好的选择。当然也需要考虑其他不同的方法，在这点上，同一时间、同一地点的会议会是一个权宜之计。

(d) 第二个开发人员迟到，可能会有很多合适的理由。比如，他可能在休病假，也可能是因为他并不在意任务的紧急。至少在最开始的时候，最好是面对面进行非正式的交流，这样比较合适。

12.4 权力类型的分类

在每种情况中，可以包括多种类型的权力：

(a) 这里包含一些专家权，但对于从事审计的人来讲，主要的权力类型是联络权，因为审计员要产生报告提交给更高层的管理人员。外部审计员通常有强制权。

(b) 这里的权力主要是基于专家的和基于信息的，但由于咨询师要向高层管理人员报告，因此也存在联络权。

(c) 这似乎是相当强制的。

(d) Brigette有些联络权。在她工作中包含的技术专长，意味着她有些专家权。她很少有或没有强制权，因为她不是有关员工的管理人员。基于“你给我帮忙，我给你好处”的非正式约定，她可施加一些奖励权。

(e) Amanda不可能有直接的强制权，尽管她可以制定奖惩措施。通过许多组织公共的年度评审制度，她有一些奖励权。因为她能接触更高层的管理人员，所以也有联络权。她能访问用户意味着她有通知权。如果她给项目带来特殊的技术专长（如分析技能），那么她可以有某些专家权。由于起着其他项目组成员可能要模仿的模范作用，她甚至展示出示范权！

12.5 合适的管理风格

(a) 办事员要比别人知道更多实际工作的细节，因此繁重的、面向任务的管理工作是不合适的。当办事员在新的环境中工作并建立新关系时，刚开始可能需要大量面向人员的管理和支持。

(b) 接受训练的人同时需要面向任务和面向人员的管理。

(c) 有经验的维护程序员可能在过去已经拥有了相当大的自主权。系统的扩充可能对这个人的工作有相当复杂的影响。在短期内，可能需要增加面向任务的管理，以便做出非常仔细的判断。

第13章

13.1 为学院选择工资单软件

(a) 进行调查研究来了解用户的真正需求是什么，这样可以发现不同的用户组有不同的需求集。

(b) 将需求组织成与单独的质量和属性相关的组。例如，这些组可以是功能性（该软件具有的特征范围）、价格、可用性、能力、效率、灵活性、可靠性和可服务性。

(c) 在这些需求中，有些需求具有绝对的特性。例如，应用程序支持的记录数必须能够达到确定的最大员工数。如果不能，就必须立即从下一步考虑中去掉。

(d) 在其他情况下，需求是相对的。有些相对需求比其他需求更重要。低的价格是期望的，但更昂贵的软件不能立即划掉。这可以通过给每个需求的重要性评分（如不超过10的得分）来反映。

(e) 需要标识一组可能的候选软件。如果有多种可能，那么可以应用初步的审查（如按价格）来将参与角逐的软件缩减为可管理的供最后考虑的候选软件。

(f) 必须设计出度量软件期望质量的实用方法。在有些情况下，如价格和能力，可以参考销售资料和技术规格说明。在另一些情况下，如效率，可能要进行实际的试验。在其他情况下，对现有用户的调查可能会提供需要的信息。

(g) 很可能有些软件在某些方面有缺陷，但这可通过其他质量来弥补。综合不同质量结果的简单方法是：给是否存在/不存在某种质量的相对程度不超过10的得分，这些得分的每一个乘以该质量的重要程度（不超过10的得分）（参见（d）），并将所有这些乘积的结果相加得到该软件的总得分。

13.2 字处理软件可能的质量规格说明

可以定义许多质量规格说明，下面只给出两个例子。要强调的一点是，软件可能最佳地分解成许多不同的功能域，每一个功能域可以单独评价，如文档准备、陈述和邮件合并等。例如：

- 质量：易于学习。
- 定义：新手学习如何操作软件来产生标准文档所花的时间。
- 刻度：小时。
- 测试：面试新手来确定他们先前具备的字处理经验，给他们提供平台、软件、培训材料和要建立的文档，看他们花了多长时间来学习如何建立文档。
- 最小可接受值：2.5～4小时。
- 目标范围值：1～2.5小时。
- 现值：3小时。

或者：

- 质量：易于使用。
- 定义：有经验的用户产生一份标准文档所花的时间。
- 刻度：分钟。
- 测试：有程序包经验的用户产生标准文档的时间。

- 最小可接受值：40～45分钟。
- 目标范围值：30～40分钟。
- 当前值：45 分钟。

这个主题的评价是相当广泛的，上面所给的答案提示，留有各种各样未回答的悬而未决的问题。想要系统地研究这个领域的读者，应该阅读关于这个主题的更专业的书籍。

13.3 可用性和平均故障间隔时间

每天系统应该有18−8=10小时可用，

4周应该是10×5×4=200小时；

一天不可用，即10小时，

另两天直到10:00才可用，等于4小时不可用，

因此，可用小时数是200−10−4=186小时，

所以，可用性是186/200×100=93%。

假定总共有三次故障，则平均故障间隔时间是186/3 = 62小时。

13.4 一个活动的入口需求不同于其直接前驱活动的出口需求

一个活动可能在它的直接前驱活动全部完成之前开始。在这种情况下，尽管前驱活动的出口需求还没有满足，但后继活动的入口需求已经满足了。例如，尽管还有些与屏幕布局有关的缺陷，但是软件模块可以用来对硬件平台进行性能测试。

后继活动的入口需求不同于前驱活动的出口需求的另一种情况是，前驱活动在等待获得某个特定的资源。

13.5 入口需求和出口需求

入口需求程序设计已经产生并经过评审，评审提出的任何返工已经处理完，且评审组主席已经检查过。

出口需求程序已经产生并经过编译且没有编译缺陷；代码经过评审，评审提出的任何返工已经处理完，且评审组主席已经检查过。

应该注意的是，评审组可以为每类要评审的产品使用检查单，可以认为，这些检查单是进一步的入口/出口需求。

13.6 应用BS EN ISO 9001到系统测试

需要文档化的规程来控制系统测试。

可以将系统测试的质量目标定义为：确保软件符合用户规格说明书中所列的需求。

确保这一点的过程包括：将测试用例对规格说明书中有关章节的交叉引用文档化。

执行测试用例的结果需要记录，而且需要记录随后对任何缺陷的修改。

13.7 工作承包出去时的防范措施

项目经理可检查谁实际执行了认证。他们还可以发现BS EN ISO 9001认证的实施范围。例如，认证可能只应用于创建确定产品的过程，而不应用于其他过程。

也许最重要的一点是，项目经理需要再次确保指导承包商工作的规格说明书充分反映了客户组织的需求。

13.8 人员分配的信息流

当创建工作包的架构设计流程开始时，可能需要增加一个输出，即每个软件组件的工作量估算。这些估算将传给为开发软件过程分配人员的管理过程。开发软件过程需要将项目实际工作量传回，以便在必要时调整人员的分配。

13.9 同行评审和结对编程的比较

这里有一些比较的方法：

结对编程	同行评审
一个工作原则就是两个领导比一个好	同行评审小组是由很多人组成的
司机和领航者共同负责软件产品的生成	开发人员自己负责产品的初步创造，产品之后要接受评审
设计原理阐述的讨论和生成同时产生	评审者只看最后产品，不会去看背后的原因，除非设计文件中提供了原理阐述的内容
参与者实时的交互	批处理文件的方向与重点
开发效率提高一倍	工作人员需要时间研究文档，然后出席审查会议

每个方法都要有关于优点和缺点的进一步讨论。

13.10 质量循环和评审小组的重要区别

一般来讲，质量循环是检查过程，而评审小组是检查产品的特定实例。单独使用评审小组可能效率不高，因为评审小组会重复地删除同类型的缺陷，而不是像质量循环那样处理缺陷。质量循环的任务是找到缺陷的根源，并防止缺陷的再次出现。

进一步阅读材料

有关项目管理的通用的引论性书籍（并不局限于特定的IS）

Field, Mike and Laurie Keller, *Project Management*, London, International Thomson Business Press, 1998.

Haynes, Marion E., *Project Management: Practical tools for success*, Mento Park, CA, Crisp Publications, 2002.

Lock, Dennis, *Project Management* (9th edition), Aldershot, Gower, 2007.

Lockyer, Keith and James Gordon, *Project Management and Project Network Techniques* (7th edition), London, Financial Times Prentice Hall, 2005.

Nickson, David and Suzy Siddons, *Managing Projects*, Made Simple Books, Oxford, Butterworth-Heinemann, 1997.

有关软件和IS项目管理的通用书籍

Bennatan, E. M., *On Time Within Budget: Software project management practices and techniques*, Chichester, Wiley, 2000.

Cadle, James and Donald Yeates, *Project Management for Information Systems* (5th edition), London, FT Prentice Hall, 2007.

Hughes, Bob (editor) *Project Management for IT-related Projects,* London, The British Computer Society, 2004.

Schwalbe, Kathy, *IT Project Management* (5th edition), London, Thomson Course Technology, 2007.

其他值得参阅的书籍

Frederick Brooks, *The Mythical Man-Month: Essays on Software Engineering,* Anniversary Edition, Reading, MA, Addison-Wesley, 1995. 本书是剖析软件项目管理核心问题的经典著作，作者是IBM 360操作系统开发项目的主管，应该抽一些时间阅读一下这本著作。

Chris Kemerer (ed) *Software Project Management-Readings and Cases*, Chicago, Irwin, McGraw-Hill, 1997. 本书是有关软件项目管理的经典文章的汇编，例如，估计、风险管理、生命周期、重用和过程改进等。特别推荐大家参阅。

战略策划和项目集管理

Office of Government Commerce, *Managing Successful Programmes*, London, The Stationery Office, 2007.

Office of Government Commerce, *For Successful Programme Management: Think MSP*, London, The Stationery Office, 2007. MSP的删节指南。

Ould, Martyn, *Managing Software Quality and Business Risk*, Chichester, Wiley, 1999.

Reiss, Geoff, Malcolm Anthony, John Chapman, Geoff Leigh, Paul

Rayner and Adrian Pyne Gower, *Book of Programme Management*, Aldershot, Gower Publishing, 2006.

项目过程模型

DSDM Consortium, *DSDM Atern Pocket Book Ashford*, DSDM Consortium 2007.

Beck, Kent with Cynthia Andreas, *Extreme Programming Explained: Embrace change* (2nd edition), Harlow, Addison-Wesley, 2004.

Booch, Grady, *Object Solutions: Managing the object oriented project*, Reading, MA, Addison-Wesley, 1996.

Gilb, Tom and Susannah Finzi, *Principles of Software Engineering Management*, Wokingham, Addison-Wesley, 1988. 本书最早向广大读者介绍的许多观点，之后都被编入DSDM这类方法中。

Wood, Jane and Denise Silver, *Joint Application Development*, New York, Wiley, 1995.

PRINCE2

Office of Government Commerce, *Managing Successful Projects with PRINCE2*, London, The Stationery Office, 2005.

Office of Government Commerce, *For Successful Project Management: Think PRINCE2*, London, The Stationery Office, 2007. PRINCE2精华版。

Office of Government Commerce, *People Issues and PRINCE2*, London, The Stationery Office, 2002.

估算

Boehm, Barry W. et al., *Software Estimation with COCOMO II*, Upper Saddle River, NJ, Prentice Hall, 2002.

Boehm, Barry W., *Software Engineering Economics*, Prentice Hall, 1981. 该书和Brooks的*Mythical man-month*，是软件项目管理领域最经常参阅的书籍之一。

Common Software Measurement International Consortium (COSMIC), *COSMICFFP Measurement Manual.*

DeMarco, Tom, *Controlling Software Projects: Management, measurement and estimation*, Englewood Cliffs, NJ, Yourdon Press, 1982.

Hughes, Bob, *Practical Software Measurement*, London, McGraw-Hill, 2002. 显然我们对此有兴趣！可以看成是本书的姐妹书。

Symons, Charles R., *Software Sizing and Estimating Mk II FPA (Function Point Analysis)*, Chichester, Wiley, 1991. 本书是有关Mark II功能点的开创性著作。

控制、风险和质量

Boehm, Barry W., *Software Risk Management*, IEEE Computer Society Press, 1989.

DeMarco, Tom and Timothy Lister, *Waltzing with Bears: Managing Risk on Software Projects*, New York, Dorset House, 2003.

Down, Alex, Michael Coleman and Peter Absolon, *Risk Management for Software Projects*, Maidenhead, McGraw-Hill, 1994.

Grey, Stephen, *Practical Risk Assessment for Project Management*, Chichester, Wiley, 1995.

Humphrey, Watts S., *Managing the Software Process*, Reading, MA, Addison-Wesley, 1990.

Leach, L. P., *Critical Chain Project Management*, Norwood, MA, Artech House, 2000.

Manns, Tom and Michael Coleman, *Software Quality Assurance* (2nd edition), Basingstoke, Macmillan, 1996.

人员管理

Arnold, John, Cary Cooper and Ivan Robertson, *Work Psychology: Understanding human behaviour in the workplace* (4th edition), London, FT Prentice-Hall, 2004.

Belbin, Nigel, *The Belbin Guide to Succeeding at Work*, Cambridge, Belbin, 2008.

Belbin, R. Meredith, *Management Teams: Why they succeed or fail* (2nd edition), Oxford, Elsevier, 2003.

Belbin, R. Meredith, *Team Roles at Work*, Oxford, Butterworth-Heinemann, 1996.

DeMarco, Tom, Peter Hruschka, Tim Lister, Steve McMenamin, James Robertson and Suzanne Robertson, *Adrenaline Junkies and Template Zombies: Understanding Patterns of Project Behavior*, New York, Dorset House, 2008.

Handy, Charles B., *Understanding Organizations* (4th edition), London, Penguin, 1993.

Weinberg, G. M., *The Psychology of Computer Programming*, Silver Anniversary Edition, New York, Dorset House, 1998.

Yourdon, Edward, *Death March* (2nd edition), Englewood Cliffs, NJ, Yourdon Press, 2003. 我们对这本书的某些方面持保留意见，但确实值得一看。

论理和法律问题

Bainbridge, David, *Introduction to Computer Law* (6th edition), Harlow, Longman, 2007.

Bott, Frank, *Professional Issues in Information Technology*, London, The British Computer Society, 2005.

Holt, Jeremy and Jeremy Newton, *A Manager's Guide to IT Law*, London, The British Computer Society, 2004.

Burnett, Rachel, *IT Legal Risk Management*, London, Institute for the Management of Information Systems, 2003.

项目管理和其他标准

Association for Project Management, *APM Body of Knowledge* (5th edition), High Wycombe, Association for Project Management, 2006.

British Standards Institution, *BS 6079-1:2002 Guide to Project Management*, London, BSI, 2002.

British Standards Institution, *TickIT Guide (5.5) A Guide to Software Quality Management System Construction and Certification to ISO 9001:2000*, London, BSI, 2007.

ISO/IEC 12207:1995 Information technology: software lifecycle processes (amended 2002 and 2004).

ISO/IEC 15504-1:2004 Information technology: process assessment Part 1 Concepts and vocabulary.

ISO/IEC 15504-2:2004 Information technology: process assessment Part 2 Performing and assessment.

ISO/IEC 15504-3:2004 Information technology: process assessment Part 3 Guidance on performing an assessment.

ISO/IEC 15504-4:2004 Information technology: process assessment Part 4 Guidance on use for process improvement and process capability determination.

ISO/IEC 14598-1:1999 Information technology: software product evaluation Part 1 General overview.

ISO/IEC 14598-2:2000 Information technology: software product evaluation Part 2 Planning and management.

ISO/IEC 9126-1:2001 Information technology: software product quality Part 1 Quality model.

ISO/IEC TR 9126-2:2003 Software engineering: product quality Part 2 External metrics.

ISO/IEC TR 9126-3:2003 Software engineering: product quality Part 3 Internal metrics.

ISO/IEC TR 9126-4:2004 Software engineering: product quality Part 4 Quality in use metrics.

Project Management Institute and PMI Standards Committee, *A Guide to the Project Management Body of Knowledge*, Upper Derby, PA, PMI, 1996, www.pmi.org

Software Engineering Institute, *CMMI for Development 1.2*, Pittsburgh, SEI, 2006, www.sei.cmu.edu

推荐阅读

软件工程：实践者的研究方法（原书第8版）

作者：Roger S. Pressman 等

ISBN：978-7-111-54897-3　定价：99.00元

软件工程：架构驱动的软件开发

作者：Richard F. Schmidt

ISBN：978-7-111-53314-6　定价：69.00元

人件（原书第3版）

作者：Tom DeMarco 等

ISBN：978-7-111-47436-4　定价：69.00元

设计原本——计算机科学巨匠Frederick P. Brooks的反思（经典珍藏）

作者：Frederick P. Brooks

ISBN：978-7-111-41626-5　定价：79.00元

推荐阅读

移动App测试实战
顶级互联网企业软件测试和质量提升最佳实践

LoadRunner
性能测试
巧匠训练营

测试反模式
有效规避常见的92种测试陷阱

软件测试的艺术
（原书第3版）
The Art of Software Testing

测试驱动开发
实战与模式解析
Test-Driven Development

探索吧！
深入理解探索式软件测试
Explore It!

Test-Driven iOS Development
测试驱动的iOS开发

Experiences of Test Automation
自动化测试最佳实践
来自全球的经典自动化测试案例解析

软件测试
Software Testing
Second Edition